U0862913

出世还是入世：
孔子庄子们的人生选择

何善蒙　著

文匯出版社

图书在版编目（CIP）数据

出世还是入世 ：孔子庄子们的人生选择 / 何善蒙著
. -- 上海 ：文汇出版社，2023.6

ISBN 978-7-5496-4016-4

Ⅰ. ①出… Ⅱ. ①何… Ⅲ. ①哲学史－中国－古代－通俗读物 Ⅳ. ①B21-49

中国国家版本馆CIP数据核字(2023)第062806号

出世还是入世：孔子庄子们的人生选择

作　　者 / 何善蒙

责任编辑 / 陈　屹
特约编辑 / 周晓雁　　黄巧婷
封面设计 / 张王珏
封面插画 / 周　末

出版发行 / 文匯出版社
上海市威海路 755 号
（邮政编码 200041）
经　　销 / 全国新华书店
印刷装订 / 三河市龙大印装有限公司
版　　次 / 2023 年 6 月第 1 版
印　　次 / 2023 年 6 月第 1 次印刷
开　　本 / 889mm × 1270mm　1/32
字　　数 / 310 千字
印　　张 / 13

ISBN 978-7-5496-4016-4
定　　价 / 59.90 元

侵权必究
装订质量问题，请致电010-87681002（免费更换，邮寄到付）

读客®文化

目 录

引　言

现代人（尤其是年轻人）的生活面临着种种压力，有着各式各样的焦虑，由此出现了一大批新名词，比如内卷、躺平、摆烂等，也有很多人对这些词进行了批评和审视。但是，我更多时候觉得，其实现代人之所以有如是焦虑，除了因为不得不面对的种种社会压力，还因为一个非常现实的因素，那就是他们其实缺少一种思想上的观照和启迪，这种精神上的力量可以让他们有更多的可能来面对生活中的种种问题。我是从事中国古代哲学研究的，在灿若星辰的中国古代思想大家那里，有着极为丰富的思想资源，这些资源可以非常直接地给今天的人们带来一种精神的效用。由此，就有了这本以《出世还是入世：孔子庄子们的人生选择》为题的小书。之所以取这一题目，重点有二。一则，在中国传统中，孔子和庄子等思想家有着极为重要的影响力，尤其是孔子，可以说是承上启下的关键性人物，他的思想既是对之前礼乐文明的继承，也是对后世思想传统的开启。可以说，孔子就是中国思想的标志性符号，没有孔子就没有中国传统思想。二则，所谓的出世入世，实际上更多强调的是哲学观念对于现实生活的意义，尤其是在中国传统中，我们通常都会把中国哲学称为实践的哲学，而所谓实践的哲学，所关注的当然就是现实生命。如何在现实中安身立命是中国传统思想关注的重点，也是古代中国哲学家身体力行的核心，这些宝贵的思想资源，自然可以为生活于今日的我们提供一种生活的指引。为了便于理解和接受，本书将以讲演录的形式展开。因此，这本小书也是一本关于中国哲学史的讲演录。

“哲学史讲演录”的说法，出自黑格尔的四卷本名著《哲学史讲演录》。1816年10月28日，著名哲学家黑格尔开始在海岱山大学（海德堡大学）讲授哲学史，其所讲后来汇编为《哲学史讲演录》。这部被恩格斯称为“黑格尔最天才的著作之一”的作品，不仅在学术史上影响深远，而且对于学习哲学的人来说，大概也是必读书目。

在《哲学史讲演录》的“开讲辞”中，黑格尔的说法，同样适用于我们今天：

> 我所讲授的对象既是哲学史，而今天我又是初次来到本大学，所以请诸位让我首先说几句话，就是我特别感到愉快，恰好在这个时候我能够在大学里面重新恢复我讲授哲学的生涯。因为这样的时机似乎业已到来，即可以期望哲学重新受到注意和爱好，这门几乎消沉的科学可以重新扬起它的呼声，并且可以希望这个对哲学久已不闻不问的世界又将倾听它的声音。时代的艰苦使人对于日常生活中平凡的琐屑兴趣予以太大的重视，现实上很高的利益和为了这些利益而作的斗争，曾经大大地占据了精神上一切的能力和力量以及外在的手段，因而使得人们没有自由的心情去理会那较高的内心生活和较纯洁的精神活动，以致许多较优秀的人才都为这

种艰苦环境所束缚，并且部分地被牺牲在里面。因为世界精神太忙碌于现实，所以它不能转向内心，回复到自身。[1]

如果把目光放到今天，我们或许也会发现，今日对于精神传统的重视，也逐渐明显起来。自近代社会转型以来，对于经济发展的追求是过往社会发展历程之中的重要任务。但是，无论对于个人来说，还是对于社会来说，精神的力量都是极为重要的。因为人是有思想的动物，而社会，当然也是一个有文化内涵的、有精神价值的共同体。我们甚至可以毫不夸张地说，思想乃是一个人、一个社会的底色。

我曾经看到一句标语，说我们现在生活的时代是“最哲学”的时代。这个提法很有意思，很多人可能会觉得奇怪，今天好像更像是个最不哲学的时代，科学和技术突飞猛进，哲学已经从学科之王的地位跌落，别说社会上，就连大学校园里也越来越缺乏探讨哲学的声音。但是，我想最哲学的时代，其实恰恰是指这是一个最需要哲学的时代。正如黑格尔所言，“时代的艰苦使人对于日常生活中平凡的琐屑兴趣予以太大的重视，现实上很高的利益和为了这些利益而作的斗争，曾经大大地占据了精神上一切的能力和力量以及外在的手段，因而使得人们没有自由的心情去理会那较高的内心生活和较纯洁的精神活动”。从这个意义来说，哲学是时代精神的精华，也是我们生命中最亮丽的色彩，经久而不衰。

我一向认为哲学的讲授对于当前来说，具有非常重要的意义，因为通过讲授，哲学才能更为便捷地进入大众的视野，才能成为这个社

1 黑格尔：《哲学史讲演录》（第一卷），贺麟、王太庆等译，上海人民出版社，2013年，第3页。

会的精神价值。在我看来，当前的社会，恰恰也最需要哲学，经济突飞猛进的背后，必须有哲学的强力维系，这可能是一个健康社会应该有的形象吧。可能恰如黑格尔所说的，在过去很长一段时间里，我们因为主要关注的是经济的增长、经济的利益，而忘记了给哲学（或者说给自己的内心）一种必要的关注。那么，在这样的情况下，返回到自己，回归到精神生活，在今日就显得非常重要了。人是有思想的动物，人类的心灵需要哲学来滋润。

我从2007年开始，在浙江大学讲授中国哲学史相关的内容，所涉及课程有十余门，从课时数来说，一直是极为饱和的状态，每个礼拜总有十余节课，这可能是一般人所难以想象的。不过，对于我来说，上课着实是一种极大的乐趣，因为通过授课，我可以把更多的思想传递给学生，这是一件极有意义的事情。可能也是因为如此，这些年上我课的学生还是极多的，评价总体上也是非常不错的。说到这里，有一个小故事可以分享。前几年，有一个机械专业毕业的本科生，在他的本科毕业设计（当然是机械方向）的致谢中，特别提到了我，说上我的课对他的大学生涯有很重要的影响。恰好他的指导老师是我认识的一个朋友，他就很诧异地跟我说，这是一件非常奇怪的事情，机械专业毕业生在毕业设计致谢里首先感谢的居然是一个哲学老师！准确地说，这种类似的情形还是不少的，很多理工科的学生对中国传统、中国思想，有着非常真诚的兴趣。这也是我这些年在浙大讲授中国思想、中国哲学时感到非常有意义的一件事情。

讲课不比写文章，要把一门课程，尤其是哲学思想类的课程讲好，其实也是一种挑战。这些年我对自己的一个基本要求，就是在保持思想内容正确的前提之下，尽量用比较生动和直接的语言来传递思想。因为，讲课的目的就是要让听者能够听得懂。而要让听者听得懂，就必须更多地观察受众的语言、生活习惯等，这些都是授课者必须考虑的。只有这样，我们才能够把传统的、略显艰深的思想，有效地转换成现代的语言，从而能够让听者接受。从这个角度来说，我这些年的实践还是相对成功的，至少学生们非常喜欢听我的课，而且也确实从课堂中获益了。作为一个老师，我觉得这是一种非常重要的幸福。孟子在谈君子有三种快乐的时候，就曾经把“得天下英才而教育之”列为其中之一，我想这也是老师的作用和意义所在。

当然，我也很想把这些思想传递给更多的人，让他们能够由此而进入中国传统思想的殿堂，能够在中国自身的哲学传统中，获得精神价值的确认和提升。因此，我也非常乐意尝试以这种演讲的形式，来陈述我对于中国哲学的基本理解。我的这本小书跟黑格尔作品的相似之处也就在于，我们谈论的都是哲学的话题，都是用演讲的方式来呈现哲学的历史。

而之所以这样做，是希望中国人自己的哲学思想，能够在这个非常特殊的时代——一个科学和技术昌明、经济迅速腾飞，而思想却相对来说比较落后又略显混乱的时代——让中国自身的哲学思想挺立出来，成为中国人自身的精神支柱，这大概也就是中华优秀传统文化所具有的现代价值所在。黑格尔在《哲学史讲演录》的导言中有一段话，我觉得也非常重要，他是这样说的：

> 但事实上，我们之所以是我们，乃是由于我们有历史，或者说得更确切些，正如在思想史的领域里，过去的东西只是一方面，所以构成我们现在的，那个有共同性和永久性的成分，与我们的历史性也是不可分离地结合着的。我们在现世界所具有的自觉的理性，并不是一下子得来的，也不只是

> 从现在的基础上生长起来的，而是本质上原来就具有的一种遗产，确切点说，乃是一种工作的成果，——人类所有过去各时代工作的成果。一如外在生活的技术、技巧与发明的积累，社会团结和政治生活的组织与习惯，乃是思想、发明、需要、困难、不幸、聪明、意志的成果，和过去历史上走在我们前面的先驱者所创获的成果，所以同样在科学里，特别在哲学里，我们必须感谢过去的传统，这传统有如赫尔德所说，通过一切变化的因而过去了的东西，结成一条神圣的链子，把前代的创获给我们保存下来，并传给我们。
>
> 但这种传统并不仅仅是一个管家婆，只是把她所接受过来的忠实地保存着，然后毫不改变地保持着并传给后代。它也不像自然的过程那样，在它的形态和形式的无限变化与活动里，仍然永远保持其原始的规律，没有进步。这种传统并不是一尊不动的石像，而是生命洋溢的，有如一道洪流，离开它的源头愈远，它就膨胀得愈大。[1]

这也就是历史，或者说传统，对于我们所具有的特殊意义。如果从这个角度来说，对我们每一个中国人来说，了解中国传统思想就具有了极为特殊和重要的意义，因为这是和我们生命的价值直接联系在一起的。在今天的社会背景之下，我们需要哲学；而作为一个中国人，我们更需要中国哲学。而哲学能够给我们的是什么呢？

1　黑格尔：《哲学史讲演录》（第一卷），贺麟、王太庆等译，上海人民出版社，2013年，第10页。

> 哲学史所昭示给我们的，是一系列的高尚的心灵，是许多理性思维的英雄们的展览，他们凭藉理性的力量深入事物、自然和心灵的本质——深入上帝的本质，并且为我们赢得最高的珍宝，理性知识的珍宝。[1]

我们在哲学的历史中，看到的是一种理性的精神和由此而来的高尚的心灵。因为这种哲学的传统，我们的生命得到滋养，我们的精神茁壮成长。在《出世还是入世：孔子庄子们的人生选择》中，我希望呈现给诸位的，是中国传统精神的波澜壮阔以及个体在这种精神资源中所可能达到的生命境界。

传统就像是一条不断流淌着的河流，连接着过去和未来，我们的生命将因为传统的滋养而更加具有活力，我们的精神世界也将因为传统的支撑而更加丰富多彩。

1　黑格尔：《哲学史讲演录》（第一卷），贺麟、王太庆等译，上海人民出版社，2013年，第9页。

第一讲

何谓中国哲学

然而，当我们谈论中国哲学的时候，有一个非常直接且被广泛提及的问题是必须面对的，那就是中国有没有哲学？这个问题乍一看多少有些奇怪，因为中国哲学这个词已经为大众所熟知，中国哲学这个学科在今日也已然是一个非常成熟的学科。但是，既然有这样的提问，就表明有些问题确实需要深入地思考。从黑格尔的《哲学史讲演录》中，我们可以直观地看到他的基本立场：

> 这种东方人的境界，诚然并不是没有品格的高尚、伟大、崇高，但仅表现为自然的特性或主观的任性——而没有伦理和法律的客观规定：为全体所尊重，通行有效于全体，并且为全体所承认。这样，由于没有确定不移的准则，东方的主体或个人似乎有了〔完全〕独立的优点。对于他们没有任何固定的东西。东方人的实体是那样的不确定，所以他们性格也可以是那样不确定、自由、独立。我们所有的法律和伦理，在东方国家内也还是有的——不过是采取实体的、自然的、家长政治的形

式，而不是建筑在主观的自由上。既没有良心，也没有内心道德，只是一种〔僵化了的〕自然秩序，让最高尚的东西与最恶劣的东西并存着。

由此得到结论：我们在这里尚找不到哲学知识。属于哲学的应是关于实体、普遍的东西、客观的东西的知识，——这种对象只要我思维它、发展它，它就保持其自身的客观性。所以，在实体中我同时仍保有我的特性，我仍肯定地保持着我自己。所以我对实体的知识不只是我主观的规定、思想或意见，而且即由于它是我的思想，它同样是关于客观对象的思想、实体的思想。

所以这种东方的思想必须排除在哲学史以外；但大体上我将对于东方哲学附带说几句，特别是关于印度和中国的哲学。在别处我曾经讨论过这点；因为新近有了一些材料，使得我们可以对这方面下判断。前些时候我们对于印度的智慧曾大加惊叹赞美，其实并不知道它的底细。现在我们初步知道它了，才很自然地发现它并没有什么特异之处。[1]

这是在黑格尔自身对于哲学界定的背景下对东方（中国和印度）传统的一个判断。在黑格尔看来，东方哲学不构成哲学史，是因为东方哲学的理念是不动的，所以东方哲学的理念虽然具有哲学形态，但仅仅是一种“宗教哲学”，还不够纯粹，不能够进行自我运动，应当被排除在哲学史的考察范围之外。在这种对于哲学的界定下，中国没

1　黑格尔：《哲学史讲演录》（第一卷），贺麟、王太庆等译，上海人民出版社，2013年，第96、97页。

有哲学也成了西方学界的一个比较固定的看法。2001年9月11日，法国解构主义哲学家德里达访问上海，在跟王元化先生的对话中，也曾有类似的表述。

> 我们在就餐时，他说了一句："中国没有哲学，只有思想。"这句话一说完，在座的人不禁愕然。他马上作解释，说他的意思并不含有褒贬，而哲学和思想之间也没有高低之分。他说中国没有哲学，只有思想，这话丝毫没有文化霸权主义的意味。他对这种看法的解释是：西方的哲学是一个特定时间和环境的产物，它的源头是希腊。其实在他以前，黑格尔在《哲学史演讲录》中也曾经说过中国没有哲学，孔子的《论语》只是道德箴言，因为其中没有思辨思维，甚至也没有严密的逻辑系统。[1]

在这个背景之下，我们也就可以理解，为什么谈论中国哲学的时候会遇到一些比较尴尬，但也必须要面对的问题。虽然有时候会觉得这样的问题多少有些荒谬，但是，作为一个学术的基本问题，它确实是存在的。

一、所谓中国哲学合法性问题

对上述问题更为直接的把握，就是所谓的中国哲学合法性问题。

1　王元化：《关于中西哲学与文化的对话》，《文史哲》，2002年第2期，第6页。

如前文所言，无论在黑格尔还是在德里达那里，哲学并不属于中国，那是源自古希腊的西方精神传统。我们的传统语言之中，有文学，有史学，没有哲学。这说明，在传统时代我们确实并未使用“哲学”一词来指代我们的精神世界。

“哲学”一词与中国人结缘，跟近代日本学者有着密切的关系。被称为“日本近代哲学之父”的西周（にしあまね，1829—1897），在其讲稿《百学连环》（有“日本近代第一部哲学百科全书”之誉）中用汉字创译出大量的西方学术名词和哲学范畴，成为西方哲学范畴、哲学史、逻辑学、心理学和美学最早的传播者，对中日的近代化过程产生了非常重要的影响。“哲学”一词，就是他在1874年的《百一新论》中首次使用的，在这本书中，西周第一次将“philosophy”翻译为“哲学”。王国维于1901年在《教育世界》杂志上使用了“哲学”概念，随后严复、蔡元培、胡适等便都以“哲学”来指称“philosophy”。就这样，“哲学”一词开始进入中国知识分子的视野，中国哲学也随之而形成。随后，哲学作为一个学科门类进入了中国。1914年，北京大学设立“中国哲学门”；1919年，新任北京大学校长蔡元培改“中国哲学门”为哲学系，这标志着哲学学科在中国正式作为近代学科体系下的一个专业门类的出现。当然，按照贺麟先生的说法，直到1923年，留学美欧的张颐先生[1]回国并主持北京大学哲学系，开始系统讲授康德、黑格尔哲学，这时候“我们中国才开始有

1　张颐，字真如，又名唯识，四川省叙永县人。先后留学美国、英国、德国十余年，曾在美国密歇根大学、英国牛津大学以及德国埃尔朗根大学学习，于1923年在英国牛津大学以《黑氏伦理探究》（英文版）作为博士论文，通过牛津大学审查，被授予哲学博士学位，有“东方黑格尔”之誉。

够得上近代大学标准的哲学系”[1]。随后，我们才看到了这个学科门类在中国的不断发展。中华人民共和国成立后，复旦大学首位女校长、物理学家谢希德曾经说过：“复旦大学什么系都可以没有，不能没有哲学系！”[2]而如果我们从世界范围来看，那些我们称之为一流高校的学府，毫无疑问都设有哲学系，这也充分说明哲学这一学科对于人类社会所具有的基础意义。

就中国哲学学科来说，从“哲学”一词被引入中国并受到广泛关注和认可开始，对于中国自身哲学传统的阐释，也成为近代以来中国知识分子所面临的一个重要的问题。不管在传统中我们是否曾经使用“哲学”一词，在近代转型的大背景之下，对中国思想做哲学的诠释，是一个基本的共识。1916年，谢无量出版了第一部《中国哲学史》。虽然哲学这个词是自西方而来的，但是，在谢无量看来，中国古代显然有着非常明显的哲学内容，这大概也是以后很多学者的基本共识和自觉。此后，胡适的《中国哲学史大纲》（卷上，1919年）、钟泰的《中国哲学史》（1929年）、冯友兰先生在20世纪30年代出版的两卷本《中国哲学史》、张岱年先生在1936年完稿的《中国哲学大纲》等数十种以中国哲学史为名义的作品出现在20世纪上半叶，表明中国哲学作为一个学科也随之建立起来。我们可以说，这是在哲学作为一个学科门类传入中国的背景之下，中国知识分子从西方哲学的基本架构出发，自觉地对中国传统思想进行梳理诠释，从而建构起一种中国哲学史的知识体系。这种体系，虽然以西方为参照，在一定意义上有削足适履之嫌，但也是中国传统知识门类的现代化不得不走的一

1　贺麟：《五十年来的中国哲学》，辽宁教育出版社，1989年，第25页。
2　张汝伦：《人类轴心时代的哲学——人类的基本思维跟动物是一样的？》，https://xw.qq.com/cmsid/20211217A0BO9T00。

步，是当时社会背景之下的必然选择。

然而，随着时代的进一步发展，尤其是从20世纪末期开始，对以往思想界的反思也成了一种趋势，这跟中国经济社会发展的基本潮流是相关的。自20世纪末期开始，中国的知识分子开始自觉地反省我们自近代以来所采用的一些语词以及所设立的一些学科。中国有没有哲学？这一问题也被反复提出来讨论。这个问题的基本含义在于，既然哲学是一个西方传统的概念，中国并无此概念，那么，中国哲学作为一个学科是否成立呢？这就是所谓的中国哲学合法性的问题。从20世纪末开始，学界关于中国哲学合法性问题的讨论非常普遍。这样的讨论有一定的积极意义，它至少表明，中国哲学这一学科开始具有了自觉性。原本我们完全按照西方的形态建立起中国哲学这一学科，而关于中国哲学合法性问题的讨论，不管是赞成还是反对中国哲学这一提法，都表明我们对于中国传统思想的认识进入了一个自觉的状态。当然，这里面还有一个非常重要的现象值得关注。如前文所述，因为转型的需要，我们接受了西方的学科分类模式，这种接受不管是被迫的还是主动的，都表明在西方的强势背景之下，中国社会所产生的相应的变化。而自20世纪末以来，我们之所以会重新审视这一学科的合法性问题，是因为我们的时代处境已经没有了当时的那种焦虑和压力，在某种程度上我们已经彻底摆脱了落后挨打的局面，并且日益成为整个世界的重要力量（比如政治、经济方面），这就很自然使得社会心态发生了变化，由接受西方的模式到怀疑、批判甚至否定西方的模式。这是值得注意的一种基于心态上的微妙的变化。

我当年在学习哲学的时候，中国哲学其实并不是特别受欢迎。在20世纪90年代，所有学科只要冠以“国际”“外国”“西方”，就显得比纯粹国内的学问要高端很多，以哲学为例，外国哲学明显比中国哲学更受欢迎。话说回来，在我们那个时代，学习中国哲学，其实是非常困难的，因为学习中国哲学之前先要对西方哲学有足够的了解和把握，毕竟整个哲学的话语系统是来自西方的。当然，倘若是学习西方哲学的话，也就没有必要对中国哲学有所了解。在这样的背景之下，中国哲学学习者的西方哲学素养要明显高于西方哲学学习者的中国哲学素养。我也经常开玩笑说，很多学习西方哲学的学者，后来转向从事中国哲学的研究，不过，他们所说的很多内容，是经不起推敲的，因为他们对中国哲学所知甚少。当然，在最近这十几年来，随着对中国哲学学科合法性问题的讨论，中国哲学的研究方法也在发生着变化，即很多学者开始强调从中国自身来理解中国传统思想（称为“汉话汉说”），而并不一定要从西方哲学的框架、话语来解释中国传统（这相应地被称为“汉话胡说”）。

这样的状况正确与否，我确实很难判断。但是，在我看来，以一种比较开放、包容的方式来面对各种思想资源，来谈论所谓的哲学问题，应该是一种比较恰当的立场。

二、哲学与中国哲学

回到所谓的中国哲学合法性问题，其实这个问题的实质就是中国有没有哲学，这里根本的区别在于如何来看待哲学。无论是从前文黑格尔的说法还是德里达的说法来看，他们之所以认为中国没有哲学，就是因为中国缺乏他们所认可的那种思维方式、思辨形式。而自近代以来的近百年中，我们的前辈学者之所以认为中国乃是有哲学的，也是从西方所认定的哲学概念出发来审视中国自身的传统。比如，冯友兰先生在强调中国有哲学的时候，一个主要论据就是所谓“形式上的系统”与“实质上的系统”的区分。按照冯先生的看法，“所谓系统有二：即形式上的系统与实质上的系统。此两者并无连带的关系。中国哲学家的哲学，虽无形式上的系统；但如谓中国哲学家的哲学无实质上的系统，则即等于谓中国哲学家之哲学不成东西，中国无哲学”[1]。联系前文以黑格尔和德里达为代表的西方哲学家的观念，他们大概是从形式的角度来看待中国思想的，这样在冯先生看来是明显不妥的，所以他主张，“中国哲学家之哲学之形式上的系统，虽不如西洋哲学家；但实质上的系统，则同有也。讲哲学史之一要义，即是要在形式上无系统之哲学中，找出其实质的系统”[2]。所以，冯先生主张从哲学的实质来判定有无哲学，而不是从形式来说。因为很显然，从形式上来说，西方哲学的严密的逻辑形式、思辨方式跟中国传统有着比较清楚的差异。从这个意思来说，要谈论中国哲学，就必须着眼于实质，而非形式。[3]

当然，如果从形式和实质的角度来看待，问题也还是比较复杂的，金岳霖先生在给冯友兰先生《中国哲学史》作的审查报告中就指出：

> 哲学有实质也有形式，有问题也有方法。如果一种思想的实质与形式均与普遍哲学的实质与形式相同，那种思想当

1　冯友兰：《中国哲学史》（上册），中华书局，1961年，第13页。

2　冯友兰：《中国哲学史》（上册），中华书局，1961年，第14页。

3　当然，需要指出的是，在过去近百年的中国哲学史的阐释中，无论是在形式还是在实质上，都明显受到西方的影响，削足适履的情形非常严重，这大概是很多人主张回到中国传统本身的原因。

> 然是哲学。如果一种思想的实质与形式都异于普遍哲学，那种思想是否是一种哲学颇是一问题。有哲学的实质而无哲学的形式，或有哲学的形式而无哲学的实质的思想，都给哲学史家一种困难。“中国哲学”这个名称就有这个困难问题。所谓中国哲学史是“中国哲学”的史呢？还是“在中国”的哲学史呢？[1]

按照金岳霖先生的观点，我们在使用“哲学”一词的时候，其实面临着一种非常尴尬的现实，那就是无论是从形式还是从实质的角度来说，我们都无法避免该学科的合法性问题，这也是古今中西冲突对立的一种直接表现。在这样的背景之下，很多时候，我们只是在谈论“在中国”的哲学，而非真正意义上的中国哲学。

所以，我们可能需要思考的是究竟什么是哲学，以及哲学的意义何在。这样可能使得我们更加接近对于哲学本身的理解，而超越形式或者实质的争议。哲学原本是爱智慧之学。古希腊管它叫“爱智慧”。为什么是爱智慧而不叫它爱知识呢？知识和智慧有什么差别呢？作为一门爱智慧的课程，哲学应该是什么样的呢？如果按照课本上写的那样，哲学就是一套世界观和方法论的结合，固然没问题，但我更倾向于把哲学解释成分析、判断和选择的能力。

分析、判断、选择，这几个词理解起来都不复杂，越是简单的词说明它距离我们的日常生活越近，我们几乎每天都在做分析、判断以及选择。要进行分析和判断，必须先要有自己的立场，有我们思想的出发点，这就类似“世界观”的意思，你的世界观决定了你怎么分析

1　金岳霖：《中国哲学史》审查报告，见冯友兰《中国哲学史》附录。

一个东西，判断一个事物。一个境界高、有智慧的人，在分析和判断时就更能看清问题的本质，可以用严密的哲学分析，尤其是用逻辑思维进行有效的判断。分析、判断好了，接着就是选择，做出正确或者至少符合自己偏好的决策，这是我们每个人所期待的，也可以理解为一种“方法论”。

然而很多时候，我更倾向于把哲学理解成分析—判断—选择，而不用传统世界观、方法论的提法。世界观和方法论这种提法，太过抽象和生硬，很难与琐碎日常结合，而哲学既然作为一种智慧，那么它必然是跟我们的日常生活密切相关的，是流淌在我们生命之中的鲜活的思想印记。而且，分析—判断—选择的动态过程，能呈现出一个人的智慧。这和“知识”是不一样的，掌握很多的知识，也许可以帮你分析和判断，但却难以指导你最后一步的选择，因为选择是主观的你在与客观世界的交互之中才会用到的。明白、理解，做好分析、判断是一回事，这在很大程度上是跟知识相关的。而能否做到准确地选择，就又是另一回事了。所以“选择”和个体自身的心性、行事风格有着紧密的联系，而这种专属自身的特质，是一个人的“智慧”而不是“知识”的表现。

如果说哲学就是分析—判断—选择的能力，那么，它显然是一种智慧而不仅仅是一种知识。而这种分析—判断—选择的能力，则是人类理性最为普遍的特征，也是最具有一般意义的形式。从这个角度来说，我们就可以非常直接地理解为什么在历史上哲学是如此之重要。我们再来看一下，黑格尔在《哲学史讲演录》中的说法：

> 个体的精神认识到它自己的存在是有普遍性的，这种普遍性就是自己与自己相关联。自我的自在性、人格性和无限

性构成精神的存在。精神的本质就是这样，它不能是别的样子。一个民族之所以存在即在于它自己知道自己是自由的，是有普遍性的；自由和普遍性就是一个民族整个伦理生活和其余生活的原则。[1]

这种自由、普遍和无限的精神，是不是每一个人都具有的一种品质呢？而每一个传统是不是都有这样的一种智慧倾向？2018年8月13日—20日，第二十四届世界哲学大会在北京召开，主题是“学以成人”，这表明，哲学的学习必须关注个体的完善。我们通常说“做一个大写的人”，其实就是从人格精神完善的意义上来说，这就是成人的内在含义。而成就一个人，除了知识，更为重要的是智慧，而且只有智慧才能最终造就一个完善的个体。由此，我们也可以理解为什么在传统中，哲学具有如此重要的地位，因为它直接跟人的完善相关。

如果作为一种分析—判断—选择的模式，它应当是人类最为本质的特征，每一个传统（包括中国的在内），都在不断地形成自己的智慧形式。从这个意义上来说，哲学应当没有中国哲学和西方哲学的差别，只有“好”的哲学与“坏”的哲学的区分。所谓“好”的哲学，就是它坚持作为一种智慧的本质，强调对于生命的切实关怀和指引，最终能够成就个体的精神世界。而所谓“坏”的哲学，只是一种形式上的知识（可能甚至连知识也算不上），它只注重语言和思维的精致程度，而忘记了哲学最终是要作用于现实生命的。

中国或者西方，只是一个空间的概念，它并不能对智慧本身产生

1　黑格尔：《哲学史讲演录》（第一卷），贺麟、王太庆等译，上海人民出版社，2013年，第97页。

根本性的影响，而成就和完善自己，则是所有智慧的共同指向。当然，正如黑格尔指出的那样，“这种传统并不是一尊不动的石像，而是生命洋溢的，有如一道洪流，离开它的源头愈远，它就膨胀得愈大”[1]。而我们恰好生活在中国社会这一时空之中，因此，我们理解自身的传统，学习自己的哲学，也就成了一个必要的选项。也就是说，并不是哲学有中西的区别，而是对于我们来说，从中国自身的传统出发，才能够更好地理解中国的智慧形式，这就是中国哲学的意义。

三、中国哲学的基本精神

很多对中国传统感兴趣、有所涉猎的朋友，都会有一种感觉，那就是中国传统太玄乎了。有一次我在上海财经大学做了一场演讲。有个研究经济学的朋友就跟我说：何老师您讲的都很好，有一个问题是，你们传统的思想听起来都很不错，但是，缺乏科学性，也就是说没有办法做到像科学一样，可以用公式来描述。这个倒也是确实，虽然我并不认为中国思想不科学，但能用公式来表达，确实不是中国思想的基本特征。什么样的东西可以用公式来表达？极其抽象的、具有普遍性意义的东西大概可以以公式的形式来表现，但这个时候，它很大意义上也就是一种知识。

而中国传统强调的是智慧，智慧是关乎个体生命的，也就是说中

1　黑格尔：《哲学史讲演录》（第一卷），贺麟、王太庆等译，上海人民出版社，2013年，第10页。

国哲学关心得更多的是个体的自我完善。成为自己，这是中国哲学的基本精神。我早期主要研究魏晋时期，那个阶段有一个故事我特别喜欢。

> 桓公少与殷侯齐名，常有竞心。桓问殷："卿何如我？"殷云："我与我周旋久，宁作我！"（《世说新语·品藻》）

桓温年轻的时候就与殷浩齐名，所以常常有竞争之心。后来桓温的势力不断壮大，威胁到东晋存亡，朝野就抬出殷浩试图牵制桓温，很不幸的是，殷浩北伐失败，桓温趁机将其贬为庶人。在这个背景下，桓温问殷浩："你和我相比，谁强些？"这个问话在当时的情形，多少有些挑衅，让殷浩有些尴尬。但是，殷浩毕竟是殷浩，作为名士，他直接回答说："我已经和自己打交道很久了，宁愿做我！"也就是说，我的存在只是因为我是我，我并不需要和你比较，并不需要以你的状态来衡量我自己，我就是我自己。这大概就是成就自己的一种最为直接的表达，也是我觉得，中国传统的思想可能给今天的人带来更多帮助的地方。今天我们生活的精神世界其实相对来说是有些混乱的，而诸如躺平、摆烂等词汇的流行，反映出来的就是内心精神世界某种程度上的错乱。而中国传统哲学的基本精神就是要让每个人成为自己，这对于当下来说，是极有意义。

王阳明的《咏良知四首示诸生·其三》，也有类似的意思，对今天的我们来说，同样有着非常重要的启发意义：

> 人人自有定盘针，万化根源总在心。

却笑从前颠倒见，枝枝叶叶外头寻。

成为自己，就意味着我们找到了自己的“定盘针”，成了自己生命的主人，而不是一味向着身外求索，最终迷失在无穷无尽的欲望之中。

成就自己，就使得中国哲学特别重视个体差异性。我们通常都会说“师傅领进门，修行在个人”，就是这个道理。每个个体都是一个特别的存在，所以，我们不能以抽象的方式来对待，必须找到适合自己的。因此，中国人通常都会说，适合的才是好的。这就充分地表达出对于个体差异性的尊重。也只有尊重个体差异性，才能真正成为自己。

中国哲学相对于西洋哲学来说，具有非常鲜明的特质，在我看来，这种特质可以归纳为时间性和个体性两个重要的层面。从这个角度来说，中国哲学与关注形而上的、纯粹思辨的西洋哲学有着较为明显的差异，也正是因为如此，中西方在哲学的意义上呈现出各自不同的发展理路，具有不同的思维样态。

就时间性来说，我们可以在《周易》中得到最为直观的表达，《周易》以六爻的方式，充分展现出时间对于个体存在及其行为方式的意义。我们都说《周易》是关于变化的书，或者说变化是《周易》最核心的观念，而对于变化来说，时间是其最为明显的表达形式。对此，方东美先生曾概括道：

> 中国人之时间观念，莫或违乎《易》，《系辞传》曰“易与天地准，故能弥纶天地之道”……《易》之卦爻，存时以示变，《易》之精义，趋时而应变者也……趣时以言

《易》，《易》之妙可极于“穷则变，变则通，通则久”之一义。时间之真性寓诸变，时间之条理会于通，时间之效能存乎久。[1]

也就是说，如果《周易》最基本的作用就是“推天道以明人事”[2]的话，那么对于天道来说，变化就是其最根本的意义，而人事对于天道的遵从，就是对于变化的把握，所谓“趋时而应变者”。毫无疑问，对于个体的行为来说，时间成了最重要的因素。

如果我们以实践性作为中国哲学的主要特点的话，那么所有的实践毫无疑问都是个体在时间里展开的一种行为方式。由此，对于个体的重视，在中国传统中也是一个不可忽视的重要特征，孟子曾经说过一段话：

君子深造之以道，欲其自得之也。自得之，则居之安；居之安，则资之深；资之深，则取之左右逢其原，故君子欲其自得之也。[3]（《孟子·离娄下》）

对于“自得之”的要求，很明显就是对于个体性的一种期待，即道只有在个体身上得到落实的时候，才是真正有效的。所谓“左右逢其原”，就是对于道之落实于个体效果的一种非常直接的描述，由此我们可以深深地感受到中国传统对于个体差异性的重视。

当我们以时间性和个体性作为中国哲学最为重要的两个特征来考

1　方东美：《生生之德：哲学论文集》，中华书局，2013年，第106页。

2　皮锡瑞：《皮锡瑞儒学论集》，潘斌选编，四川大学出版社，2010年，第64页。

3　朱熹：《四书章句集注》，中华书局，1983年，第292页。

虑的时候，我们发现另外一个很特殊的词进入了我们考察的视线，这个词就是“玩”。就我们经验的角度来说，任何一个“玩”的行为都是个体在某一个具体的时间状态之中展开的，离开了时间性和个体性，“玩”的行为就无法成立。当然，“玩”在传统的语境中一直有着非常重要的地位：

> 是故君子所居而安者，《易》之序也；所乐而玩者，爻之辞也。是故君子居则观其象而玩其辞，动则观其变而玩其占。是以自天佑之，吉无不利。[1]（《易传·系辞传上》）

在这段描述中，“玩”毫无疑问是一个中心的词，正是建立在对于爻辞和占筮的“玩”的基础上，君子才从《周易》中获得了重要的人生指示，由此可以“自天佑之，吉无不利”。那么，为什么是玩辞、玩占呢？很显然，就一个行为的事实来说，当个体面对《周易》的时候，他所需要获得的指导意义，是具有时间性和个体性的，即我们诉诸《周易》的要求，是具体的实践需求。在这个意义上，“玩”登场了，简单地说，它以一种超越功利的态度，让个体获得某种心灵上的启示，这就是中国人的生活智慧。

当然，从我们今天语词的角度来看，“玩”似乎是一个不太“庄重”“严肃”的词，但是，从前引《易传·系辞传上》的说法来看，古人并不认为“玩”是一个否定性的词，相反，它表达的是中国人独特的生存智慧。而我们在文章中试图揭示的是，中国哲学从本质上来说，就是一种“玩”的哲学，“玩”是基于好奇的，也是超越功利

1　黄寿祺、张善文：《周易译注》，上海古籍出版社，2007年，第376、377页。

的。说它是基于好奇的，乃是因为一旦我们试图去玩，我们对于玩的对象有着重要的好奇，这种好奇是我们玩的行为的根本驱动。说它是超越功利的，乃是说我们之所以投入某一种玩的行为，是因为一种对对象的纯粹喜好，无关其他功利性目的，它就是一种单纯的、指向快乐的、简单的行为方式。而在我们一般对于哲学的讨论中，好奇和超越功利，无疑是两个非常重要的点。好奇被视为一切哲学的起源，而超越功利则是哲学作为一种纯粹理论形式的旨趣。而中国哲学，如前所言，恰恰是在玩的层面，做了极为重要的阐释，因此，我们称中国哲学为玩的哲学，也是可以成立的。

作为一种玩的哲学，中国哲学在此意义上具有非常明显的特征。首先，中国哲学是关于动态过程的揭示。毫无疑问，玩的行为从本质上来说，就是一个动态的过程，并非对于事物的纯粹静止的把握；而建立在玩的基础上的中国哲学，同样关心的是动态的过程，我们通常会以实践性来概括中国哲学的特质[1]。所谓的实践，也就是在一个具体的时空中动态展开的过程。其次，中国哲学是彻上彻下的圆融，这实际上也是对实践性的进一步申说，按照程伊川先生的说法，那就是“体用一源，显微无间”[2]。如果说，在西方传统哲学中有本体和现象的两分的话，那么，在中国的传统中，这种两分是不存在的，中国哲学是即体即用的。

1　这种实践性的概括，在对中国传统的理解中是非常普遍的，老一辈的学者如熊十力、冯友兰、金岳霖、冯契、张岱年、牟宗三等，虽然对中国哲学的具体阐释存在一定差异，但是对于实践性的基本立场，没有太多的疑议。有意思的是，在很多海外学者那里，他们对于中国哲学性质的判断，也是基于实践性这个特点的，详情可以参阅《实践的哲学：美国学界对中国哲学的一种认知》（张森，《南京社会科学》，2019年第7期，第40—46页）。

2　程颐：《周易程氏传》，王孝鱼点校，中华书局，2016年，第1页。

如果这么去看中国哲学，其实我们可以发现更多有趣的现象。比如，对于中国人来说，“玩玩而已”这样的话头是经常出现的，这并不表明我们对世界或者人生采取了一种消极的态度，相反，我们是以一种更为超然的方式来面对现实，由此而获得自我心灵的完善，从而成就自我。其实，当我们能感受小孩子玩游戏时那种投入的状态，以及所获得的那种满足感，我们大概就可以直观地理解中国人对于“玩”的这种特殊倾向。“玩”不只是玩物丧志，而是有着一种非常明显的精神境界的意义。

四、中国哲学的基本脉络

谈及中国哲学的历史脉络的时候，我们通常都会说，先秦诸子、汉唐经学、魏晋玄学、隋唐佛学、宋明理学、清代朴学等。这样的说法，大体上也不错，因为它很清晰地表达出了各个主要历史阶段中国哲学内容中的重点。

但是，这一说法最大的问题在于，它割裂了精神世界的连贯性。这种时间性的划分，太过于抽象，以至于除了列出一条抽象的时间线索，我们无法很好地理解中国哲学本身发展的基本脉络。比如说，我们说魏晋玄学的时候，儒学存在吗？当我们说隋唐佛学的时候，儒学和道学存不存在呢？当我们说宋明理学的时候，佛学和道学又存不存在呢？很明显，这样的提法只是一个抽象的说明，它无法呈现中国哲学在这个时段的发展事实，无法体现出中国传统精神的丰富性和统一性。

中国哲学精神的基本价值源自“六经”（又叫“六艺”），这是中国文化的源头。在中西文化冲击的背景下，马一浮先生曾经提出著名的“六艺论”，其主旨为，儒家六艺之学皆从一心所发，是中外一切学术的源头和发脉处，中外一切学术都是六艺的支流，人类各种学术思想的展开，最终必将以中国儒家六艺思想精神为旨归。这里的六艺不是礼、乐、射、御、书、数（这叫作小学六艺），而是《诗》《书》《礼》《乐》《易》《春秋》六经（当然，《乐》本无经，故实为五经）。“六经”能不能涵盖古今中西一切学术有待商榷，但是，“六经”作为中国文化的共同源头是毋庸置疑的结论。从这个角度来说，我们不能把儒家只看作诸子百家之一，这其实是对儒家的降格。

“六经”虽然有不同的内容和精神指向，但是，对于中国古人来说，这就是他们生活经验的总结，也是古人应对现实的智慧表达。这种智慧后来在儒家的传统中得到了最为直接的表达（或者说传承），当然，这种特殊性是在历史进程影响下形成的，由此我们也经常看到，很多场合中儒家思想似乎就代表了中国哲学的基本立场。这种经由儒家传递出来的哲学精神，大概有三个主要方面的内涵：乐观向上的精神、道德的基本立场以及和谐的社会理想。乐观向上的精神，乃是对于个人自我来说的。道德的基本立场是个人面向他人（以及政治社会）的基本方式，而和谐的社会理想则是中国人的最高向往，也就是我们经常看到的，《礼记》里所说的“天下大同”。这三个层面，其实也可以概括为“内圣外王”，即既关注内在自我精神生命的完善，也注重在现实生活世界中建功立业，由内而外，内外通达。这可以说是在轴心时代所形成的中国自由精神，这种精神虽然主要是从儒家的角度来完整表现的，但也被先秦诸子百家共同接受。内圣而外王，由内圣而推及外王，这是中国哲学的基本价值立场。在这个说法中，我们也可以很清楚地看到，作为一种生存智慧，中国哲学所具有的鲜明特点。

由此，我们可以把自先秦至今日的中国哲学史，看作中国哲学精神的自我完善和展开的过程，也就是内圣外王的基本内涵不断拓展的过程，而非如前所言的几个非常抽象的时间和观念的组合。中国哲学精神在任一时间的具体展开，都是基于内圣外王这一基本立场而形成的，尤其是表达为内圣层面的不断圆融、完善，从而为外王提供更多的选择路径。在这个过程中出现的，无论是经学、玄学、佛学、道学以及理学等不同的称呼，还是不同精神倾向的内涵特质，无非都是为了更好地满足个体自我完善的需要，为个体的自我完善提供更为丰富的精神内涵。而中国思想在历史上所表现出来的包容性，也呈现出不同的历史阶段对于不同思想资源的整合，这恰恰是为了更好地成就个体，使个体成为一个完善的自我。即便是今日，中国哲学也具有同样的意义。有的时候我们会觉得自1840年以来，思想的格局发生了巨大的变化。但是如果从中国哲学基本精神的角度来看待，事实上在今天我们所面临的问题，也和传统上的问题是一致的，即如何才能更好地成就自己，也就是更好地由内圣而外王。在全球化的背景之下，我们所具备的思想资源，可能比传统时代多了很多，但是，如果站在完善自我的角度上来思考这个问题的话，所有的思想资源，无非都是为了成就一个更好的自己而存在的。这样一来，我们的基本思想方式，还是中国哲学基本脉络的延续。

第二讲

《周易》与中国哲学的开端

《周易》在中国传统中，有着特殊的地位，被誉为“群经之首”“大道之源”。四库馆臣称“《易》道广大，无所不包，旁及天文、地理、乐律、兵法、韵学、算术以逮方外之炉火，皆可援《易》以为说，而好异者又援以入《易》，故《易》说愈繁”（《四库全书总目提要·易类一》），从这个角度来看，《周易》在中国传统中的特殊地位也就非常清楚了。面对这样一种具有基础性意义的经典，理解它是一本什么样的书，是我们学习《周易》的开始。

“《易》本卜筮之书”，这是朱熹对《周易》一书性质的基本判定，在现存朱熹的作品中，这样的说法是比较普遍的。比如乾道六年（1170），朱熹41岁，他对弟子杨方讲论《周易》，说：“《易》本为卜筮作。古人质朴，作事须卜之鬼神。孔子恐义理一向没卜筮中，故明其义。”（《朱子语类》卷六十六）其后不久，他写信给何镐，又说：“卦惟三《易》有之，皆筮法也。”（《朱熹集》卷四十《答何叔京》）朱熹的这个说法，至少有两层含义。首先，这是对《周易》最初性质（功能）的一种提示，即《周易》原本就是对古人占卜经验的总结；其次，人们对《周易》的理解，会产生种种不同的改变。[1]从这个角度来说，《周易》原本跟占卜的行为有着密切的关系，是卜筮之书，但是在后来的历史脉络中，它得到了广泛的应用，超越了纯粹的卜筮而获得了经典的地位。这种经典的地位，很大程度上跟《周易》所传达的义理有密切的关系，这个时候，它就不能被单纯视为一种占筮之书了。

从卜筮之书，到超越卜筮之书而成为传统经典，这是《周易》文本在思想史上变化的一个基本脉络，也是我们对《周易》一书理解的基点。当然，如果从中国哲学精神的角度来看，那么《周易》无疑是中国哲学精神的开端，要了解中国哲学就需要对《周易》有所了解。

一、《周易》是一本什么样的书

《周易》作为传统经典之一，其书名的含义究竟为何？这也是我们在学习《周易》的过程中所遇到的一个基础问题。从历史脉络和意义梳理的不同角度来说，《周易》的书名有两种基本含义。

首先，从历史脉络来看，《连山》《归藏》以及《周易》这三种易分别对应三个不同时代的占筮，即夏代是《连山》，商代是《归藏》，周代是《周易》。从这个角度来说，“周”就是时代的含义，如同《周礼》《周书》一样，都是用来指称周代的，而

1　王风在《朱熹易学散论》（商务印书馆，2017年12月）一书中认为，朱熹的这个说法包含两层含义，在判定《周易》性质的同时也说明读《易》之法。详见该书第10—17页相关讨论。

“易”就是占筮的意思。也就是说，《周易》指的就是总结周代占筮的书，朱熹称：“周，代名也。易，书名也。其卦本伏羲所画，有交易、变易之义，故谓之易。其辞则文王、周公所系，故系之周。”（《周易本义》卷一）朱熹的这个说法，也是从作为一个时代的意义上来理解“周”的，即从历史脉络的角度来看待《周易》一书。

其次，如果从意义梳理来看，“周”除了时代的含义，还有周普、普遍的意思。程颐言“其为书也，广大悉备，将以顺性命之理，通幽明之故，尽事物之情，而示开物成务之道也”（《程氏易传》序），或者是四库馆臣所说的“《易》道广大，无所不包”（《四库全书总目提要·易类一》）等，实际上都是从普遍、周普的意义上来理解“周”的，从这个角度来说，《周易》就是一本揭示天地之间普遍法则的书。因其具有普遍性，所以超越了具体时代的限制，而成为一种具有普适意义的真理，所谓“《易》道广大，无所不包”，就是这样一种普遍化的结果。从历史上来看，这样的解读方式相较于历史性判定（即周代）来说，是更为广泛的。这也表明人们对学习《易》之理的一种基本立场，从“推天道以明人事”的意思上来说，希望对《易》的学习能够切实作用于当下的生活事实。所以在这个层面上，朱熹也曾说“《易》之卦爻，所以该尽天下之理。一爻不止于一事，而天下之理莫不具备，不要拘执着。今学者涉世未广，见理未尽，揍他底不着，所以未得他受用”（《朱子语类》卷六十七），很显然，注重对《易》所包含之理的体认，才能够使人真正“受用”。

当然，谈到《周易》这个书名的时候，我们也不能不关注一下在西方世界中这一书名的翻译问题，这也是一个比较有趣的话题。《周易》经典的翻译是1882年牛津大学出版社出版的、由英国传教士理雅各[1]翻译的*I Ching: Book of Changes*。这个书名翻译的形式，也影响了后来很多著名译本，比如卫礼贤（Richaid Wilhelm）的德文版和贝恩斯（Cary F.Baynes）的英文版[2]。但是，这个英文的翻译，其实并不是对《周易》最准确的把握。因为Book of Changes实际上注重的是变化本身，这当然是《周易》的题中应有之义，然而正如前面对“三易”的解释中所指出的那样，“易”在《周易》中有简易、变易以及不易三个层面的含义，而变化则仅仅是变易的一面而已。

所以，从我们对《周易》书名的分析来看，前面所谈到的两种理解方式，实际上是有内在关联的。历史语境中出现的《周易》特指周代的占卜之书，这是从其功能性意义来说的，它就是周代占卜实践的总结。而作为一种义理的传递，《周易》是一本谈论“推天道以明人事”的具有普遍性意义的书，它所揭示的乃是天地的基本法则，重视的是人对天地法则的遵从。作为历史时代含义的《周易》是整个易学史得以建立的前提，也是对《周易》最原初功能的一种揭示。而作为普遍义理的《周易》则是易学史能够延续至今的保障，也是《周易》对当下现实人生和社会仍然具有影响的关键所在。所以，作为时代特

---

1 理雅各（James Legge，1815—1897），近代英国著名汉学家，曾任香港英华书院校长，伦敦布道会传教士。他是第一个系统研究、翻译中国古代经典的人，将四书五经等中国主要典籍全部译出。理雅各前后用了五十余年的时间，架起了一座中西方文化交流的桥梁。他的一生是由传教士走向汉学家的一生，他生平的活动，开始于向东方宣扬基督教义，然而却显赫于向西方传播中国文化。至今虽逾百年，理雅各的译本仍被认为是中国经典的标准译本。

2 当然，贝恩斯的英文版是从卫礼贤的德文版翻译的，其书名为*The I Ching or Book of Changes*。这一英文版影响巨大，被著名心理学家荣格称为“在西方，无与伦比的译本”。

色的《周易》和作为普遍意义的《周易》对易学的学习来说是同样重要的。

经、传是中国古代经典传统的一个基本特色。经就是核心经典；传，包括疏、论、说等，都是对经典的解释形式。这些解释形式和经典本身构成一个整体，后人理解经典就是以经典本身以及前人的注疏为基础的。每一种经典在中国的传统中，都有其典型的（权威的）注疏。比如《周易》有收入十三经注疏系统的《周易正义》（魏王弼、晋韩康伯注，唐孔颖达疏），王弼、韩康伯的注，以及孔颖达的疏，都是在《周易》文本流传过程中所形成的权威注疏。

有经有传，这是儒家经典的一个基本特色，《周易》也不例外。目前我们所看到的通行本《周易》是一本书，实际上它也是由经和传两个部分组成的，分别称为易经和易传。

易经即易古经，由符号和文字两个部分组成。符号系统是易经独具特色的部分，也是易经图画系统的基础。易经的符号有三层架构。第一层次是最为基础的阴（⚋）、阳（⚊）两种符号，我们通常称之为阴爻和阳爻，也是整个易经结构的基础，但是在易经中并没有出现阴爻和阳爻的说法。这两种符号，可以看作古人理解和认识世界的方式，在古人的经验中，世界就是由阴、阳两种对立的性质组成的。第二层次的符号是八卦，即乾（☰）、震（☳）、坎（☵）、艮（☶）、坤（☷）、巽（☴）、离（☲）、兑（☱）。这是古人对天地万物的一种分类形式，或者说是八种基本物象。第三层次的符号是六十四卦，是我们在易经中所直观看到的符号。六十四卦是由八卦两两重合而成的，比如乾卦（䷀）就是由两个乾（☰）重合而成，履卦（䷉）由乾（☰）和兑（☱）重合而成。如果八卦是八种基本物象的话，那么六十四卦就是古人用来描述整个生活世界的符号，即整个生活经验世界的反映。

《易经》的文字部分，包括卦辞和爻辞。以《易经》第一个卦乾（䷀）为例，“乾：元、亨、利、贞”为卦辞，“初九，潜龙勿用。九二，见龙在田，利见大人。九三，君子终日乾乾，夕惕若厉，无咎。九四，或跃在渊，无咎。九五，飞龙在天，利见大人。上九，亢龙有悔。用九，见群龙无首，吉”为爻辞。《易经》部分有六十四个卦，每个卦有六个爻。卦辞和爻辞，是《易经》的文字表达部分，作为辞，它们都是对前面所提及的符号的说明。卦辞是对卦的整体意义的说明，爻辞是对每条爻的意义的说明。无论是卦辞还是爻辞，其对意义的说明，都是从卦的符号组合特点而来的。这是《易经》的基本结构，整个经文部分六十四卦，分成上下两部分，称为上下经，其中上经三十卦，下经三十四卦。

《易传》是对《易经》的解释，在《周易》中《易传》有七类十篇，称“十翼”。《易传》实际上就是针对《易经》的一种系统化、理论化梳理和解说，这对《周易》成为一个经典文本具有重要的意义。我们说《周易》起源于占筮，但是所有的占卜行为事实上都是经验性的行为，是具体的、暂时的和散乱的，因此，如果没有《易传》所做的系统化、理论化的努力，这种占卜实践就无法超越经验的限制而成为一个独立的、完整的理论系统。从这个角度来说，《易传》对《周易》而言具有特殊且重要的意义。《易传》是研究《易经》的重要津梁，是《周易》哲学思想的集中体现。

关于《易经》和《易传》的作者是谁、产生于哪个年代等问题，历史上也是充满争论。按照班固的说法，“《易》曰：‘宓戏氏仰观象于天，俯观法于地，观鸟兽之文，与地之宜，近取诸身，远取诸物，于是始作八卦，以通神明之德，以类万物之情。’至于殷、周之际，纣在上位，逆天暴物，文王以诸侯顺命而行道，天人之占可得而效，于是重《易》六爻，作上下篇。孔氏为之《彖》《象》《系辞》《文言》《序卦》之属十篇。故曰《易》道深矣，人更三圣，世历三古”（《汉书·艺文志》）。“人更三圣，世历三古”说明《周易》的产生是一个漫长的历史过程，是早期文明的重要结晶。所谓三圣，指的是伏羲、文王和孔子，他们对《周易》的贡献分别是伏羲画八卦、文王演六十四卦、孔子作《易传》。而所谓的三古，就是对伏羲、文王和孔子所生活的时代的判定，伏羲为上古、文王为中古、孔子为近古。这种说法也是在传统文献中，被普遍接受的一种观点。当然，上述贡献是否一定来自伏羲、文王和孔子？这很难断言。但是我们可以判断的是，《易经》大概是殷周之际的产物，而《易传》大概是在春秋战国之际完成的，至于《周易》的作者也不是某一个人，《周易》本身可以被视为一种集体创作，是集体经验的总结，《易经》和《易传》，都是如此。

《易经》和《易传》原本都是单独流行的，当然《易传》的流行肯定是晚于《易经》的。在流传的过程中，为了阅读和传播的方便，《易传》作为解释《易经》的文字，逐渐并入《易经》，二者合一。如今的《周易》通行本便是经传合一的形式，这种形式大概是从东汉末（即郑玄的时代）开始的。

易学自先秦以来，吸引了一代又一代学者的关注，相关著作层出不穷，可谓汗牛充栋。民国学者严灵峰曾编撰《无求备斋易经集成》[1]，收录历代易学作品三百六十二种，合计一千六百一十四卷。从上述数据中，我们可以对历代易学作品的状况有一个大概的印象。

1　严灵峰编：《无求备斋易经集成》，成文出版社，1976年。

近十几年来，山东大学刘大钧先生主持编撰了《百年易学菁华集成》，并建设易学古籍数据库，我们可以从中感受到易学研究领域的浩瀚和成果的丰硕。

当然，由于《易经》文本形式的特点（既有符号、图画，又有文字），各家对《易经》的阐释会有不同的偏重，并由此产生不同的解释流派，这就构成了易学史的丰富脉络。关于这一点，四库馆臣就曾指出：

> 故《易》之为书，推天道以明人事者也。《左传》所记诸占，盖犹太卜之遗法。汉儒言象数，去古未远也。一变而为京、焦，入于禨祥，再变而为陈、邵，务穷造化，《易》遂不切于民用。王弼尽黜象数，说以老庄。一变而胡瑗、程子，始阐明儒理，再变而李光、杨万里，又参证史事，《易》遂日启其论端。此两派六宗，已互相攻驳。又《易》道广大，无所不包，旁及天文、地理、乐律、兵法、韵学、算术以逮方外之炉火，皆可援《易》以为说，而好异者又援以入《易》，故《易》说愈繁。（《四库全书总目提要·易类一》）

《周易》原本的意义就是推演天地自然之道来指导人的生活规律，《左传》里面记载的占例，大概还是古代太史占筮的传统方法。到了汉朝，经学大师都用象数来说明道理，这与古代的传统更为接近。象数派传到京房、焦延寿，摇身一变成为说明占验征兆的书。传到宋朝的陈抟、邵雍，《周易》再一变成为探究天地奥秘的书，于是《周易》就不切民用了。三国时期曹魏的王弼把象数全部扫荡无余，用老庄的思想来解释《周易》，于是出现义理一派。到宋朝的胡瑗、程颐，义理派开始用儒家的思想来阐明易理；再到李光、杨万里时，又用历史事实考证它的卦爻辞，于是就出现了争论。再加上《周易》本身无所不包，可以旁及天文、地理、乐律、兵法、音韵学、算术，以至于道家用炉火炼丹都可引《周易》来说，所以解释《周易》的说法就更加繁杂了，当然这些都可以被认为是附《周易》而产生的，很多术数等学说也是类似的情形。

四库馆臣的这段概括，可以说是一部简单凝练的易学史，其中提到了一个非常重要的概念，即两派六宗，这是易学史流变的基本状况。所谓两派，就是象数派和义理派，着重从阴阳奇偶之数和卦爻象以及八卦所象征的物象，解说《周易》经传文义的，称为象数派；义理派则主要从卦名的含义和卦的性质来解释《周易》的经传文，注重阐发卦爻象和卦爻辞的义理。象数派和义理派，是易学解释的两大基本派别，它们的差异实际上源于对《周易》理解的不同侧重，在《易传》中就存在着取象说和取义说，取象说是取八卦所象征的物象解释《易经》中卦爻象和卦爻辞，取义说则是取八卦和六十四卦卦名的含义来解释卦爻象和卦爻辞。由取象说而来的是象数派，由取义说而来的则是义理派。所谓六宗，则是在象数派和义理派的脉络中发展出来的关于易学解释的六家——一为占卜宗（太卜遗法），二为禨祥宗（京房、焦延寿），三为造化宗（陈抟、邵雍），四为老庄宗（王弼），五为儒理宗（胡瑗、程颐），六为史事宗（李光、杨万里）。而六宗实际上可归于上述两派之中，占卜、禨祥、造化三宗可归于象数派，老庄、儒理、史事三宗可归于义理派。

从思想史来看，无论是象数派还是义理派，都对《周易》的阐发做出了重要的贡献，丰富了易学史的内涵。从总体上来说，象数派注重的是对象和数的阐发，在保持古易占筮特质的基础上，偏重于向“术”的方向发展，在应用方面有很多突破；义理派偏重于对《周易》精微义理的阐发，对“学”的方向有极大的促进作用。在传统中，两派的发展构成了对整个易学史发展脉络的完善，但是，其间的相互攻讦，也表明了易学内部的复杂。随着时代的推移，近代以来，由于整个社会格局以及学科设置的巨大变化，对易学的研究和阐发也有了不同的发展面向，比如考古易学、科学易学等，都说明，古老的《周易》正在与新时代结合。

二、《周易》是算命书吗

生活中很多人谈到《周易》的时候，会将它直接跟算命联系在一起，前面也说《易》原本就是卜筮之书，可是我们也说过，要了解中国哲学，必须从《周易》开始。那么《周易》到底是一部什么性质的书呢？关于这个问题，长期以来存在分歧，有人主张《周易》是一部筮书，有人主张《周易》是一部历史书，也有人主张《周易》是一部哲学书，等等。对《周易》一书性质的看法，实际上跟人们诠释《周易》的方式密切相关。如何定义《周易》一书的性质是一个十分复杂的问题，也是一个在动态变化着的问题，不能以偏概全，应当客观地、历史地看待这个问题。在中国漫长的历史进程中，随着政治社会变迁，理论需求以及自身地位变化，人们对《周易》一书性质的看法也有所不同。从总体上来说，历史上对《周易》性质的理解是具有二重性的：占筮的应用以及大道的体认。

从《周易》的产生以及早期应用看，《周易》是一本卜筮书。早期中国社会，由于生产力低下，先民们无法对自然现象、社会现象，以及人自身的生理现象做出科学的解释，因而产生了对神的崇拜，认为在事物背后有一个至高无上的帝（或者神）存在，它支配着世界上的一切。这在人类社会的早期，无论东西方传统中，都是相当普遍的状态，也是人类出于自身生存安全感需要而做的一种努力。当人们遭受天灾人祸等的打击之后，出于更好地应对自我生存的目的，就萌发出借助于神意来预知这突如其来的状况的想法，从而趋利避害。基于此，人们在长期的实践经验中发明了种种沟通人神的预测方法，占卜也是其中一种形式。从这个角度来说，《周易》完全是为了满足当时人们生产和生活预测需要而出现的，或者说，是早期人们预测实践的一种经验总结（记录）。

《周易》在其产生后很长一段时间内主要也是用于占筮的，据统计，《左传》和《国语》中就记载了22个运用《周易》（或者其他筮书）占筮的事例[1]。如在《左传》中记载了这样一个故事：

> 齐棠公之妻，东郭偃之姊也。东郭偃臣崔武子。棠公死，偃御武子以吊焉。见棠姜而美之，使偃取之。偃曰："男女辨姓，今君出自丁，臣出自桓，不可。"武子筮之，遇《困》三之《大过》。史皆曰："吉。"示陈文子，文子曰："夫从风，风陨，妻不可娶也。且其《繇》曰：困于石，据于蒺藜，入于其宫，不见其妻，凶。困于石，往不济

1　关于早期文献如《左传》《国语》等出现的筮例问题，因为跟《周易》的早期演变等都有着密切的关系，学界对此有比较多的讨论，比如李镜池先生的《周易探源》、高亨先生的《周易杂论》以及尚秉和先生的《周易古筮考》等，均有所涉及，可以参考。

也。据于蒺藜，所恃伤也。入于其宫，不见其妻，凶，无所归也。”崔子曰：“嫠也何害？先夫当之矣。”遂取之。（《左传·襄公二十五年》）

齐棠公死了，崔武子去吊丧，见其遗孀美貌，想纳为妾，但心中没有底，故用《周易》占了一卦，得《困》之《大过》（即《困》卦六三爻变）。史官们认为这个占筮是吉的、可行的，也有人根据爻辞“困于石，据于蒺藜，入于其宫，不见其妻，凶”断定，此女不可娶。而崔武子不相信，认为一个无夫之妇无害，若有害早已让先夫（齐棠公）带走了，故纳之为妾。由此我们可以看到，春秋时期，《周易》主要用于筮占，其目的主要就是为人们的行为提供指南。

因此，《易经》本身的占筮功用是非常明显的。在《易传》中，这种占筮的功能也得到了很大程度的保留。从《易传》对《易经》的解说来看，《易传》注重《周易》的筮占功能，反复强调学好《周易》可以知死生之说、幽明之故、鬼神之情，可以断天下之疑、通天下之志、成天下之务，并且明确地告诉人们《周易》是使人们顺从天意，立于不败之地的法宝。“是故君子居则观其象而玩其辞，动则观其变而玩其占，是以自天佑之，吉无不利。”（《易传·系辞传上》）同时，在《易经》中包含了比较完整的《周易》占筮的方法——大衍筮法（见《易传·系辞传上》）。但是，到了汉以后，《周易》的性质有所变化。一方面它原有占筮的性质被保留下来，并且得到了充分的发展。易学家们克服了大衍法的种种局限，创立了比较完备的新筮法。焦延寿作《易林》创立焦氏筮法，其弟子京房则更胜老师一筹，对筮法进行了彻底变革，创立了纳甲法，筮法在汉代趋向完备，这种现实层面的运用，其影响也是不可小视的。另一方面，

《周易》也有了新的功能，因为包含了深刻的人生哲理，尤其经过《易传》的解释和发挥，其哲理化程度达到新的高度，《周易》遂成为一部博大精深的哲学书籍。也正是由于这个原因，《周易》得到了汉代统治者的青睐，由原来的卜筮之书变成了官方安邦治国、修身养性的哲学之书，成为五经之首、大道之源。作为揭示大道的书，《周易》成为中国古人对天地之理体认的基础。

由此来看，历史上对《周易》性质的看法，有明显的两重性：对占筮的使用和对大道的揭示。虽然这种两重性跟《易经》和《易传》的不同形式有关系，但也不完全是由《易经》和《易传》的特点所决定的。如前所言，《易传》中就有很明显的占筮功能的保留和阐发。自汉代以来，《周易》中所包含的二重性质，在社会现实生活以及思想构建的层面，满足着人们的需求，并影响着中国人的生活。

三、古人为什么那么重视《周易》

我们简单地了解一下中国古代读书人的阅读书目，就会发现，不管是出于何种目的而读书，《周易》大概都是必读书目，《周易》在传统读书人心中有着特别重要的地位。

我们都知道，《周易》有“大道之源”“群经之首”的美称，它是如何获得这种特殊地位的呢？这个问题实际上包含两个部分，即《周易》的经典化以及《周易》特殊地位的确定。这两个问题都和儒家经典在中国传统中的特殊地位密切相关，经学传统的确立是这个过程完成的最终标志，也是中国传统社会特殊性得以确立的基础。

《周易》经典化的过程，与春秋战国之际整个思想界的变革，尤其是六经（五经）的形成密切相关。从传世文献的角度来看，这个经典系统在《庄子·天下》中已经比较成熟了：

古之人其备乎！配神明，醇天地，育万物，和天下，泽及百姓，明于本数，系于末度，六通四辟，小大精粗，其运无乎不在。其明而在数度者，旧法、世传之史尚多有之；其在于《诗》《书》《礼》《乐》者，邹鲁之士，搢绅先生多能明之。《诗》以道志，《书》以道事，《礼》以道行，《乐》以道和，《易》以道阴阳，《春秋》以道名分。其数散于天下而设于中国者，百家之学时或称而道之。

这里很明显地提到了六经的名字，以及它们各自的功能。需要注意的是，在这种说法里，六经在整个传统中是具有经典性地位的，因为它们“明于本数，系于末度，六通四辟，小大精粗，其运无乎不在”，涵盖了天地万物以及其间的道理，是古人生活经验的总结、生活智慧的概括。从产生的时间来看，《天下》篇的创作时间不会晚于战国晚期，《庄子》的另外一处也提到过六经的名称，“丘治《诗》《书》《礼》《乐》《易》《春秋》六经，自以为久矣，孰知其故矣”（《庄子·天运》）。也就是说，在战国时代，六经的概念已经确定，并且得到了认可。[1]

当然，《周易》被经典化以及被视为“群经之首”是先后相关的两个过程，后者大概是在两汉之际完成的，“六艺之文，《乐》以

1　日本学者浅野裕一的《儒家对〈易〉的经典化》（《周易研究》，2009年第2期）一文，通过对传世文献和出土文献的综合考察，认为《周易》的经典化开始的时间在春秋末战国初，即公元前400年左右。

和神，仁之表也；《诗》以正言，义之用也；《礼》以明体，明者着见，故无训也；《书》以广听，知之术也；《春秋》以断事，信之符也。五者，盖五常之道，相须而备，而《易》为之原。故曰‘《易》不可见，则乾坤或几乎息矣’，言与天地为终始也”（《汉书·艺文志》）。当然，班固《汉书·艺文志》的说法源于刘向、刘歆父子的《七略》。汉成帝时期，刘向、刘歆等人开始大规模整理文献典籍，不仅将《六艺略》提升至诸类典籍书目编排之首位，而且在《六艺略》中，又将《易》列于《书》《诗》《礼》《乐》《春秋》之前。也就是说，《周易》的独特地位的确立，跟刘向、刘歆父子密切相关，大概在西汉末开始，这成了一个基本结论。

如果要进一步追问，为什么具有如此特殊地位的是《周易》，可以从三个方面来解释。首先，汉武帝“罢黜百家，表彰六经”（《汉书·武帝纪》），儒家（尤其是六经）获得了特殊的地位，以掌握候补文官教育的形式成为主流的意识形态，所谓“自此以来，则公卿大夫士吏彬彬多文学之士矣”（《史记·儒林列传》）。在这个背景下，经学正式产生，《周易》作为六经之一，受到了极大的重视，五经博士的设立，是这个制度的重要象征，“博士之官，昭于周末，而莫盛于汉之西京。初设官时，不过取通古今备顾问而已，自武帝罢黜百家，专置五经，于是博士之选严，而博士之品日益尊”[1]，五经博士自然也是包括《周易》博士在内的，据考证，汉武帝时所设立的易经博士先后为杨何、田王孙[2]。其次，《易经》原本是卜筮之书，这种占筮功能使得《易经》在汉代的思想氛围中可以广泛流传。自董

1 胡秉虔：《汉西京博士考·序》，中华书局，1985年，第1页。

2 金身佳《武帝时代五经博士人物考》（《湘潭师范学院学报》，1991年8月，第62—66页）一文对汉武帝时代五经博士有比较详细的考证，可以参考。

仲舒以来，汉代思想以天人感应的谶纬迷信为基础，“视前世已行之事，以观天人相与之际，甚可畏也。国家将有失道之败，而天乃先出灾害以谴告之，不知自省，又出怪异以警惧之，尚不知变，而伤败乃至。以此见天心之仁爱人君而欲止其乱也”（《汉书·董仲舒传》）。这种天人感应的思维方式所指向的乃是对天意的把握，而《周易》作为占筮之书，其原本的功能就是用来预测天意的，谶纬迷信的氛围进一步促进了《周易》的影响。日本学者安居香山、中村璋八编撰了《纬书集成》一书，全书共分六卷八册，其中跟《周易》相关的，就有《易》类一卷（上下两册），还有河图、洛书一卷[1]，这个数量也反映了谶纬迷信的氛围对《周易》的重要影响。最后，《周易》尤其是《易传》中以道德教化为基调的解释方式，是后来《周易》被特别推崇，以至于享有至高无上的经典地位的关键。但是如果只是占卜的话，无法使《周易》具有后来如是重要而又特殊的地位。从占卜向道德的转变，这是《周易》在流变过程中非常关键的转折，《易传》的出现是重要的节点。传统观点认为是孔子作“十翼”，这表明孔子在《周易》性质的这种转变中有着不可忽视的重要意义，关于这一点，在帛书《易传·要》中有更为清晰的表述：

> 夫子老而好《易》，居则在席，行则在橐。……子赣曰：“夫子亦信其筮乎？”子曰：“吾百占而七十当，唯周梁山之占也，亦必从亓多者而已矣。”子曰：“《易》，我后亓祝卜矣，我观亓德义耳也。幽赞而达乎数，明数而达乎德，又仁者而义行之耳。赞而不达于数，则亓为之巫；数而

1　安居香山、中村璋八：《纬书集成》，河北人民出版社，1994年。

不达于德，则亓为之史。史巫之筮，乡之而未也，好之而非也。后世之士疑丘者，或以《易》乎？吾求其德而已，吾与史巫同途而殊归者也。君子德行焉求福，故祭祀而寡也；仁义焉求吉，故卜筮而希也。祝巫卜筮亓后乎！”

这段话的信息量极大，它至少说明了以下几个事情。首先，孔子晚年和《易》的关系非常密切，可谓学《易》不辍；其次，孔子对占卜极为熟悉，并且占卜实践效果很好，所谓“百占而七十当”；最后，孔子认为对《易》来说，德义重于占筮，对道德仁义的强调是孔子给《易》确定的基点，这跟《易传》中所呈现出来的思路也基本一致。

所以，《易》原本就以预测天意为目的（所谓“推天道以明人事”），强调道德价值（尤其是通过孔子的方式确立出来），以上两点使得《周易》超越其他经典而成为“群经之首”。

四、《周易》对今天的人们有什么意义

《周易》作为“大道之源”，代表着中国古人的基本思维方式，以及中国人对天道、人事的基本理解，是中国传统哲学的经典形态；离开《周易》的话语和思维方式，我们就很难想象出一种典型的中国哲学、中国思想的表达。从这个角度来说，《周易》是中国哲学的源头。《易经》独特的符号系统和丰富的图像表达，都可以展开更深入的哲学阐释；而《易传》中，很多内容就是哲理的表达，比如《系辞传》，这些表述也成为后来中国哲学发展的活的源头。

《周易》为中国哲学发展提供了至少三个层面的内容：一种思维方式、一种宇宙论以及一种价值观。从思维方式上来说，主要就是观物取象的思维方式。观物取象对《周易》本身具有直接的意义，而在后来的中国传统中，重视生命经验以及具象思维的模式等，都可以在这里找到依据。从宇宙论上来说，《周易》以阴阳为基础对天地万物的运动及其宇宙论图式的描述，对后来中国哲学的发展具有根本性的意义。比如我们在周敦颐通过《太极图说》所构架的宇宙论框式中，可以很清楚地看到《周易》所具有的深刻影响。从价值观念的角度来说，《周易》乾卦所代表的自强不息的精神以及坤卦所表达的厚德载物的气度，都是中国人价值体系中最为重要的内涵，而《易传》中所表达的伦理观念则构成了中国人生活世界的基本规范。

《周易》中的哲学观念对于今天学习中国哲学、试图领悟中国哲学智慧的人来说，有着重要的意义和价值，也是成就自我非常重要的思想资源。《周易》所表达出来的哲学内涵极其丰富，大概包含了阴阳和合、变易通达、生生之道、忧患意识、自强不息以及厚德载物等方面，涉及宇宙、人生以及思维方式等诸层面的基本内涵。我们将围绕这几个方面，对《周易》的哲学精神略作阐发，以揭示这种哲学精神所具有的意义和价值。

（一）阴阳和合

“阴阳”应该是最具典型意义的中国传统词语，无论在思想的构建上还是在实践的运用上，阴阳都起了基础性的作用。而《周易》的阴阳观念，在整个中国传统社会对阴阳的理解中，是具有代表性的。就思想层面来说，《周易》中的阴阳观念是古人用来描述天地之道的，所谓“一阴一阳之谓道”，这是他们的宇宙论基础，也是中国式思维方式的基础。《周易》中的阴阳观念，至少有三个层面的含义，即阴阳对立、阴阳相生以及阴阳和合。

阴阳对立是阴阳观念最为粗浅的、最表层的含义，也是古人认识和判断世界的基础。阴阳是古人对两种相对的现象的描述，诸如天地、阴晴、寒暑、上下等，在古人的经验世界中，任何一种事物或者现象都有与其相对立的另一面存在，这是经验世界在古人观念中理论化、系统化的开始。换言之，阴阳观念的产生是古人判断和区别事物及现象的开始。经验世界不再是一个模糊的存在，而是可以通过观念（阴阳）来分析和把握的，这可以说是人类理性化的开始，对中国思想来说，也是其基础认识系统的确立。《周易》中“有天地，然后有万物；有万物，然后有男女；有男女，然后有夫妇；有夫妇，然后有父子；有父子，然后有君臣；有君臣，然后有上下”（《易传·序卦传下》）的说法，就很直接地表明了古人对天地万物的一种认识和判断的形式。这种两分的模式，是《周易》的基本框架，也是中国人思维的基本结构。正是因为如此，类似“天尊地卑，乾坤定矣。卑高以陈，贵贱位矣。动静有常，刚柔断矣。方以类聚，物以群分，吉凶生矣”（《易传·系辞传上》）的描述，成为在中国传统中最为典型的区分方式。《周易》是用来模拟天地万物的，所以，在《周易》中阴阳成了最为基本的概念，表现为阴爻和阳爻的符号形式，“广大配天地，变通配四时，阴阳之义配日月”（《易传·系辞传上》），由此，建立在阴阳观念基础上的宇宙图景（认识图式）才有可能形成。在《周易》中，我们可以很明显地感受到这种阴阳两分对立的情形，阴爻和阳爻的表现形式以及对阳的推崇和对阴的贬抑（比如以阳代表君子之道，以阴代表小人之道等）皆如是。这种阴阳对立的观念，是对二者关系认识的基础，也是所有思想建构的基础。

阴阳相生是《周易》表达的第二层意义。相生意味着作为对立观念的二者，阴阳之间并非截然区分的状态，而是存在着相互转化的关系。在《周易》中，变化是一个非常重要的观念，整个《周易》就是建立在变化的基础之上的。而《周易》所强调的变化中，最根本的就是阴阳的变化，即太阳和月亮之间的交互转换，从而构成了昼夜的变化，于是就有了时的观念，所谓“日往则月来，月往则日来，日月相推则明生焉。寒往则暑来，暑往则寒来，寒暑相推而成岁焉”（《易传・系辞传下》）。如果说所有的变化，都是随着时而改变的话，即所谓“与时偕行”（《易传・文言传》），那么时的变化，则很清楚的是一种阴阳之间的转化。而这一点，我们可以从易数、爻位以及卦象的角度，得到非常直观的理解。《周易》取象于天，所以易数取六和九分别代表阴和阳之数，而六和九代表老阴和老阳，皆为可变之数，即阴可以变阳、阳可以变阴，这就是对转换的一种最为直接的表达。而就爻位来说，我们知道从初爻到上爻，表达的是一个过程的实现，也是变化之意最为明显的表征。初爻意味着发展的开始阶段，是阳（或者阴）比较薄弱的阶段；而到了上爻的时候，则是发展到极盛的状态，也意味着转变必将发生（阴变为阳、阳变为阴）。《周易》中的乾坤两卦最为细致地揭示了阴或者阳发展以及变化的全过程。从卦象的角度来看，《周易》中的六十四个卦，除了乾坤两卦，都是阴阳共存的一种状态，这说明在现实中阴阳并存是一个基本的事实。而从这个意义上来说，《周易》的乾卦和坤卦并不是对一种事实状态的揭示，因为在现实中并没有纯粹的阳或者纯粹的阴。乾坤两卦实际上是对《周易》系统中基本原则（阴和阳）的确定和描述，揭示的是纯粹的阴和阳的性质及其发展状态，而其余六十二卦则是对阴阳共生变化的一种基本事实的描述，这才是真正的现实状况。这就是说，在我们的经验现实中，阴阳是一种相互并存、相互转化的状态，这种转化是随时发生的，也造就了我们生活事实的丰富性。

阴阳的和合，是对二者关系的最高揭示，也是对一种理想境界的塑造。我们通常都说“孤阴不长，独阳不生”，阴阳的共同作用，才造就了我们这个世界以及万物，所以《老子》也说“万物负阴而抱阳，冲气以为和”。这就说明万物由阴阳而来，其最为理想的状态就是“和”，这可以说是宇宙法则。这种“和”就是阴阳之间的平衡、和谐状态，天地产生万物，均是以“和”来化生的，只是万物在具体的事实中，其“和”是很容易被破坏的，由此表现为各种不完善的情形。所以，对“和”的追求，实际上就是对阴阳二者之间关系的理想状态的回归，也就是阴阳的和合。在《周易》中，对阴阳的这种和合，有非常典型的说明，即“乾道变化，各正性命，保合太和，乃利贞”。所谓“太和”，是极为和谐的状态，是对阴阳和合协调的一种描述，就万物来说，它们都是从阴阳二气而来的，“太和”就是其最为理想的状态。在《周易》中，阴、阳都是处在消长变化之中的，因此，对这种和谐的追求，必然也是一个动态过程中的平衡，而不是一个抽象的平衡。这一点在《周易》的六爻变化中，有非常直观的表达。所以，阴阳两分是《周易》对万物描述的一个基础，但是，对阴阳和合这种动态和谐过程的追求，则是《周易》的目标，也是对天道遵从的内在要求。

因此，从阴阳对立、阴阳相生到阴阳和合，构成了《周易》对阴阳问题的一个基本架构。阴阳对立（区分）是前提，是基础，是正确认识和把握阴阳之道（天地之道）的开始；阴阳相生（转化）是关键，是事实状态，是天地之道在万物和人类身上的具体落实；阴阳和合是原则，是目标，是对阴阳之道的最高把握。

这样的一种阴阳观念，对于我们今日的生活来说，也是可以有很多的启示的，即我们不要用“绝对对立”（非阴即阳）来看待问题，而是要用“动态的平衡”（阴阳的和合）来看待事情，可能事情的本身远远要比我们想象的丰富，我们不能因为自身的思维限制而否定了这个多元的、丰富多彩的生活世界。也就是说，很多时候我们都存在换个角度来看待世界的可能，因为世界的丰富程度远远超出我们的想象。

（二）变易通达

变易，或者说变化，是《周易》的核心观念，也是《周易》哲学的集中表达。“广大配天地，变通配四时，阴阳之义配日月，易简之善配至德。……圣人有以见天下之赜，而拟诸其形容，象其物宜，是故谓之象。圣人有以见天下之动，而观其会通，以行其典礼，系辞焉以断其吉凶，是故谓之爻。言天下之至赜而不可恶也，言天下之至动而不可乱也。拟之而后言，议之而后动，拟议成其变化”（《易传·系辞传上》），这段话清晰地描述了《周易》的基本意旨以及圣人作《易》的缘由。在作者看来，《周易》是对天地万物之道的符号化、动态化的描述，用来表达变化是《周易》的基本意蕴。为什么古人需要用《周易》来特别揭示变化之理呢？“天尊地卑，乾坤定矣。卑高以陈，贵贱位矣。动静有常，刚柔断矣。方以类聚，物以群分，吉凶生矣。在天成象，在地成形，变化见矣。是故，刚柔相摩，八卦相荡，鼓之以雷霆，润之以风雨。日月运行，一寒一暑。乾道成男，坤道成女”（《易传·系辞传上》），从这个角度来说，变化就是天地之道的本质特征，《周易》是对天地之道的模仿，那必然也是对变化之道的呈现，所以，用《周易》来表达变化之道是十分自然的结果。也正是因为如此，“《易》之为书也不可远，为道也屡迁，变动不居，周流六虚，上下无常，刚柔相易，不可为典要，唯变所适”（《易传·系辞传下》），变化是《周易》所传递的唯一真理。

那么，《周易》是以怎样的形式来传递变化这个核心观念的呢？《周易》是通过爻和时来表达变化的，爻是基本的符号形式，时是爻所反映的本质内容。所谓的爻，如前所言，在《周易》中是最为基础的符号，整个《周易》的符号化是建立在爻的基础之上的。这种符号系统虽然简单，但是内容极为丰富，《周易》就是用三百八十四爻来呈现整个天地万物的。而就《周易》中的爻来说，其根本的意义是用来表达变化的，所谓“爻也者，效天下之动者也”（《易传·系辞传下》），《周易》中这种对天地万物之动的描述，都是用六爻成一卦来揭示的。所以，爻虽然只有阴阳两种，但是其含义是随着卦和爻位而变化的，处在不同的卦、不同爻位，都是对不同状态的具体描述。爻居于不同的卦，呈现出来的就是卦时的不同；爻在一个卦中处于不同的位置，就是爻时（爻位）的不同。王弼曾经做过一个精要的概括，“卦者，时也；爻者，适时之变者也”（《周易略例·明卦适变通爻》）。从这个角度来说，爻所传递的就是时的观念，所谓“六爻相杂，唯其时物也”（《易传·系辞传下》）。当然，在易经中，“时”仅在归妹卦的九四爻爻辞中出现过一次，即“归妹愆期，迟归有时”。这里的“时”很显然就是时间、时期的意思，但是这种通过卦爻象的表达形式所透露出来的关于时的观念，则是极为丰富的。而在易传中，对时的观念有更为频繁和集中的描述，这类描述有57处之多，这表明易传的解释非常关注时这个概念。[1]

如果说《周易》中最核心的观念是变化的话，那么其最为重要的概念应该就是时。时，首先所呈现出来的是一个具体的、特定的时刻，这是面对变化的一个基础，也就是说对当下的、特定的状态的理解和把握，是面对变化的起点，也是所有行为的起点，对此时的准确判断，是人能够妥善应对变化的前提。所以，在理解《周易》的卦爻时，我们更多注重的是这个卦的具体描述（卦辞）以及某个爻的具体呈现（爻辞），这就是对当下之时的具体判断。此外，时不是一个固定不变的概念，而是一个不断发展变化的事实，这也就是孔子所感叹的“逝者如斯夫”（《论语·子罕》）。时是一个流逝的过程，是对变化的最为直接的描述，针对这样的时，人能够做的就是准确地判断并采取符合时的行为方式。所谓“终日乾乾，与时偕行”“承天而时行”“应乎天而时行”“时止则止，时行则行，动静不失其时”等说法，都非常直接地表达出了这种意义，这也是在《周易》中对时的观念所强调的重点所在，即要求人的行为能够做到随时变化。因此，从这个角度来说，爻是《周易》的基本骨架，时是《周易》的血肉，是其生命力所在。

通过变化，《周易》所要达到的效果是什么呢？那就是通达，所谓“穷则变，变则通，通则久”（《易传·系辞传下》），通达就是《周易》所要追求的目标。从《周易》的产生来说，易源于占卜，而占卜的形式虽然各异，但是其功能却是一致的。所谓“卜以决疑”，就是希望通过某种具体的形式来解决在日常经验中所遭遇到的种种疑

1　黄黎星先生的《与时偕行趣时变通——〈周易〉“时”之观念析》（《周易研究》，2004年第4期）一文，对《周易》中时的观念有比较详细的分析，可以参考。

惑，从而使得自己在现实的境遇中能够通达无碍。从《周易》的语词使用来看，其对通达的强调（追求）也是非常直接的。在卦爻辞的断语中，我们经常会看到“亨”字，其意即为亨通、通达，这也表明通达作为一种状态，对人的生活具有重要的现实意义。再比如，我们都非常喜欢的泰卦（䷊），实际上表达的就是通达的意思，“泰，小往大来，吉，亨。则是天地交而万物通也”，天地交泰，万物通达，这不正是一种非常美好的状态吗？最后，象征是《周易》最为基本的表达形式，而阴、阳（阴阳二气）是最为基本的一个意象，二气“变动不居，周流六虚”正是一种通达的象征，也是对生命所具有的勃勃生机的直接表达。由此可见，《周易》对变化的强调，是为了让人的现实生活能够达到通达的状态，这也是人对天地之道效法的结果。我们可以说，《周易》就是一种通达的智慧。

所以变化的哲学就是时的哲学，其根本的要义就在于使人的行为合乎时变，从而达到通达的目的。“夫时有否泰，故用有行藏。卦有小大，故辞有险易。一时之制，可反而用也。一时之吉，可反而凶也。故卦以反对，而爻亦皆变。是故用无常道，事无轨度，动静屈伸，唯变所适。故名其卦，则吉凶从其类；存其时，则动静应其用。寻名以观其吉凶，举时以观其动静，则一体之变，由斯见矣”（《周易略例·明卦适变通爻》），王弼的这段讨论，可以说是对时变哲学的直接揭示。其实，从我们日常的生活经验来说，应对变化、做出恰当的选择，这正是我们所迫切需要的，而变化的哲学恰好在这个意义上可以更好地满足我们的需要。

（三）生生之道

如果要对中国哲学（或者中国思想）做一番定性的话，很多人都会认为中国哲学是生命哲学，或者说，人（生命）是中国哲学话语的核心，“生的观念是中国哲学的根本观念，这一点在《周易》中有明显的表现，说明《周易》哲学代表中国哲学的精神，构成中国哲学的主干”[1]。

《周易》对生命的关注，其内容十分丰富，大概涉及三个方面的问题，即生命的来源、生命事实以及生命的价值。就来源而论，生命源于天地的阴阳和合。《易经》上称“大哉乾元！万物资始，乃统天。云行雨施，品物流形”“至哉坤元！万物资生，乃顺承天。坤厚载物，德合无疆”，乾坤两卦就是天地的象征，万物就是从乾坤（阴阳）而来的，阳是生命的开始，阴则是对生命的滋养。《周易》以乾坤为首，实际上就是对整个生命序列的一种揭示以及对生命本原的重视。“易有太极，是生两仪。两仪生四象，四象生八卦”“天地氤氲，万物化醇，男女构精，万物化生”“有天地，然后万物生焉。盈天地之间者唯万物，故受之以《屯》。《屯》者，盈也；物之始生也”“有天地然后有万物，有万物然后有男女，有男女然后有夫妇，有夫妇然后有父子，有父子然后有君臣，有君臣然后有上下，有上下然后礼义有所措”，这些都是对天地万物生成序列的描述，即对生命创生的一种确认。

就《周易》的描述来说，生命源于天地，代表着天地之道，这表明从源头来说，生命是有尊严的、神圣的。就生命的事实来说，《周易》强调的是“生生”，所谓“日新之谓盛德，生生之谓易”（《易传·系辞传上》），这是对生命事实的直接描述，生命就是日新的、生生的。对“生生之谓易”，孔颖达认为“生生，不绝之辞。阴阳变

1　蒙培元：《〈周易〉哲学的生命意义》，《周易研究》，2014年第4期，第7页。

转，后生次于前生，是万物恒生，谓之易也。前后之生，变化改易。生必有死，易主劝戒，奖人为善，故云生不云死也”（《周易正义》卷七），生死流转、万物恒生构成了对生生的最根本的描述，生的原因即在于禀之于天地的阴阳二气，二气的流转变化，就构成了生生不绝的基本事实。所以，在《周易》中，生命既是日新的（基于变化而来），又是永恒的，这就是生命的事实状态。最后，生命不仅是一种变化恒在的事实，还是一种具有价值的事实，这种价值是源于天地的，所谓“天地之大德曰生”（《易传·系辞传下》）。孔颖达认为，“言天地之盛德，在乎无常生，故言曰生。若不常生，则德之不大。以其常生万物，故云大德也”（《周易正义》卷八）。将天地的大德视为生，这是生命本身与天地之道的一种关联，生命本身的尊严和价值在这里得到了呈现。

由此，我们可以看到，在《周易》中所呈现出来的是一种生机勃勃的生命事实，而这就是我们所最应当重视和关注的。立足于生命，强调生生之德，这是《周易》的一种核心精神。对于我们当下来说，这也是具有积极意义的一种观念。

（四）忧患意识

忧患意识是从中国思想史中提炼出来的一种非常重要的人文精神，可以说是中国思想文化的活的源泉。中华民族正是在忧患意识的基础上，实现了一次又一次的飞跃，从而屹立于世界民族之林，中华文化也由此成为具有代表性且影响深远的文化形态。作为一种学理的概括，从目前的材料来看，徐复观先生首先使用“忧患意识”一词来概括中国早期的思想传统。徐复观在研究西周文明的精神时，提出了“忧患意识”说，他认为“忧患意识乃人类精神开始直接对事物发生责任感的表现，也即精神上开始有了人的自觉的表现”[1]，忧患意识是人的精神自觉、成熟的直接表现，具体到描述中国早期思想，就是殷周变革[2]，从而在中国思想传统中产生了深远的影响。徐复观在考察西周文明的时候认为，与殷商相比，西周人的精神发生了重要转变：“在以信仰为中心的宗教氛围之下，人感到由信仰而得救；把一切问题的责任交给神，此时不会发生忧患意识；而此时的信心，乃是对神的信心。只有自己担当起责任时，才有忧患意识”，“在忧患意识跃动下，人的信心的根据，渐由神而转向自己本身行为的谨慎与努力。这种谨慎与努力，在周初是表现在‘敬’‘敬德’‘明德’等观念里面”[3]。也就是说，忧患意识作为一种精神价值，从殷周变革以来，在西周的文化传统中得到了非常直接的表达，也由此成了西周人文精神的重要方面。如果说后来中国文化的传统是继承自周代的话，那么，忧患意识作为一种最核心的精神价值，在中国文化中也得到了普遍的延续。

将忧患意识作为一个观念来使用，是从徐复观先生开始的，但事实上忧患意识也广泛存在于中国传统经典中。在中国传统经典中，最早将“忧患”两字连用的是《周易》。《易传》所谓“《易》之兴也，其于中古乎？作《易》者，其有忧患乎？”“《易》之兴也，其当殷之末世、周之盛德邪？当文王与纣王之事邪？是故其辞危。危者使平，易者使倾，其道甚大，百物不废，惧以始终，其要无咎，此之谓《易》之道也”，这两段描述说明了两个方面的问题。首先，忧患意识是《周易》的一种核心精神，《周易》之创作就基于此；其次，

1 徐复观：《中国人性论史（先秦篇）》，上海三联书店，2001年，第19页。

2 关于殷周变革，王国维先生的《殷周制度论》是这个方面研究的典范，后来此说法也成了中国早期思想研究的一个共识。

3 徐复观：《中国人性论史（先秦篇）》，上海三联书店，2001年，第20页。

忧患意识的萌发是在殷周变革之际，这种忧患意识对殷商之际的变革有非常重要的、直接的作用。所以，孔颖达在疏解《周易》的时候称，“‘作《易》者，其有忧患乎’者，若无忧患，何思何虑，不须营作。今既作《易》，故知有忧患也。身既患忧，须垂法以示于后，以防忧患之事，故系之以文辞，明其失得与吉凶也”（《周易正义》卷八）。殷周制度变革，小邦周之所以灭掉大邑商，其中起直接作用的因素就是“忧患意识”。如果说《周易》是一种变化之书，其所讨论的核心议题就是“变”的话，那么世界上的一切现象无不处于变化之中，为了更好地应对这种永恒的变化，随时保持警惕，以忧患意识来应对现实生活中的种种不可知的变化，也是自然而然的选择。正是如此，《周易》对人的现实行为具有更为直接和永恒的指导意义，是当之无愧的“大道之源”“群经之首”。

《周易》中随处可见这种忧患意识。我们通常都说谦逊是中华民族的传统美德，《周易》中的“谦卦”即是对此的最好描述，谦卦的卦辞曰：“谦：亨。君子有终。”孔颖达对此的疏解为：

> 谦者，屈躬下物，先人后己，以此待物，则所在皆通，故曰亨。而小人行谦则不能长久，惟君子有终也。然案谦卦之象，“谦”为诸行之善，是善之最极，而不言元与利、贞及吉者，元是物首也，利、贞是干正也。于人既为谦退，何可为之首也？以谦下人，何以干正于物？故不云元与利、贞也。谦必获吉，其吉可知，故不言之。况《易经》之体有吉理可知而不言吉者，即此谦卦之繇及乾之九五“利见大人”，是吉理分明，故不云“吉”也。（《周易正义》卷二）

“谦”成了人类行为的基本要求，也是君子在现实生活中可以确保其行为善始善终的基本保证。当然，这种谦是直接源于对天命的敬，因为天命对现实生活有着根本的决定意义，人不能不敬天。由此，对个体行为的谦逊以及谨慎的强调也是自然而然的，正所谓“战战兢兢，如临深渊，如履薄冰”（《诗经·小雅·小旻》）。既然我们所面临的未来是不可测的，也是充满着变化的，那么随时保持谦逊的态度，也是对时变的有效适应。

（五）自强不息

自强不息，可以说是《周易》对中国人现实生活影响最大的一种精神力量。这种刚健向上的精神，鼓舞了一代又一代人的斗志，塑造了一个又一个极为成功的理想人物。

自强不息，出自《周易》对乾卦（䷀）卦象的解释，“天行健，君子以自强不息”。乾卦是以六个阳爻的特殊形式呈现的，表达的就是阳这种品质的基本特性，在《周易》中是天的象征。孔颖达在解读“天行健”时明确指出，“‘天行健’者，行者运动之称，健者强壮之名，‘乾’是众健之训。今《大象》不取余健为释，偏说‘天’者，万物壮健，皆有衰怠，唯天运动日过一度，盖运转混没，未曾休息，故云‘天行健’”（《周易正义》卷一）。也就是说，虽然能够代表健之意的物象有很多，但是这些所谓的健都是有限制性的，即都存在衰怠的可能，而只有天的健是永无止息的健，这才是对健的意义的最好表达。《周易》以天道运行永无怠息的健来强化一种刚健的精神，遵循“推天道以明人事”的基本原则，“此以人事法天所行，言君子之人，用此卦象，自强勉力，不有止息”（《周易正义》卷一）。换言之，人应该效法天道，刚健向上，自强不息，这就是一种积极向上的精神。

自强不息本身至少包含两层意义。首先是自强。强是一种具有外向性的行为表达方式，往往是以战胜他者作为标准的；而这里所言的自强，不在于跟他人相比较，而是一种对自我的完善，是建立在自我反省意义上的强。实际上强的意象是君子效法天道而获得的，这种效法的目的自然是用来完善自己的。朱熹曾经说“孔子之《易》，非文王之《易》；文王之《易》，非伏羲之《易》；《伊川易传》又自是程氏之《易》也。故学者且依古《易》次第，先读本爻，则自见本旨矣”（《朱子语类》卷六十七）。无论是孔子、文王、伏羲还是程颐的《易》，都只是他们自己的《易》，因为这是在他们自己的立场上成就出来的，而我们每个人去读《周易》的时候，获得的也是我们自己对《易》的理解，即易理是落实在自我身上的。从这个角度来说，对《周易》的学习应当是“只平居玩味，看他所说道理，于自家所处地位合是如何”（《朱子语类》卷六十五）。因此，从天道刚健中所体会出来的强，也只有落实在自己身上的时候，才是真正的强，所谓“盖天是个至刚至阳之物，自然如此运转不息。所以如此，必有为之主宰者。这样处要人自见得，非语言所能尽”（《朱子语类》卷六十八）。

其次，这种自强是以不息为特征的，“天之性情则是一个健。健，故不息。惟健乃能不息，其理是自然如此。使天有一时息，则地须落下去，人都坠死。缘他运转周流，无一时息，故局得这地在中间。今只于地信得他是断然不息”（《朱子语类》卷六十八）。反过来说，若天之行是有止息的，那它也就不是真正的刚健。这种不息即恒久，是一种极为重要的品质，我们说做事情要坚持不懈，实际上也就是这个意思。《周易》中有恒卦（䷟），《论语》中也说“人而无恒，不可以作巫医”（《论语·子路》），这种恒的德行，在《周易》恒卦中称“恒，久也。……恒亨无咎，利贞；久于其道也，天地之道，恒久而不已也。利有攸往，终则有始也。日月得天，而能久照，四时变化，而能久成，圣人久于其道，而天下化成；观其所恒，而天地万物之情可见矣”。恒久不息之道，也就是天地之道，是值得推崇的一种品性。

在《周易》中，古人通过对天道的观察，提炼出自强不息的精神价值。这种自强不息的精神侧重在个体对自我的完善以及对德性的一贯坚持，唯其如此，人才能够超越自身的有限性而成为真正意义上的君子（或者说人格完善的个体）。

（六）厚德载物

从俗语的流行程度和接纳程度来说，自强不息与厚德载物应该是《周易》文字中最受世人广泛传诵和认可的，后来还成了清华大学的校训。当代著名哲学家张岱年先生就曾在多个场合将中华民族的核心精神概括为自强不息、厚德载物，可见这两个词在中国传统中具有特殊的地位和价值。如果说自强不息主要是在个体自我完善的意义上来强调一种刚健不息的特质的话，那么厚德载物则不仅是对自我的要求，也是面向他者的一种行为方式的确定。

厚德载物，见于“地势坤，君子以厚德载物”（《坤·大象》），这是对坤卦（☷）所蕴含的意象的一种分析。坤象征地，地的特点是厚而能载物。“君子用此地之厚德容载万物。言君子者，亦包公卿诸侯之等，但厚德载物，随分多少，非如至圣载物之极也”（《周易正义》卷一），按照孔颖达的意思，君子效法地道，其德性越厚，载物越多，圣人则是德性的完善，亦是载物的极致，因为德不同，这是对君子的一种非常重要的德性要求。所以明代的林希元解释说“地势坤，言地势顺也，于此就见其厚，故君子以厚德载物，盖坤之象为地，重之又得坤焉。则是地之形势，高下相因，顿伏相仍，地势之顺，亦唯其厚耳。不厚则高下相因便倾陷了，安得如此之顺。唯其厚，故能无不持载，故君子厚德以承载天下之物。夫天下之物多矣，君子以一身任天下之责。群黎百姓，倚我以为安。鸟兽昆虫草木，亦倚我以为命。使褊心凉德，其何以济，而天下之望于我者亦孤矣”（《御纂周易折中》卷第十一）。从这个角度来说，厚德与载物是两个非常重要的部分。厚德实际上就是君子对自我德性的修养和完善，孔颖达所言“随分多少”实际上指的就是修养和完善的程度的问题，那么君子的德性所指为何？诚然，我们可以宽泛地说，君子之德就是一切美好的品性，而若就坤卦来说，这种德性可能更侧重于谦、柔、顺和不争等，这是跟阴的属性和地的特点密切相关的，是对内敛、含蓄的品性的强调。载物则强调的是君子对天下道义的担当，即林希元所言的“君子以一身任天下之责”。这种责任意识和担当的精神，在中国的传统中是极为重要的，所谓“君子忧道不忧贫”（《论语・卫灵公》），这就是君子对天下的责任，“群黎百姓，倚我以为安。鸟兽昆虫草木，亦倚我以为命”。当然，君子想要更好地承担这种责任，前提就是要努力完善自己，让自己的德性日益深厚。由此，厚德载物的说法，既强调了君子自我德性的完善，也强调了君子对天下承载的责任。厚德是基础，载物是目的，二者的结合构成了一个完整的君子形象。

第三讲

士的再就业与百家争鸣

任何一种思想的形态，都有其经典根据，在反观经典、回归经典的过程中，思想才具有了不断地超越既有的可能。也正因如此，哲学才能真正融入到人类现实生活中，为我们的生存提供精神的基础。两希文明之于西方文化，先秦诸子之于中国文化，都是如此。唯返本才能开新，对于生活在当下的我们来说，如何从文明的源头汲取思想的力量，才是真正具有深远意义的问题。任何人都是文化的产物，身处中国文化传统之中的我们，自然也应当对自身的传统有基本的认识和了解。

1949年，德国学者雅斯贝尔斯（Karl Jaspers，1883—1969）出版了《历史的起源与目标》，在这一著作中，他提出了著名的观念——轴心时代（Axial Period）。雅斯贝尔斯通过对人类精神历史的考察，发现了人类文明史上一个惊人的事实，那就是在公元前600年至公元前200年的历史时期内，古希腊、以色列、印度和中国几乎同时出现了伟大的思想家，他们都对人类关切的基本问题提出了独到的看法，从而形成了不同的文明传统。中国的诸子百家，印度的

《奥义书》（*Upanishads*）和佛陀（Buddha）所讨论的范围广阔的哲学话题，希伯来的琐罗亚斯德（Zarathustra）、伊莱贾（Elijah）、以赛亚（Isaiah），古希腊的巴门尼德、赫拉克利特、柏拉图、修昔底德、阿基米德等，“在这数世纪内，这些名字所包含的一切，几乎同时，在中国、印度和西方这三个互不知晓的地区发展起来”。这就意味着，“这时，人类开始意识到整体的存在自身、自身的限度、通过在意识上认识自己的限度，他为自己树立了最高目标，他在自我的深奥和超然存在的光辉中感受绝对”。因此，“这个时代产生了直至今天仍是我们思考范围的基本范畴，创立了人类仍赖以存活的世界宗教之端源。无论在何种意义上，人类都已迈出了走向普遍性的步伐”。

所以，在雅斯贝尔斯看来，这一时期对于人类文明的历史来说有着极为重要的意义，此前的人类历史只能称为史前史，因为人类并没有对自身的存在及其价值进行有意识的反思，对于那些影响人类生存的基本问题尚未形成系统的、理性的思考方式。而这一时期，则是人类自我意识觉醒的开始，标志着人类通过自身的思考和选择，告别了蒙昧而进入了文明时代。这个过程在各地人类历史上出现的时间出现了惊人的巧合：在差不多的历史维度中，几个并未存在联系的区域中的人，几乎同时开始思考关乎人类自身价值的具有普遍性意义的问题，从而确定了各自不同的文化传统特质。而此后的历史，在某种意义上都是对这样一个时代的不断地反思和回归，从而获得更为持续的、有力的发展过程。“人类一直靠轴心时代所产生的思考和创造的一切而生存，每一次新的飞跃都回顾这一时期，并被它重新燃起火焰。”

就思想史的意义来说，雅斯贝尔斯的观点直接突破了当时占主导地位的西方中心主义话语，而直接将历史置于普遍的、共同的视野中予以考察。然而他的这种开阔的历史研究的心态并没有给他带来更多的关注，相反，由于雅斯贝尔斯偏离了主流话语所设定的基调，在很长时间内，他的观点并未受到重视。但是，这仍然不能掩盖轴心时代观念所具有的启发性价值。从人类精神史的事实来说，正是这样一个观念的出现，提醒了人们关注历史的普遍意义和思想的共通价值，使得对人类精神史的研究回到了人类自身，即若要探讨人类思想演变的历史，就必须关注人类精神本身在历史脉络中演进的具体轨迹，而不是把这样的演进归之于神启，或者是其他超越人类自身的观念。这就让我们更多地关注到了思想本身对于人类历史演进的真正意义，人类之所以成为人类，在某种意义上是因为人类能够以思想的形式来超越既有的现实。这种超越的努力可以采取不同的方式，就如在轴心时代各种不同的文明形式所表现出来的一样。虽然不同的社会环境和生活境遇使得人们对于其生存所面临的普遍性问题所采取的解答方式是不一样的，但是，这种以人类理智的形式来解决自我生存事实的努力表明，作为人类社会存在之根基的理性思考方式已经确立。于是，轴心时代对于社会历史的基本意义就在于确立了理性的精神作为社会发展的基础，思想从此开始发挥指引社会进步的重要作用。

从人类思想史发展的基本事实来说，轴心时代所确定的是该文明系统的基本价值观念、思维方式以及经典系统等，从而形成某一区域文明的稳定形态，并深刻影响和决定该区域人类生活的基本展开形式。今天之所以会有诸如西方文明、印度文明、中华文明等分别，其区分的基本依据依然是在轴心时代所确定的那些构成文明形态的基础要素。任何一种从轴心期而来并且延续至今的文明形态，都以自身的发展事实毫无争议地表明了这一点。

如果说思想是文明的基本内核，而文明是思想的具象化表达的话，那么考察一种文明形态的时候，我们毫无疑问会关注到其中所存在的思想形式的差异。而思想形式的差异，并不是表明不同的文明形态所关心的问题不同，而主要是因为它们针对共同的问题有着不同的思考形式，由此而成就不同的文明形式和生活方式。这样的特质，也是在轴心时代就确定的。人类在轴心时代的思考努力，使得思想进入了自觉的状态，从而引导该文明形态的进展。相对于此前的蒙昧阶段来说，这个时期意味着人类的理性开始进入了自觉思考的阶段，开始确立了人类自身的价值和意义。而对于此后的历史来说，这个时期成了后来人类发展的精神源泉，纵观人类历史，每一次跨越都离不开轴心时代所确立的基本理念和经典系统。

于是，思想的突破就意味着人类以其自身的理性超越了蒙昧，从而形成了稳定的文明内核。不管以何种方式实现突破，都意味着人类开始自觉地思考自己的生活，并以适合自身的方式来解释并解决生存相关的诸种问题。无论是古希腊所代表的理性主义传统、希伯来所代表的宗教性的传统，抑或是古代中国所代表的人性的传统，都表明了人类对于自身存在的终极关怀问题的一种解决进路。由此而形成的文明传统虽然不一致，但是都表明了人类作为一种类存在的确立，其独特的意义和价值由此得以彰显，从而表现出人类的地位和尊严。从轴心时代开始，人类进入了自由自觉思考的时代，这不仅意味着历史的真正开端，更为重要的是，其标志着思想作为人类历史的基本价值的确立。此后的历史，虽然在程度上更为丰富，在细节上更为丰满，在情境上更为复杂，但是构成历史的基本要件，或者说指引历史发展的基本精神价值，已然在这个时期得以确立。

对中国哲学来说，轴心时代最伟大的意义就是随着士（知识分子）的向下流动，知识精英融入社会大众之中，并且将源于六经传统的中华文化精神传播到各地，并形成了中国哲学史上波澜壮阔的百家争鸣——在今天看来，依旧是一个让人怦然心动的思想高峰。

一、什么是士

如果我们认可人是文化的产物的话，那么任何一种文化传统，应该都有其承担者。在中国传统中，文化的承担者就是士，也就是我们通常所说的知识分子、读书人。

当然，“士”的真实含义，与今天所说的知识分子、读书人其实也不尽相同。不过，如果从汉代许慎的《说文解字》来看关于“士”的解释，多少有些令人费解。许慎称：“士，事也。数始于一，终于十。从一从十。孔子曰：‘推十合一为士。’凡士之属皆从士。锄里切。”“从一从十”，是对字形的解释。“锄里切”，是对字音的标注。古人以前一字的声母和后一字的韵母、音调作为注音的方式，即反切。“事”，就是做事情的意思，也就是说《说文解字》中“士”的原意就是有事情做的人。当然在古代，并不是所有的人都是有“事”可以做的，能够胜任某个岗位要求的人，就叫作“士”，也是“仕”。后面部分比较难解，它是从数字的角度来说的，“数始于一，终于十”，孔子说的“推十合一为士”，实际上都是从“十”和“一”这两个特殊数字的角度来解释的。如果“十”是最大的数，那么就事情来说，就是指非常复杂的事情；如果“一”是开始之数，那么也就是做事情的开始。孔子说“推十合一为士”，意思就是作为一个士，需要处理从简单到复杂的种种事情，而能够把这些事情做好，需要一种特殊的能力，就是“推十合一”，也就是把复杂的事情简单化、简约化，同时也体现了一以贯之这样的方式在行为中的重要性。实际上，这是孔子对于士的特殊品质的一种强调。不过，也有人认为，如果从“士”的甲骨文（）和金文（）字形来看，这个字的形状就如同是一把长长的带有斧柄的斧钺，象征着武力，所以根据史书记载，五帝时期已有“士”，当时是治狱的刑官。由此可见，孔子的这个解释消解了“士”的武力属性，而逐渐把它变为一种精神、道德品质的属性。这显然是一个相当重要的转折，也顺理成章地表达出“士”在早期中国社会中的形象变化。

由此，我们可以概括出，“士”在中国早期社会指的是从事跟刑狱相关工作的武士，由于工作和地位的特殊性，从事这一工作的人逐渐成为介于大夫和庶人之间的低级贵族阶层。与此同时，士也逐渐实现了从武士到文武皆备之士的转变，成为早期社会中掌握具体知识的阶层。而在孔子之后，士的武的一面被逐渐消解，而文的一面被不断强化，从而成为知识的传播者，以及道义的承担者，也就是后来我们在传统文化中所熟知的君子的形象。

二、礼崩乐坏是什么意思

“礼崩乐坏”，通常是我们描绘春秋战国时期社会状况的词。应劭在《风俗通义》中所说的，“其后周室陵迟，礼崩乐坏，诸侯恣行，竞悦所习，桑间、濮上，郑、卫、宋、赵之声，弥以放远，滔湮心耳，乃忘平和，乱政伤民，致疾损寿”[1]，指的就是春秋战国以来，因周天子权威的下降而导致的社会失序、混乱的状态。所谓礼乐，指周代的典章制度和行为规范。通过周公的制礼作乐而形成的一整套具备操作性的礼乐制度，将人们社会生活的方方面面都纳入“礼”和“乐”的范畴，从而潜移默化地规范人们的行为举止。而礼乐制度的崩坏，则意味着社会面临巨变。

在《史记》中，司马迁用了一个非常著名的故事，来形象地说明“礼崩乐坏”：“褒姒不好笑，幽王欲其笑万方，故不笑。幽王为烽燧大鼓，有寇至则举烽火。诸侯悉至，至而无寇，褒姒乃大笑。幽王说之，为数举烽火。其后不信，诸侯益亦不至。”[2]这就是“烽火戏诸侯”的故事。周幽王喜欢上了一个高冷的美女——褒姒，为了让褒姒笑，周幽王可谓是费尽心机，最终以点燃烽火的方式让褒姒笑了。对于周幽王来说，这或许是一个极大的成功，可是，就像我们看到的那样，西周也由此走向了灭亡。很多人质疑司马迁这条记载的真实性，因为毕竟前后的相关史料都未曾涉及这一事件。不论它真实与否，司马迁写这个故事的时候是有很明显的用意的。烽火台的功用是很特殊的，即在战争发生的时候，天子点燃烽火台，诸侯得到号令来帮助天子，即“勤王”。所以点烽火实现的是一种军事功能，而这个军事功能背后，包含着天子至高无上的权威，因此点烽火实际上是一件很神圣的事情。然而，周幽王烽火戏诸侯这个事件，不仅破坏了天子的权威，也破坏了整个社会秩序，最终造成

1 王利器：《风俗通义校注》，中华书局，1981年，第267页。

2 司马迁：《史记》（第一册），中华书局，2020年，第148页。

了礼崩乐坏的局面。

社会秩序的破坏，直接影响个体的生存状况，对于贵族来说，尤其如此。这种影响对于不同层级的贵族来说，会产生不同的结果。对于高级贵族的诸侯们来说，由于天子权威的下降，即从“礼乐征伐自天子出”变为“礼乐征伐自诸侯出”，诸侯们无疑从这个变革中发现了极大的机遇和发展空间。春秋战国之际的诸侯混战，就是在这样的背景下展开的。对于诸侯们来说，这个时代给予了他们更多的可能性。然而，对于低级贵族的士来说，周天子权威的下降，就使得他们面临着极大的生存挑战。顾炎武先生曾在《日知录》卷七“士何事”条中说：

> 春秋以后，游士日多。《齐语》言桓公为游士八十人奉以车马衣裘，多其资币，使周游四方，以号召天下之贤士。而战国之君遂以士为轻重，文者为儒，武者为侠。呜呼！游人而先王之法坏矣！[1]

根据顾炎武先生的考察，“游士”，即士从政权结构中游离出来，是春秋以来的普遍现象。在顾先生看来，这也是对先王之法的破坏，亦即礼崩乐坏。这些从政权结构中游离出来的士面临着极大的生存压力，但对于中国思想的早期变革来说，却是一种巨大的推动。

1　黄汝成：《日知录集释》，栾保群、吕宗力点校，花山文艺出版社，1990年，第336页。

三、士以何再就业

通常我们认为中国古代传统最大的特色就是对于人的重视，其根本就是对于人的生存的关注。而中国历史上的第一次思想重大转变，也是直接由人的生存问题所激发的。士基于生存需求而展开的再就业选择，引发了中国思想史上第一次重要的变革。

如同我们今天所理解的那样，任何人的再就业都和他自身所具有的知识和能力密切关联，知识和能力的基础决定了你可以做怎样的选择。对于当初从政权结构中游离出来的士来说，其实也是如此。那么，士所具有的知识和能力又是什么呢？这就跟士的身份特点有关系。我们前面曾经说过，士从本质上来说就是早期政权结构中的低级贵族。贵族这一身份决定了他们是早期少数受过良好教育的成员，这是他们所具有的知识和能力基础。

出于政治统治的需要，中国早期的教育制度非常完备，《礼记·学记》中很清楚地概述了这种教育体制：

> 古之教者，家有塾，党有庠，术有序，国有学。比年入学，中年考校。一年视离经辨志，三年视敬业乐群，五年视博习亲师，七年视论学取友，谓之小成；九年知类通达，强立而不反，谓之大成。夫然后足以化民易俗，近者说服，而远者怀之，此大学之道也。[1]

当然，这样的教育侧重于对贵族统治人才的培养，以有利于“化

1　王文锦：《礼记译解》，中华书局，2001年，第514页。

民易俗”。可以说，一直到周代为止，传统的教育体制是由政府所掌控的，贵族垄断了知识，成为各级官员，有具体而又明确的分工，教育被限制在贵族的系统之内，这也就是传统所谓的王官之学。王官之学，因其事实的需要有着不同的层次。乡里（夏：校；殷：庠；周：序），为地方教育，供普通低级贵族子弟上学。在诸侯一级则称“泮宫”，而天子一级称“辟雍”。王官之学的教育以六艺为中心，培养的是贵族的六种基本政治素养，严格来说，有小学六艺和大学六艺之差异（小学六艺：礼、乐、射、御、书、数；大学六艺：诗、书、礼、乐、易、春秋六经）。其教育体系的基本特征是学在官府，王官之学官师合一。

我们可以很清楚地看到，对于士来说，再就业显然是以他们在官学系统中所习得的知识（即六艺）为基础的。由此，我们可以看到“六艺”对于中国思想文化的重要意义。马一浮先生曾主张以六艺统摄中国传统学问，即“六艺者，即是《诗》《书》《礼》《乐》《易》《春秋》也。此是孔子之教，吾国二千余年来普遍承认一切学术之原皆出于此，其余都是六艺之支流。故六艺可以该摄诸学，诸学不能该摄六艺。今楷定国学者，即是六艺之学，用此代表一切固有学术，广大精微，无所不备”[1]。这说明，士作为早期的知识承担者，显然具有知识基础的同源性。这就产生了一个非常有趣的现象，就是在中国思想、中国哲学的语境之中，绝对对立、冲突的现象是很少的，大体上都有着融合的基本特征和包容的基本事实。这种包容性的特征，实际上跟知识的同源性有着直接的关系。

1　马一浮：《泰和宜山会语》，《马一浮全集》第一册，浙江古籍出版社，2013年，第8页。

四、百家争鸣：士再就业的影响

由于礼崩乐坏的事实，士被迫从政权结构中游离出来，这是春秋战国时代最为典型的特征，也构成了中国古代思想第一次重大转折的社会基础。士需要在一个混乱的时代生存，就要面临再就业的挑战。士再就业的事实，对于中国早期社会思想史来说，具有重要的影响。

首先，它带来的是社会阶层的流动。如果说在周代所设定的礼乐制度之下，社会基本上处于一种相对稳定的状态，那么权威的解体、士的游离，则给整个社会阶层带来了变化的可能，《管子》中有一段很直接的描述：

> 是故农之子常为农，朴野而不慝，（注：农人之子朴质而野，不为奸慝。）其秀才之能为士者，则足赖也。（注：农人之子，有秀异之材可为士者，即所谓生而知之、不习而成者也。故其贤足可赖也。）[1]

“农之子常为农”（同样，士之子常为士、工之子常为工、商之子常为商）是在正常的礼乐制度下的安排，但是，这里也很清楚地说明，农之子中优秀的人可以成为士。这表明，阶层不再是固定不变的，农可以成为士，士自然也可以变成农。这种流动性对于士来说，自然意味着生存压力的增大，但从总体上来说，它为整个社会的自由和活力提供了重要的空间。正是因为如此，士才能在这个时代获得更多的思想和社会空间。

1　黎翔凤：《管子校注》，中华书局，2004年，第401页。

其次，这种变动最为突出的表现就是私学的兴起。如前所言，学在官府的状态被打破，有知识的士从政权中游离出来，对于他们来说，其再就业的直接选择就是以他们从官学系统中所习得的知识出发，通过传授自身的知识从而再就业。这就催生了中国教育史上极为重要的一个现象，私学首次进入了中国社会的舞台，并且深刻影响了中国思想传统。孔夫子在《论语》中，曾经很直接地说，“自行束脩以上，吾未尝无诲焉”[1]。我们通常把孔子视为中国的第一位老师，这也是就私学的意义来说的。其实对于先秦诸子来说，何尝不是如此呢？从本质上来说，面对再就业的压力，诸子百家必须不断地坚持并强化自身思想的特点，才能够吸引更多的追随者，才能够在生存竞争中占得优势地位。如果以私学为中心来考察先秦诸子百家的发展，我们就会发现一个非常值得深思的现象，那就是先秦诸子思想的繁荣是以私学的兴起为开端的，也是以私学的废除为尾声的。这样的事实，多少提醒我们在考察思想形态的时候，应当给予教育制度本身更多的关注，毕竟思想就是教育的产物。

最后，再就业的精神实质，就是多元思想的涌现。这种多元的思想，对于早期中国思想史来说，就是轴心时代中国思想的突破。我们需要注意到的是，私学的兴起，同样也促进了学术思想的社会性特征的形成和发展。先秦诸子出于现实生存状态的需要，其思想的基本要求是必须解决现实中的问题，唯其如此，才能获得更多的现实支持和发展。于是，现实问题、人的基本生存状态，几乎成了诸子百家时期中国思想关注的焦点，这也与私学的现实存在状态有着密切的关系。

礼崩乐坏导致士产生再就业需求，从而促进私学的兴盛。无论是

1　朱熹：《四书章句集注》，中华书局，1983年，第94页。

后世诸子百家的称谓，还是九流十家的说法，都体现了这一时期中国思想的丰富性。中国思想由此实现了突破，并因而确立了中国传统思想的基本精神价值，从而塑造了国人的精神世界。中国哲学的基本精神，也在这个背景下被不断地塑造成型。

第四讲

乐观主义者孔子

在中国思想文化的历史中，儒家有着举足轻重的意义，在一定程度上，儒家思想代表了传统中国人的基本精神价值和行为准则。如前文所言，对于中国哲学来说，也是如此。尤其是自汉武帝独尊儒术以来，儒学成为主导的意识形态，从而影响了传统教育和候补文官的培养与选拔，这使得儒家的教化通过现实政治利益和政治需求而得到强化，成为整个社会价值和行为的基础。学术与政治的联姻，对于儒学和中国传统政治来说，是双方互惠的一种自然选择。由此，政治有儒家伦理规范的理论基础，而儒家则获得了社会主导意识形态的地位，从而掌控了思想文化的主导话语权。这样的发展结果就是，当我们讨论中国传统政治社会的时候，就不可能回避儒家思想的重要影响。同样，当我们在讨论儒家思想的时候，也绝不能离开传统中国政治社会环境这一基本事实。

儒家/儒学在中国传统社会中具有重要意义，这一点基本上是不存在争议的，历史的事实毋庸置疑地表明了这一点。然而，在很长一段时间内，尤其是近代以来，对于什么是儒却有着非常持久且复杂的争论。当然，如果我们仔细去考察一下，其实会发现古人对于儒的看法并不相同。《淮南子·要略》称“孔子修成康之道，述周公之训，以教七十子，使服其衣冠，修其篇籍，故儒者之学生焉”，《史记·太史公自序》则说“儒者以六艺为法”；《汉书·艺文志》称“儒家者流，盖出于司徒之官，助人君顺阴阳教化者也。游文于六经之中，留意于仁义之际，祖述尧舜，宪章文武，宗师仲尼，以重其言，于道为最高”；许慎《说文解字》解释为“儒，柔也。术士之称”。这些解释侧重的角度不同，或者从起源，或者从含义，或者从功能，但是都试图解释儒家/儒学这样一种社会现象/思想形态，基本的概念指向大体都与孔子和仁义道德密切相关。在传统社会中，这样的解释并没有太多的争论，虽然在事实上这些解释的差异还是比较明显的。这可能是因为我们的传统不太重视对概念本身进行明确界定，而更重视在现实的日常行为中实践伦理、道德的要求。从这个意义上来说，只要在日常行为中坚持人伦道德、实践道德理想，就是坚持了儒家的仁义之道，也即是坚持了儒学的精神。儒家/儒学主要是通过人的具体行为方式表达出来的，而不是通过概念的诠释来呈现的。

但是，近代以来，由于社会政治环境的巨变，以及由此而来的学术思想系统的变迁，西方知识系统进入中国，并且占据了主导地位。西方思想体系与中国传统思想系统最大的差异乃在于前者是建立在逻辑论证的基础之上的，而后者则依靠经验直觉。建立在逻辑论证的基础之上，则必然要求概念清晰、论证严密；而建立在经验直觉的基础之上，则无须推理论证，只需依靠个体的直觉体悟，当下呈现。反过来，西方思想体系既然强调逻辑论证，就必须建立在清晰明确的基础之上，而对于清晰明确来说，概念本身的清晰自然是不可或缺的。当西方知识系统传入并主导中国近代学术发展的时候，一些在传统话语系统中并不那么重要的问题，就因为具体情境的改变而受到较为集中的关注。由于学术近代化的需要，也出于与西方学术对话的需要，对于传统的学术进行近代的研究（以西方知识系统来研究中国的传统）也成了新的时代下的必然趋势。

在这样的背景下，对于传统概念的重新审视、讨论，也成为必然。而近代学者对于“儒”的关注，也大致与这种学术转移的背景有着密切的关系。于是，我们在考察近代以来的思想学术史时就会发现，儒的定义有了很多近代化的、概念化的解释。从章太炎（《国故论衡·原儒》）开始，傅斯年、钱穆、胡适、冯友兰、郭沫若等中国近代学术史上的大家们，对于儒的内涵问题都有相关诠释，尤其是胡适（《说儒》）与郭沫若（《驳说儒》）之间的论争，更是成为关于儒的讨论的高潮。在中国哲学史中，儒家思想有着根本性的意义，而这种根本性的意义，恰好是从孔子才真正开始的。

一、乐观主义者孔子的画像

很多时候，我们一想到孔夫子，就会觉得肯定是一脸严肃、不苟言笑的道学先生的模样，觉得甚是可怕，乃至不敢接近。这种情形的出现，乃是因为孔子在中国传统中长期被视为圣人，是历代人对孔子不断地神化的结果。

但是，如果我们去看《史记》《论语》等文献材料，就会发现孔子其实是一个形象极其丰富的、真实的人，他有着自己的喜、怒、哀、乐，如我们每一个平常人一样。比如，对于其得意门生颜回，孔子总是难掩内心的欢喜：

> 贤哉，回也！一箪食，一瓢饮，在陋巷，人不堪其忧，回也不改其乐。贤哉，回也！（《论语·雍也》）

这是孔子对颜回发自内心的喜欢，也是对颜回的不吝称赞。欢喜和高兴的情绪对于孔子来说，也是能够自然地流露出来的。孔子早年的生活非常艰苦，为了生存他也做过各种事务（所谓“吾少也贱，故多能鄙事”）。后来，孔子在鲁国做到了大司寇，兼代理相位，这可以说是孔子人生的“高光时刻”。根据《孔子家语·始诛》的记载，“孔子为鲁司寇，摄行相事，有喜色”，也就是说孔子因为迎来了人生的“高光时刻”，无法掩饰内心的喜悦，这种喜悦就直接流露了出来。这一表现被孔子的弟子子路看到，个性耿直的子路就直接跟孔子说：“老师啊，我听说君子遇到祸患的时候不会表现出恐惧，遇到好事的时候也不会表现得很得意，今天老师得到了一个代理宰相的职位，就表现得很高兴，这是为什么？”（仲由问曰：“由闻君子祸至不惧，福至不喜，今夫子得位而喜，何也？”）孔子听后说：“是啊，子路你说得很对，不过我不是因为获得了职位而高兴，获得这个职位，我非但没有骄气、傲气，而且还能像以前一样谦恭待人，我是为这个高兴呀！”（孔子曰：“然，有是言也。不曰‘乐以贵下人’乎？”）这也是一个极为有趣的故事，至少说明孔子的内心情感世界是非常丰富的，他会因为某些原因而开心，而这种开心的原因既有非常世俗的触动（比如身居高位），更有内心精神的指向（比如对于颜回的赞赏，以及“乐以贵下人”）。

当然，孔子不仅有欢喜的情绪，他也会发怒。《论语》中最为经典的例子，就是孔子得知季氏在家里享用“八佾”[1]时，非常愤怒地说：“八佾舞于庭，是可忍也，孰不可忍也！”（《论语·八佾》）另外一个例子，则是宰予昼寝（白天睡懒觉）而被孔子严厉责骂的事情。宰予是孔子弟子中表达能力最强的，但是他有一个缺点，就是喜欢白天睡懒觉，这对于孔子来说是无法忍受的。所以有一次孔子发现宰予偷睡懒觉，就非常愤怒地说：“宰予这个人的行为啊，就像是腐朽的木头无法雕刻，粪土垒的墙壁无法粉刷。对于宰予这个人，责备还有什么用呢？”这表明他对宰予极其失望，然后他接着说，“起初我对于人，是听了他说的话便相信了他的行为；现在我对于人，听了他讲的话还要观察他的行为。在宰予这里我改变了观察人的方法。”［宰予昼寝，子曰：“朽木不可雕也，粪土之墙不可圬也，于予与何诛！”子曰：“始吾于人也，听其言而信其行；今吾于人也，听其言而观其行。于予与改是。”（《论语·公冶长》）］这说明宰予的行为彻底地伤到了孔子，甚至使他“三观尽毁”（改变了看人的方式）。

哀伤也是孔子流露出来的一种非常直接的情绪表达，以冉伯牛和颜回的故事最为明显。冉伯牛是孔门以德行著称的弟子之一，但是后来染上了麻风病，在他快要不行了的时候，孔子去看望他。由于麻风病是恶疾，所以孔子只能从窗子里伸手，握住伯牛的手说：“这也许就是命运吧！这么好的人怎么会得了这样重的病啊！这么好的人怎么会得了这样重的病啊！”［伯牛有疾，子问之，自牖执其手，曰：“亡之，命矣夫，斯人也而有斯疾也！斯人也而有斯疾也！”（《论

1　佾，就是队列的意思，古时一佾为八人，八佾就是六十四人。据《周礼》规定，只有周天子才可以使用八佾的乐舞，诸侯为六佾，卿大夫为四佾，士用二佾。季氏是正卿，只能用四佾。

语·雍也》）］而对于颜回的死，孔子则更是哀伤、悲恸。颜回之死，大概是孔子晚年的事情，这对孔子的打击是极大的，毕竟自己最为欣赏的学生先自己而去了，孔子甚至认为这是老天爷对自己的打击，是天要亡他。这种哀伤的情绪无法抑制，也是孔子内心情感的真切流露。［颜渊死，子曰："噫！天丧予！天丧予！"颜渊死，子哭之恸。从者曰："子恸矣！"曰："有恸乎？非夫人之为恸而谁为？"（《论语·先进》）］

孔夫子的一生，如前文所言，有喜，有怒，也有哀，他内心的情感其实是非常丰富的，这也是他作为一个真实的人的基本特征。在孔夫子的情感表达中，其实最为重要的就是乐。快乐或者乐观，这是我一向以为的孔子的形象所传递的重点。孔子的一生，汲汲遑遑，如丧家之犬，其生命中遭遇的不顺利，是显而易见的。可是，如果我们去看《孔子世家》，就会发现孔子都是以一种极其强大的乐观精神来面对这些不顺的，"斥乎齐，逐乎宋、卫，困于陈蔡之间"，无论对谁来说，这都是生命中的重大打击。可是，孔子之所以是孔子，就在于即便遭遇如此多的不顺利，他依旧可以坦然地面对：

子畏于匡。曰："文王既没，文不在兹乎？天之将丧斯文也，后死者不得与于斯文也；天之未丧斯文也，匡人其如予何？"（《论语·子罕》）

子曰："天生德于予，桓魋其如予何？"（《论语·述而》）

孔子迁于蔡三岁，吴伐陈。楚救陈，军于城父。闻孔子在陈蔡之间，楚使人聘孔子。孔子将往拜礼，陈蔡大夫谋曰："孔子贤者，所刺讥皆中诸侯之疾。今者久留陈蔡之间，诸大夫所设行皆非仲尼之意。今楚，大国也，来聘孔子。孔子用于楚，则陈蔡用事大夫危矣。"于是乃相与发徒役围孔子于野。不得行，绝粮。从者病，莫能兴。孔子讲诵弦歌不衰。子路愠见曰："君子亦有穷乎？"孔子曰："君子固穷，小人穷斯滥矣。"（《史记·孔子世家》）

对于我们每个人来说，生命中的顺境都是很好接受的，我们也很期待遇到。可是，往往生活中多的就是逆境，即便是孔子，一生也遭遇无数逆境和不顺。就孔子的回应方式来看，他都是以积极乐观的心态来面对，这是一种极为难得且极为成熟的精神。我一直说，虽然我们可以从各种角度解说孔子及其思想，但是孔子之于我们更重要的意义是，他是一个完完全全的乐观主义者。

在《论语》中，孔子曾经对自己的一生做过一个非常简单但极具内涵的概括：

子曰："吾十有五而志于学，三十而立，四十而不惑，五十而知天命，六十而耳顺，七十而从心所欲，不逾矩。"（《论语·为政》）

这就是乐观主义者孔子的自画像，孔子的精神生命比我们通常想象的要完善以及深刻得多，他是一个真实的人，有着丰富的情感内涵。喜怒哀乐等情绪，都在孔子的生命历程中得到了明显的表达。后来理学家程颢在《定性书》中，对于孔子的这种情感的表达有一个非常精彩的解释：

> 圣人之喜，以物之当喜；圣人之怒，以物之当怒。是圣人之喜怒，不系于心而系于物也。是则圣人岂不应于物哉？乌得以从外者为非，而更求在内者为是也？今以自私用智之喜怒，而视圣人喜怒之正为如何哉？夫人之情，易发而难制者，唯怒为甚。第能于怒时遽忘其怒，而观理之是非，亦可见外诱之不足恶，而于道亦思过半矣。

这表明孔子是跟我们一样的普通人，孔子的形象具有丰富的情感内涵，而最为重要的一点是，孔子是一个乐观主义者，这种乐观的精神伴随着孔子的一生。我们甚至可以说，孔子之所以成为孔子，乃是因为他有一种普通人无法企及的乐观主义精神。

生活难免会有诸多的不顺，有诸多的逆境，对于我们来说更重要的是如何乐观地面对生活中的一切。这是一个成熟的、完善的自我所应当具有的内在要求，也是我们从孔子的形象中所获得的重要启示。像孔子一般乐观，这是我们学习孔子时应当具有的一种意向。

二、《论语》是一本怎样的书

孔子的思想主要表现在《论语》中，换句话说，我们今天如果要去了解孔子的哲学思想，就必须读《论语》。然而在黑格尔看来，《论语》似乎不具备什么哲学意味：

> 关于中国哲学首先要注意的是在基督降生五百年前的孔子的教训。孔子的教训在莱布尼兹的时代曾轰动一时。它是一种道德哲学。他的著作在中国是最受尊重的。他曾经注释了经籍，特别是历史方面的，〔他还著了一种历史〕。他的其他作品是哲学方面的，也是对传统典籍的注释。他的道德教训给他带来最大的名誉。他的教训是最受中国人尊重的权威。孔子的传记曾经被法国传教士们由中文原著翻译过来。从这传记看，他似乎差不多是和泰利士同时代的人。他曾作过一个时期的大臣，以后不受信任，失掉官职，便在他自己的朋友中过讨论哲学的生活，但是仍旧常常接受咨询。我们看到孔子和他的弟子们的谈话（按即《论语》——译者），里面所讲的是一种常识道德，这种常识道德我们在哪里都找得到，在哪一个民族里都找得到，可能还要好些，这是毫无出色之点的东西。孔子只是一个实际的世间智者，在他那里思辨的哲学是一点也没有的——只有一些善良的、老练的、道德的教训，从里面我们不能获得什么特殊的东西。[1]

当然，我们前面也说过，这乃是基于黑格尔对哲学的基本判定出发的，在他的那个系统中，自然就没有孔子以及《论语》的地位，因为这些只是一些道德的常识，只是一些世间的智慧。当然，如果按照我在前文关于“分析—判断—选择”能力的讨论来说，我们就会发现，这种道德哲学（道德常识）事实上具有极为丰富的生活智慧，作

1　黑格尔：《哲学史讲演录》（第一卷），贺麟、王太庆等译，上海人民出版社，2013年，第117页。

为一种智慧，它必然是与人的生命本身密切联系的。从这个意义上来说，孔子的这些教育，对于人类来说，是极为重要的。当然，你也可以只把它看作轴心时代人类哲学思想突破的一种形式，但是，就其对于生命精神本身的影响来说，它的作用是永远不能被低估的。

我们也许听到过一种说法，说《论语》是中国人的《圣经》。虽然在我们的历史中，最终并没有形成类似《圣经》的存在，但就事实来说，《论语》倒是有类似《圣经》的作用。从一个非常简单的角度来说，这跟孔子作为圣人的形象有着密切的关系。因为孔子是圣人，所以表达孔子思想的《论语》就成了圣经，这也是理所当然的。从思想的实质来说，如果我们能认识到儒家思想对中国人的根本性影响，那么，作为儒家思想的经典依据，《论语》自然就具有了非常特殊的地位，这跟两千余年里儒家思想在中国社会中所具有的特殊影响、特殊作用密切相关。此外，古代中国是一个以经典为依据的社会，就经典的影响力来说，《论语》有着非常重要而且不可忽视的影响。尤其是在四书（《大学》《中庸》《论语》《孟子》）成为科举教科书之后（特别是明清以来），《论语》成为传统时代的儒家经典，对于中国人思维方式的形成，以及精神世界的建构，都有着极为重要的作用。从这些方面来说，当我们视《论语》为中国人的圣经的时候，实际上传递出来的信息是，中国人的精神世界是跟《论语》密切相关的。换言之，倘若我们要了解传统时代中国人的精神世界、中国人的思维方式，离开《论语》是万万不能的。

三、应该怎么读《论语》

我们都知道《论语》是具有非常重要意义的中国传统文化经典，对于中国哲学来说，具有不可或缺的地位。既然此书如此重要，我们应当怎么来读这本书呢？

很多时候我们或许会想：读书为何还有怎么去读的问题？当然，读书毫无疑问要花时间和精力去读，这是最为根本的。但是，如果读一本书只是一味地去念，似乎也并不恰当，很多时候这样读完一本书后，我们甚至无法理解它究竟讲了什么。其实对于读书这件事情，古人也曾仔细琢磨和归纳过，比如，朱熹就写过非常著名的《朱子读书法》。在我看来，这对于阅读古代经典的当代人来说，依旧具有非常重要的意义。朱熹很直接地说：

> 为学之道，莫先于穷理。穷理之要，必在乎读书。读书之法，莫贵乎循序而致精。而致精之本，则又在于居敬而持志。此不易之理也。（《甲寅行宫便殿奏札二》）

意思是说，我们要想真正了解一个人的思想，进入一个人的精神世界，最为直接的方法就是读书，只有读书才可以明理。但是很多时候，我们或许是为了省力，不去看最基本的原著经典，只是从一些二手的介绍中去了解一个人的思想、一本经典的内涵，这种情况实在是值得警醒的。当然，读书也不是一件简单的事情，尤其是想把书本读明白，更是难上加难。所以，为了能够让人们更好地读书，朱熹把读书的方法总结为六条，即循序渐进、熟读精思、虚心涵泳、切己体察、着紧用力以及居敬持志。在我看来，这是阅读的基本方法，是我们在读书的时候，就应当非常敏锐地认识到的关键点。否则，我们只会迷失在漫无边际的知识的海洋中，而不能有效地读书。所以，有志于读书的人，还是应当认真体会朱熹的读书法。

当然，对于《论语》的阅读来说，还有一个必须注意的问题，即《论语》是中国第一部语录体作品，记载的主要是一些对话。如果以论文的形式来阐释某一观点，对于阅读者来说，要理解这种观点，首先应当关注的是行文的逻辑和内容。可是，如果用对话来阐释观点（当然它肯定也是有逻辑和内容的），我们更需要关注的可能是对话这一形式本身所具有的特点。对话有什么特点呢？从常识来说，对话都发生在一个特定的场合，而且跟特定的人相关。这就提示我们必须注意对话的发生场合（情境）以及对话的双方，只有充分注意这两个方面，才能够真正理解《论语》中的话语所表达的内在意义。

所谓的情境，就是对话发生的特殊场合，所有的对话都是有针对性的，这一点我们通过日常经验也可以理解。我们谈话的时候总是围绕一个具体的话题展开，而不是漫无边际地空谈（玄谈）。这种情境，在中国哲学中其实是非常重要的，至少它表明我们的思想是真实的而非抽象的，这种真实是与日常的生命本身休戚相关的。另外，这种情境也使得我们能够很方便地进入对话的语境，从而能够从自身的生活经验出发去理解具体的内容，这对于个体来说，恰恰是最具有现实意义的。情境提供了一个带有画面感的场景，而个体进入这个场景中，就能够很容易地真实感知这种说法所具有的切实的作用。[1]所以我们通常说，中国的思维方式是具象化的、形象化的，从情境角度出

1 关于这一点，其实中国的文字也有类似的作用，我们使用的是象形文字，象形文字是具有图画信息的，它所呈现的就是一个真实的场景。

发，这是很好理解的。当然，对于《论语》来说，要还原一个真实的情境可能有些难度，因为《论语》中很多话语的记载就是非常随意的，也可能是因为历史的原因，很多场景无法复原了。这个时候，我们能做的就是根据相关的文献，比如《史记》中的《孔子世家》《仲尼弟子列传》，以及《礼记》，或者《孔子家语》等相关的文献，尽量还原对话的情境，从而更好地理解《论语》。

至于对话的对象，对于《论语》来说就更重要了，尤其是《论语》中很大一部分的对话是围绕孔子的弟子展开的。这一点提示我们，《论语》中孔子所说的话，并不一定就是被毫无条件地接受的，因为这跟孔子对话的对象有着极为密切的关系。孔子的弟子们有着迥然不同的性格特质和人格特征，孔子所谓的因材施教就是针对不同对象的特点采用不同的教育方式。《论语》中孔子针对弟子们所说的话，首先考虑到了弟子们所具有的不同特征，然后有针对性地进行教育。这一点就提醒我们，在阅读《论语》的时候，必须考虑不同弟子的特点对话语本身的影响。比如说对于几近完美的颜回，以及对于个性勇猛的子路，孔子和他们所说的话就是不同的。对颜回所说的话，大体上可以看作孔子最为平实的表达，也就是说，跟颜回说的话，几乎不需要考虑对象，是孔子最基本的陈述。可是，针对性格鲁莽的子路，孔子在回应的时候，必然要考虑到子路的性格特征，从而进行有针对性的教育和提升，所以，对子路所说的话，很多时候就不能从普遍意义来看待，它总体上是针对子路的特殊言语。

四、学习的重要性

我们说《论语》是体现孔子思想的作品，那么孔子在《论语》中主要表达的思想是什么呢？

国内外很多学者都对《论语》做了非常深入的研究，从以往的研究来看，大概有三种观点：《论语》是讲“仁”的、《论语》是讲“礼”的以及《论语》是既讲“仁”又讲“礼”的。不知道诸位对这样的结论有什么想法。当然，我从来没有说这些研究是错误的，但是从形式上来说，似乎孔子在《论语》中讲什么，变成了一个无聊的排列组合的问题。显然，我们在《论语》中看到了孔子对于“仁”的很多阐发，从某种程度上来说，这显然也是孔子思想的重要特色所在；而同样，我们也关注到《论语》中，孔子对于“礼”的重视，孔子声称“周监于二代，郁郁乎文哉！吾从周”（《论语·八佾》），很明显地表达了对于周礼的推崇。“仁”和“礼”作为观念的倡导以及行为的推崇，在《论语》中都有非常直接的表达，那么究竟哪个更重要呢？于是就出现了前文所说的三种可能的排列组合的形式。

事实上我们需要进一步追问的是，构成孔子思想内核的真的是这两种观念或者二者的组合吗？孔子在《论语》中究竟想要表达什么呢？我想应当从孔子对于自我的认定来看待这个问题。在《论语》中，孔子非常直接地把“好学”作为自己形象的基本特征。“十室之邑，必有忠信如丘者焉，不如丘之好学也。”（《论语·公冶长》）这是孔子对自己特点的一个直接的表述，在孔子看来，很多人可能在品德上未必比自己差，但是他们跟自己的差异就是，自己比他们更加好学。什么是好学？孔子在《论语》中也有非常直接的表述：

> 子曰："君子食无求饱，居无求安。敏于事而慎于言，就有道而正焉，可谓好学也已。"（《论语·学而》）

好学是夫子所看重的，是超越衣食等日常追求的。在孔子看来，一个君子食、居而不求饱、不求安，之所以可以做到这样，是因为他有着更高的追求、更远大的理想。君子对于事务的处理很敏捷，但是对于言语，却非常谨慎，并且能够经常向那些有道的人请教求证，这就是真正的好"学"的人。所以，从这个意义上来说，对于孔子而言，好学并不仅仅是注重知识性的学习，更为重要的是德性的培养和提升。《论语》中有一个非常有趣的例子可以说明这个道理：

> 樊迟请学稼，子曰："吾不如老农。"请学为圃，曰："吾不如老圃。"樊迟出，子曰："小人哉，樊须也。上好礼，则民莫敢不敬；上好义，则民莫敢不服；上好信，则民莫敢不用情。夫如是，则四方之民，襁负其子而至矣。焉用稼？"（《论语·子路》）

樊迟是孔子的弟子，有一次他向孔子请教怎么种庄稼、怎么种花，孔子对此的回应是：我不如老农懂得种庄稼，不如老园丁懂得种花。如果就此结束的话，这就是陈述了一个事实。可是，在樊迟离开后，孔子直接评判说，"小人哉，樊须也"，这是从道德的意义上贬低樊迟。很多人不理解孔子为什么要这么说，难道问种花、种庄稼就变成小人了吗？所以后来有人批评孔子，说他不尊重劳动者，这当然是一种无稽之谈、无端指控。我们要看到的是孔夫子接来下那一段话的真正含义，孔子强调的是礼、义、信等道德观念在国家以及社会中的重要性，这才是一个君子应该学习的。换句话说，孔子在批评樊迟什么呢？在孔子看来，既然是跟自己学习的，那么必须有更高的理想和追求，不能只是关注物质层面。当然种花、种庄稼本身并无问题，问题就在于离孔子对弟子的要求有明显的距离。孔子认为，作为自己的弟子应当有高远的追求，而不能只是停留在眼前的、现实的利益上。在孔子对颜回好学的评价中，也可以非常清楚地看出，孔子所谓的学的核心。

> 哀公问："弟子孰为好学？"孔子对曰："有颜回者好学，不迁怒，不贰过。不幸短命死矣。今也则亡，未闻好学者也。"（《论语·雍也》）

孔子对学习特别重视，有一次鲁哀公就问孔子，他的弟子当中谁是好学的呢？孔子很直接地说，只有颜回好学，颜回不幸短命去世，现在就没有再听说过谁好学了。孔子之所以欣赏颜回，很重要的原因就是颜回好学。那么什么是好学呢？孔子说，"不迁怒，不贰过"，这就是颜回好学的表现。无论是不迁怒还是不贰过，都是一种道德品质上的要求和完善。也就是说，这就是对于德性修养的要求，学的关键在于此。

在《论语》中，"学"字一共出现了66次，它的含义虽然不完全等同于今天所讲的学习，但也是学习的一种，因为它注重的是德性的培养和完善，是高于一般知识性的学习。从这个角度来说，"学"其实就是孔子对于人格完善、对于个体精神生命成长的一个基本的要求，只有"学"才能够真正成就一个人。如果从这个角度来看，无论是"仁"还是"礼"，要在现实中真正发挥作用，就必须通过"学"

才能够实现。所以，我认为《论语》中最为关键的、核心的概念应该就是“学”，这也是孔子留给我们的非常重要的精神财富。从某种意义上来说，中国人好学的传统实际上就是从孔子这里开始确立的。后来诸如书香门第、耕读传家等说法，无不是“学”在中国传统中的切实表达。

五、快乐的特殊意义

除了“学”，《论语》中另外一个非常重要的关键词就是“乐”。前面我们在谈论孔子的自画像的时候，曾经说过，孔子身上彰显了一种乐观主义的精神。积极向上，也是中国人最为看重的精神之一。而至少从孔子开始，儒家从其思想的开端处就强调这种快乐的精神，由此我们看到了孔子的那种乐观的形象，并且在儒家的经典系统中，看到普遍存在的这种对于乐的精神的推崇。这当然是源于孔子本人对于“乐”的强调与推崇：

> 子曰：“学而时习之，不亦说乎？有朋自远方来，不亦乐乎？人不知而不愠，不亦君子乎？”（《论语·学而》）

这段我们耳熟能详的话，就是《论语》的第一章。按照我们惯常的思维方式，第一章是具有代表性意义的[1]。那么这段话的代表性

1　虽然关于《论语》的编撰有着种种不同的说法，但是，当我们选择把某一章置为全书的第一章的时候，应当是有非常明显的编撰意图的，绝不至于是任意的。

意义在哪里？从形式上来说，我们可以讲这一章以“学”为开始，表明儒家的传统有一个根本的特点，就是对于“学”给予特别重要的关注。这一点无论在孔夫子那里，还是在后来儒家的发展历史中，都有非常妥善的说明。从内容上来看，这一章讨论的是什么问题呢？虽然关于《论语》的解读有无数种，也有无数种不同的进路，但是在我看来这里面所呈现出来的恰恰就是一种快乐的精神。第一句话是从个体的学习行为来说，是快乐的；第二句是从跟朋友的交往事实来说，是快乐的；第三句是从人对自我认识的意义上来说，是快乐的。如果从一个人的经验生活来看，这三层的描述，既有经验知识的学习，又有人际交往，又有自我体认，大体上可以说覆盖到人的整个生活世界。这就意味着，对于人来说，生活的本质特征就是快乐。

而孔夫子则是用他的一生践行了这一点，虽然他的一生恓恓惶惶，如丧家之犬，但是，他发自内心的那种快乐从来没有消失，这其实就构成了孔子形象的最大意义。孔子对于其最为重视的学生颜回，也正是在这个意义上给予了肯定。

> 子曰：“贤哉，回也！一箪食，一瓢饮，在陋巷，人不堪其忧，回也不改其乐。贤哉，回也！”（《论语·雍也》）

由此，在孔子和颜回那里，恰恰都是非常准确地传递出了儒家对于生活世界的这种快乐精神的坚持。这种传统，在一定意义上就是儒家最为重要的传统[1]。

我们如果按照这个逻辑来思考问题，就会有一个有趣的发现。如前文所言，颜回在孔子弟子中具有特殊的地位，毫无疑问，孔子最看重的弟子就是颜回。而颜回身上，恰恰具有孔子所推崇的两大特征：学与乐。这应当不是一种巧合，而是我们可以直接在孔子的生命世界中观察到的。

如果说孔子最强调的核心词是“学”的话，那么孔子在“学”之外，强调的“乐”又有什么特殊的意义呢？我们前面讨论过，孔子所谓的“学”实际上更加关注是个体的道德完善，是对德性修养的一种要求，这其实是一件非常难的事情，是一件对个体要求极高的事情。

> 子曰：“富与贵，是人之所欲也；不以其道得之，不处也。贫与贱，是人之所恶也；不以其道得之，不去也。君子去仁，恶乎成名？君子无终食之间违仁，造次必于是，颠沛必于是。”（《论语·里仁》）

1 虽然关于儒学，在后来的发展中，有各种层面的展开，尤其是自汉代以来，儒学在传统政治格局中起到了最为重要的作用，由此政治儒学的提法也成了比较通行的说法。当然，从儒家本身的义理和历史的基本事实来说，这个提法都是没有问题的。但是，如果从孔子和颜回的这种形象来考察，从上述的论述来说，个人认为对儒家的定位首先应该基于现实生活层面。也就是说从今天的意义上，儒家留给我们的最大的精神财富就是其对于人心的意义，以及由此而来的对于经验生活的态度——快乐的精神。如果我们说儒学有其现代意义的话，这种意义首先应当是在人心上发生共鸣。从这个角度来说，在现代人的内心当中找到根据，是儒学能否实现现代转化的重要前提。由此，与其说政治儒学，倒不如说生活儒学，更加能够呈现出儒学对于现实人生的关注，在这个意义上，也更加能够实现儒学的现代转化。

道德的修养是人应当一生坚持的目标，它是完全高于物质利益的，是作为一个君子所必须承担的责任。但是这样的责任，很难做到“无终食之间违仁，造次必于是，颠沛必于是”，即使是对于孔子的得意弟子颜回来说，也是极有难度的。

> 子曰：“回也，其心三月不违仁，其余则日月至焉而已矣。”（《论语·雍也》）

像颜回这样的人，尚且只能做到坚持三个月不违背道德，在孔子看来，其他弟子能够坚持十天半个月也就差不多了。这是孔子对弟子们状况的评价，遑论普通人的情况。所以坚持道德实践实是难事，可是孔子也不可能说放弃对道德的追求，这个时候就需要一个能够让人维系其道德行为的东西，这就是“乐”带来的第一层重要意义。

在坚持道德的意义上强调快乐，其实是为了应对坚持之难而采取的一种方案。因为快乐，所以坚持，这一点从常理上来说也是很好理解的。有一个成语，叫作“安贫乐道”，最早就是用来描述孔子和颜回的，所谓孔颜乐处便是如此。孔子和颜回在物质条件极端贫乏的背景之下，依旧能够保持快乐，快乐在这里成了一种非常重要的精神力量，让人有充分的自信来面对生活中的种种困难，比如孔子困于匡、厄于陈蔡之时，依然保持一种乐观的精神，这是一种非常重要的精神力量，也是自我精神生命完善所必需的。

当然，对于孔子和儒家来说，乐还有着更高一层的意义。如果快乐只是一种用来维系生活的工具的话，它的影响力和作用力是有限的（当然也是重要的），而在孔子这里，乐更为重要的意义在于它是生活本身所具有的特点[1]。“饭疏食，饮水，曲肱而枕之，乐亦在其中矣。不义而富且贵，于我如浮云。”（《论语·述而》）可以说，这就是一种纯粹的快乐，它跟名利、富贵无关，是超越日常生活的一种本真的状态。所以，我们也可以说，乐实际上是孔子所代表的儒家思想所要达到的最高境界。

在《论语》中，孔子还讨论了饮食、音乐等所具有的乐，内容极为丰富，也是值得我们关注的话题。

六、孔子的意义

孔夫子作为儒家学派的创始人，受到了中国历代知识分子的推崇，其在中国历史上的影响力是毋庸多言的。体现其思想观念的《论语》，亦由此被视为中国人的圣经，而为历代知识分子所诵读。在某种意义上，是孔夫子确立了中国传统的道德价值和生命意义，传统的道德维度是由孔夫子开启的，并由此确立了一种独特文明形态的基本价值内涵和思维特质。古人也曾经评价说，“天不生仲尼，万古长如夜”，这就非常直观地表现出孔子对于中华传统而言所具有的独特意义。

诚然，我们也可以看到，孔夫子很深刻地影响（塑造或者束缚）了后世中国思想的基本特质。比如过分地强调现实、人事和实用，从而轻视了抽象和思辨的纯理论体系，缺乏纯粹学术的追求和兴趣，往往将人事和学术结合，认为这才是真正重要的东西——世事洞明皆学

1　这一点在后来儒家那里得到了非常直接的阐释，比如王阳明。

问，人情练达即文章。于是，从某种程度上来说，中国文化具有审美的精神境界，而缺乏科学精神境界。同时，由于过分强调义务，缺少了个人权利的空间，这使得道德论述更多倾向于理想化和浪漫主义。而且，孔夫子的理论核心是关于人的学问，关注的重点是现实的人，对于超越层面“存而不论”，这在一定程度上造成了（严格意义上的）宗教的缺失。

当然，如果以简单的方式来评价孔夫子，可以说在中国思想史上是他第一次将道德的重要意义给予了人类，即以道德作为人类社会的基础予以重视。从这个角度出发，当时社会之所以出现种种悖乱的现象，根本原因就在于道德沦丧。而孔夫子想要进行的改变，是将道德之根重新在现实中培植起来。在他知其不可而为之的执着背后，所透露出来的无疑是道德理想的崇高性。孔夫子试图将道德的原则确立为人类社会的基础，并为之付出毕生的努力。

对于生活在今天的我们来说，孔子所倡导的道德理想仍然是有着重要的积极意义的，实际上我们每个人的生活都非常平凡，但正是那种道德理想给予了我们特别重要的精神支撑，这是我们精神世界的重要构成部分，是我们能够在平凡的生活中挺立出自身价值和尊严的所在。康德曾经说：“在这个世界上，有两样东西值得我们仰望终生：一是我们头顶上璀璨的星空，二是人们心中高尚的道德律。”这个说法，跟孔子的立场其实是一致的。孔子或者说儒学，最为重要的价值即在于要求我们堂堂正正做人，做一个真正快乐的人！但是，孔子与康德最大的不同在于，孔子是要让道德真正成为我们每个人的自觉，成为我们生活的一部分，而不只是去仰望。

第五讲

理想主义者孟子

孔夫子及其思想最大的意义在于确立了道德对于人类社会的意义，由此，一个个体的完善程度直接和他的道德行为密切相关，而一个社会的完善程度则取决于这个社会是否以道德为基础。此后中国社会发展的基本面向，就是建立在这种对于道德的要求之上的，从这个角度来说，我们可以说是孔夫子确定了传统中国社会发展和基本精神价值。

然而，孔夫子的观念，就儒学自身发展的逻辑脉络而言存在着一个亟待解决的问题。如果说孔夫子确立的是道德对于人类社会的意义的话，那么这个亟待解决的问题直接指向的是道德本身。具体来说，当孔夫子将道德作为社会基本的价值确立起来的时候，我们所能看到的是道德作为一种价值原则在社会运作中可能具有的良好结果。然而，要使道德真正被社会接受，切实在社会现实中发挥积极作用，需要解决的基本问题就是，何以道德可以成为人类社会的基础？换言之，为什么人类社会需要的是道德而不是其他的东西？道德与人类社会的连接点在哪里？

孔子死后，其弟子及再传弟子各自从不同的角度继承发挥孔子的思想，形成了不同的学派。韩非说儒分为八，其中包括子张之儒、子思之儒、颜氏之儒、孟氏之儒、漆雕氏之儒、仲良氏之儒、乐正氏之儒、孙氏之儒。从儒学的历史发展来说，最具影响力的，后来被公认的儒学正脉是思孟学派。

思孟学派在历史上受到重视，与宋儒的推崇分不开，而宋儒之所以重视思孟学派（尤其是孟子），主要是因为应对佛学挑战需要重视心性问题。心性问题的基本理论意趣在于将道德的根基归于人心，即道德的根据不是外在于人的，而是原本就具足于人之心性，从这个意义上来说，道德就是人之为人的基本属性。孟子为这一思路的完善做出了极为完善的理论阐释，性善论就是其论述的核心所在。由性善而确立道德乃是人之为人的基础，从而道德的行为也是对于人在社会之中的行为规范的最基本的要求。社会乃是由人构成的，人是以性善为本质特征的，于是，社会亦必然是要建立在道德的基础之上的。由性善论的基本设定出发，孟子以内求诸己的方式明确了道德的根据不在于任何外在的权威，而在于人之为人的内在规定性。由此，作为社会秩序基础的道德乃是以人自身作为依托的，社会秩序的完善也就完全取决于个体道德的完善，道德教化不仅事涉个体自身的完善，更是社会秩序建设的基础，于是孔夫子所言的“为政以德”的理想也就有了实现的可能。

一、气场极强的孟子

用今天的话来说，孟子就是一个气场极强的人，什么样的人气场极强呢？那毫无疑问是充满自信的人。

我曾经开玩笑说：你看孟子好辩论，为什么几乎所有的人都辩不过孟子呢？有人说，那是因为孟子是诡辩。当然，以今天的逻辑去看待孟子的论辩逻辑，并不一定都是非常严密的。但是，孟子亦非一个诡辩者，因为他的立场非常鲜明，他不会为了辩论取胜而抛弃基本的价值操守，而是在价值坚守之下成为不可战胜的辩论者，这大概也是当时的人觉得孟子非常可怕的一个地方吧。孟子强调的就是人之为人的立场，这就意味着如果违背他的立场，也就只能是禽兽的立场了，显而易见，禽兽的立场是无法战胜人的立场的。所以，孟子的论辩不仅价值立场鲜明，孟子本人还对自己的立论极其自信。这两者的结合，使得孟子不但好辩，而且几乎所有人都不是孟子的对手！

也正是因为如此，在孟子那里我们可以看到一些今天所需要的非常重要的品质。首先是严格的价值立场，也就是对我们行为的基本确认，我们想要做什么，想要成就什么样的价值，都是非常重要的。对于孟子来说，他想要成就的就是道德人生。在他看来，道德必然是能够被实现的一种价值，而这种对于价值目标的确信，正是当下社会所缺乏的。其次是对自己有极度的自信。有时候我们会说极度自信会影响自我的判断，不够包容，但是很多时候，我们缺乏的恰好是这种自信，孟子这种“舍我其谁”的品质正是我们这个时代所需要的。只有具备这种自信，才会有担当，有责任感。孟子跟宋勾践有过一段非常精彩的谈话：

> 孟子谓宋勾践曰：“子好游乎？吾语子游。人知之亦嚣嚣，人不知亦嚣嚣。”曰：“何如斯可以嚣嚣矣？”曰：“尊德乐义，则可以嚣嚣矣。故士穷不失义，达不离道。穷不

失义，故士得己焉；达不离道，故民不失望焉。古之人，得志，泽加于民；不得志，修身见于世。穷则独善其身，达则兼善天下。”（《孟子·尽心上》）

从对话中来看，孟子非常喜欢游说。周游列国，游说诸侯，也是战国时期士人的一种普遍的行为方式。孟子这段话里有一个非常重要的词，就是“嚣嚣”。嚣嚣，按照常规的解释，就是无欲而自得的样子。在孟子看来，坚持道德的立场，不活在别人的眼光中，就可以长久地保持悠然自得的状态，可以做到“穷则独善其身，达则兼善天下”，这也是一种理想的人生状态。无论是在穷困潦倒的时候还是在飞黄腾达的时候，都以自我的德性修养为中心，不为外在的情形而改变，这样就可以一直保持嚣嚣然的状态。这种悠然自得的状态，如果用今天非常流行的话来说，就是心中始终有光！孟子还有个说法，就是“我善养吾浩然之气”。

“敢问何谓浩然之气？”曰：“难言也。其为气也，至大至刚，以直养而无害，则塞于天地之间。其为气也，配义与道；无是，馁也。是集义所生者，非义袭而取之也。行有不慊于心，则馁矣。我故曰，告子未尝知义，以其外之也。必有事焉，而勿正，心勿忘，勿助长也。无若宋人然：宋人有闵其苗之不长而揠之者，芒芒然归，谓其人曰：‘今日病矣！予助苗长矣！’其子趋而往视之，苗则槁矣。天下之不助苗长者寡矣。以为无益而舍之者，不耘苗者也；助之长者，揠苗者也，非徒无益，而又害之。”（《孟子·公孙丑上》）

这是孟子和他的学生公孙丑之间的谈话，是孟子向其弟子解释什么是浩然之气。孟子说这种浩然之气，其实很难用一两句话说清楚。这种气，极其浩大，极其有力量，用正直去培养它而不加以伤害，就会使它充满天地之间。不过，这种气必须以经常性的仁义道德蓄养才能生成，不是靠偶尔的正义行为就能获取的。一旦你的行为令你问心有愧，这种气就会缺乏力量。所以孟子说，告子不懂得义，因为他把义看成心外的东西。我们一定要不断地培养义，心中不要忘记，但也不要一厢情愿地去帮助它生长。孟子还举了拔苗助长的故事来说明外在助力对于浩然之气的成就来说是没有意义的。孟子说，宋国有个人嫌他种的禾苗老是长不高，于是到地里去用手把它们一株一株地拔高，累得气喘吁吁地回家，对他家里人说：“今天可真把我累坏啦！不过，我总算让禾苗一下子就长高了！”他的儿子跑到地里一看，禾苗已全部枯死了。天下很少有人不犯这种拔苗助长的错误。认为养护庄稼没有用处而不去管它们的，是只种庄稼不除草的懒汉；一厢情愿地去帮助禾苗生长的人，就是拔禾苗的人，这不仅没有带来好处，还损伤了禾苗。这种浩然之气之所以浩大无穷，是因为它是根植于人内在的道德力量，不是外在的助力可以实现的。这种内在的道德力量，恰恰是孟子心中一直存在的光！这种浩然之气，对后来的文天祥也有非常直接的影响，他的《正气歌》就是由此写成的。

从孟子的身上，我们看到的是一个内心有光（充满道德力量）、极为自信的君子形象，这对于我们的人生来说，是极具指引意义的。

二、孟子与齐宣王

如果我们有兴趣去读一读《孟子》，就需要关注一个非常重要的地方，即孟子和齐宣王的关系。孟子周游列国，游说诸侯，见过很多诸侯王，比如，《孟子》的第一章写的是见梁惠王。在战国时期，梁惠王还是非常重要的，梁惠王就是魏惠王，战国始于三家分晋。战国初期最强大的就是魏国，魏文侯、魏武侯两代君王的奋发努力，使得魏在战国初期成为最有影响力的诸侯国。而魏惠王则是魏国由盛转衰的开始，这也影响到整个战国局势的改变，即秦不断东扩，最终统一。如果对战国时期历史感兴趣，你就会发现，很多当时的著名人物，比如孟子、庄子、杨朱、惠施等，都跟梁惠王有关系。这充分说明，此人在这个时期具有重要意义（不管是正面的还是反面的）。孟子见过梁惠王，他与梁惠王的这段话在《孟子》的开篇：

> 孟子见梁惠王。王曰："叟不远千里而来，亦将有以利吾国乎？"
>
> 孟子对曰："王何必曰利，亦有仁义而已矣。王曰'何以利吾国'，大夫曰'何以利吾家'，士庶人曰'何以利吾身'。上下交征利而国危矣。万乘之国弑其君者，必千乘之家；千乘之国弑其君者，必百乘之家。万取千焉，千取百焉，不为不多矣。苟为后义而先利，不夺不餍。未有仁而遗其亲者也，未有义而后其君者也。王亦曰仁义而已矣，何必曰利。"（《孟子·梁惠王上》）

战国是一个极为功利化的时代，这主要跟战国之际诸侯国之间不断兼并的事实密切相关，追求利益是战国一个非常明显的特征。所以，当孟子去见梁惠王的时候，梁惠王的第一反应就是：老先生您那么大老远到我们国家来，应该能给我们国家带来什么好处吧？在当时的背景之下，这是极为自然的提问方式。可是孟子对此断然否定："王何必曰利，亦有仁义而已矣。"因为孟子关心的是道德的立场，而非现实的、眼前的利益，对于孟子来说，这是需要严辩清楚的。以义为先，还是以利为先，这是一个价值立场的问题，所以，孟子对于梁惠王的说法，非常不满意。孟子也见过梁惠王的儿子梁襄王，对他的评价颇为一般：

> 孟子见梁襄王。出，语人曰："望之不似人君，就之而不见所畏焉。"（《孟子·梁惠王上》）

这段话非常有趣。如果说，对于梁惠王，孟子不满意的是他首要关注的点在于利益而非仁义的话，那么，对于他的儿子梁襄王，孟子几乎是全面否定的。孟子拜见了梁襄王，退出来后跟别人说，这个梁襄王，从远处看就不像个国君，走到跟前看也看不出他的威严所在。

但孟子对齐宣王的态度可不是如此，他对齐宣王谆谆教诲，极具耐心，《孟子》中对此有非常精彩的记述。

> 王曰："大哉言矣！寡人有疾，寡人好勇。"
>
> 对曰："王请无好小勇。夫抚剑疾视曰，'彼恶敢当我哉'！此匹夫之勇，敌一人者也。王请大之！……"
>
> …………
>
> 曰："王如善之，则何为不行？"王曰："寡人有疾，寡

人好货。”

对曰：“昔者公刘好货；《诗》云：‘乃积乃仓，乃裹糇粮，于橐于囊。思戢用光。弓矢斯张，干戈戚扬，爰方启行。’故居者有积仓，行者有裹粮也，然后可以爰方启行。王如好货，与百姓同之，于王何有？”王曰：“寡人有疾，寡人好色。”

对曰：“昔者大王好色，爱厥妃。《诗》云：‘古公亶父，来朝走马，率西水浒，至于岐下。爰及姜女，聿来胥宇。’当是时也，内无怨女，外无旷夫。王如好色，与百姓同之，于王何有？”（《孟子·梁惠王下》）

孟子跟齐宣王在一起，教之以仁义道德，对于齐宣王来说，这些也并不是他感兴趣的，所以，他对孟子教诲的回应方式也颇为有趣。他承认孟子说的有道理，但是，他也很直白地说，“寡人有疾”，意思是：老先生您讲的都对，但是，我有病怎么办？我好勇、好货、好色，该怎么办呢？齐宣王的问题，比前面梁惠王的要严重多了。梁惠王无非在意孟子能带给他什么好处，而齐宣王则是要解决好勇、好货、好色三大毛病，而针对这些问题，孟子非但没有勃然大怒，反倒循循善诱。他告诉齐宣王说：这些毛病都没有问题，只要把你的喜好之心扩充出去，不是自己一个人喜好，而是让天底下的人都有所喜好，就是大好事一桩！

可见孟子对于齐宣王可谓是充满仁慈，总是以道德的价值来启发他。为什么要这样做？因为在孟子眼中，齐宣王不是一般的人物，孟子第一次见齐宣王的时候，齐宣王所问的问题跟梁惠王完全不一样：

齐宣王问曰：“齐桓、晋文之事可得闻乎？”

孟子对曰：“仲尼之徒无道桓、文之事者，是以后世无传焉。臣未之闻也。无以，则王乎？”（《孟子·梁惠王上》）

齐宣王第一次见到孟子的时候，问的可是“齐桓、晋文之事”，什么意思？齐桓就是齐桓公，晋文就是晋文公，他们是谁？是春秋五霸。这说明什么？说明年轻的齐宣王有着远大的理想，他想要称霸，再次实现霸业。当然，孟子主张的是以仁义为基础的王道，而不是以武力为支撑的霸道，但是，齐宣王这么问，表明他也非等闲之辈。这也是让孟子感到他与众不同的地方，梁惠王只是关心眼前的、短暂的利益，而齐宣王却胸有大志。当然，这个目标跟孟子的目标是不一致的，所以，孟子很直接地拒绝了齐宣王，并且宣称“仲尼之徒无道桓、文之事者”。这是对齐宣王目标的否定，但不是对齐宣王这个人的否定，孟子希望借此把齐宣王引导到王道上去，在他看来，齐宣王实际上就是可以实现王道的那个王者。而王者必须是有仁爱之心的，在孟子看来，齐宣王必然是符合的，孟子用“以羊易牛”的经典故事来说明这一点。

曰：“臣闻之胡龁曰，王坐于堂上，有牵牛而过堂下者，王见之，曰：‘牛何之？’对曰：‘将以衅钟。’王曰：‘舍之！吾不忍其觳觫，若无罪而就死地。’对曰：‘然则废衅钟与？’曰：‘何可废也？以羊易之！’不识有诸？”

曰：“有之。”

曰：“是心足以王矣。百姓皆以王为爱也，臣固知王之不忍也。”

王曰：“然。诚有百姓者。齐国虽褊小，吾何爱一牛？即不忍其觳觫，若无罪而就死地，故以羊易之也。”

曰：“王无异于百姓之以王为爱也。以小易大，彼恶知之？王若隐其无罪而就死地，则牛羊何择焉？”

王笑曰：“是诚何心哉？我非爱其财。而易之以羊也，宜乎百姓之谓我爱也。”

曰：“无伤也，是乃仁术也，见牛未见羊也。君子之于禽兽也，见其生，不忍见其死；闻其声，不忍食其肉。是以君子远庖厨也。”（《孟子·梁惠王上》）

孟子举的例子是说：有一次齐宣王在朝堂上，看见仆人牵着一头牛，他感觉到牛在颤抖，于心不忍，就问仆人，这头牛是要干吗用的。仆人说要把牛杀了衅钟（礼仪的一种，用牛血涂在钟上进行祭祀）。齐宣王觉得这头牛太可怜了，没有犯什么错，却要被无辜杀掉，仆人问他是否取消这个祭祀的仪式，这在齐宣王看来也不妥，于是他就说，用羊来代替牛吧。在很多齐国的百姓看来，这件事说明齐宣王比较吝啬，因为他用比较小的羊代替了牛！这让齐宣王也觉得非常无辜，因为按照他的想法，牛是无辜的（如果这么说的话，那么羊又何尝不是呢？），所以他才做出了这样的选择，并不是出于对现实利益的计较。对于这件事，孟子的解释是，这体现了齐宣王的仁爱之心。在牛和羊的选择之中，齐宣王以羊易牛的做法之所以可以理解，是因为一个人的仁爱之心其实是需要被触发的。在当时的情况下，牛触发了齐宣王的仁爱之心，而羊没有，所以，孟子说“见牛未见羊也”。由这个事情，孟子进一步推论到儒家所认为的正确处理人与禽兽（动物）关系的原则，所谓“见其生，不忍见其死；闻其声，不忍食其肉”。也就是说，当一种生命的价值呈现在我们面前的时候，重要的是保证这种价值，维系我们的仁爱之心，所以见与不见有非常重要的价值差异。从这个意义上来说，孟子主张“君子远庖厨”。这并不是男人为了不做饭而找的冠冕堂皇的理由，而是说庖厨之中的杀戮行为，对于人的那些本来就很少（“几希”）的仁爱之心是一种极大的破坏，为了保存仁爱之心，必当远离这种破坏性的环境。

孟子认为齐宣王是有仁爱之心的（当然，在孟子看来，其实每个人都有仁爱之心），所以，孟子对于齐宣王还是充满着期待的，于是乎就常常教之以仁义道德。当然，对于齐宣王来说，跟孟子生活在一起的时候，内心也会比较痛苦。因为从本质上来说，这些教诲可能并非齐宣王想要的。《孟子》中有一个故事非常有趣，可以从一个侧面反映出他们的这种相处状态。

> 齐宣王问曰：“汤放桀，武王伐纣，有诸？”孟子对曰：“于传有之。”曰：“臣弑其君可乎？”曰：“贼仁者谓之贼，贼义者谓之残，残贼之人，谓之一夫。闻诛一夫纣矣，未闻弑君也。”（《孟子·梁惠王下》）

在孟子的谆谆教诲下，齐宣王也只能勉强听着、学着。这从一定程度上说明，齐宣王还是一个不错的君主。有一天齐宣王忽然发现了一个可以难倒孟子的问题，那就是如何解释商汤流放夏桀、武王伐纣。这一事件如果简单概括就是汤武革命。齐宣王关注的焦点是，无论是商汤还是周武王，当时都是臣子，儒家思想既然讲的是仁义道德，那么这种臣子推翻君主的情形是否符合仁义呢？在提出问题的那一刻，齐宣王内心肯定无比欢快，因为他觉得，这下肯定可以难倒孟子了，这样自己也就不用天天挨训了！可是，孟子并没有因此感到为难，在他看来，无论是夏桀还是商纣，在某种意义上都不具备做君主的基本要求。因为对于儒家来说，成为君主有道德上的要求，既然他们已经不符合君主的要求了，那么被推翻也是极其正常的事情，就不存在弑君这么严重的问题了。一句“闻诛一夫纣矣，未闻弑君也”，很直接地表达出儒家对待这个问题的基本立场。从这个角度来说，儒家的思想还是比较积极的，它并非盲目地维系君主的地位，而是强调君主应该有一个君主的样子（这就是孔子所说的“正名”）。如果君主失格，那么推翻君主的“革命”自然就是名正言顺的。

当然，我们也可以很清楚地看到，只有齐宣王才能够帮助孟子实现他的理想，而齐宣王的理想也只有在孟子的帮助下才能实现。孟子和齐宣王之间本质上的差异，在进攻燕国的问题上得以显露，孟子也因此被迫离开齐国，因为价值立场上的明显差异决定了他们是不可能走到一起的。我常常觉得，《孟子》中写得最精彩的地方，就是孟子离开齐国一事。

> 孟子去齐，宿于昼。有欲为王留行者，坐而言；不应，隐几而卧。客不悦曰：“弟子齐宿而后敢言，夫子卧而不听，请勿复敢见矣。”曰：“坐。我明语子。昔者鲁穆公无人乎子思之侧，则不能安子思；泄柳、申详，无人乎穆公之侧，则不能安其身。子为长者虑，而不及子思；子绝长者乎？长者绝子乎？”
>
> 孟子去齐，尹士语人曰：“不识王之不可以为汤武，则是不明也。识其不可，然且至，则是干泽也。千里而见王，

不遇故去，三宿而后出昼，是何濡滞也！士则兹不悦。”高子以告。曰：“夫尹士恶知予哉！千里而见王，是予所欲也；不遇故去，岂予所欲哉！予不得已也。予三宿而出昼，于予心犹以为速。王庶几改之；王如改诸则必反予。夫出昼而王不予追也，予然后浩然有归志。予虽然，岂舍王哉？王由足用为善；王如用予，则岂徒齐民安，天下之民举安。王庶几改之，予日望之。予岂若是小丈夫然哉！谏于其君而不受，则怒，悻悻然见于其面，去则穷日之力而后宿哉！”尹士闻之曰：“士诚小人也。”

孟子去齐。充虞路问曰：“夫子若有不豫色然。前日虞闻诸夫子曰：‘君子不怨天，不尤人。’”曰：“彼一时，此一时也。五百年必有王者兴，其间必有名世者。由周而来，七百有余岁矣。以其数则过矣；以其时考之，则可矣。夫天未欲平治天下也；如欲平治天下，当今之世，舍我其谁也？吾何为不豫哉！”

孟子去齐，居休。公孙丑问曰：“仕而不受禄，古之道乎？”曰：“非也。于崇吾得见王，退而有去志；不欲变，故不受也。继而有师命，不可以请，久于齐，非我志也。”（《孟子·公孙丑下》）

对于孟子来说，离开齐国是无奈的选择，他内心深处还是对齐宣王抱有期待的，所以他离开齐国的时候，走得很慢，也很忧伤。孟子说“五百年必有王者兴”，意思就是五百年会出现一个王者。可是从周代的混乱到今天已经七百多年了，那个救世的王者却还没有出现。这个人必然是要出现的，孟子对此深信不疑，甚至认为齐宣王就应该是那个王者，所以孟子和齐宣王相处的时候，都用王者之道来教育齐宣王。在这里，孟子还说了一句非常具有震撼力的话：“当今之世，舍我其谁也？”在孟子看来，如果有王者出世的话，他必然不能一个人干活，必须有人能够辅佐王者，这样的人，在这个时代，只有他自己！这种气概，古今几人能有呢？在孟子身上，我们确实可以看到一种与众不同的精神力量，这恰恰是我们今天最需要的！

三、王道还是霸道

王道和霸道，是战国时代两种不同的统治策略。所谓王道就是先王之道，是以仁义道德为基础的；而所谓的霸道，是以武力为基础的。我们前面也说过，孟子强调的显然是王道，而非霸道。所以，他对齐宣王关于霸道的提问予以策略性的转换，将齐宣王带到了王道的立场上。从孟子的整个论述来说，王道毫无疑问就是孟子所认为的理想的政治形态，是其价值立场所在。孟子对王道和霸道的差异，也有非常直接的描述。

> 以力假仁者霸，霸必有大国；以德行仁者王，王不待大。汤以七十里，文王以百里。以力服人者，非心服也，力不赡也；以德服人者，中心悦而诚服也，如七十子之服孔子也。（《孟子·公孙丑上》）

所谓的“有大国”与“不待大”，是条件问题，而不是结果问题。霸道的实践，讲究“以力假仁”，须有外在条件的配合。一个欲行霸道的君主，必须先有一个财力、国力均足以支持其武力行动的大国，然后才有实施霸道的可能性，才具有称霸的资本。相反地，王道的实践，则在于“以德行仁”，外在的现实条件如何并不是最为重要的，重要的是君主个人的品德与意愿。比如商汤和周文王，当时他们统治的并非是一个大国，武力也不见得非常突出，但是他们的德行使得天下人都拥护他们，由此，他们获得了天下。其实从所需的条件来看，霸道的要求是远远高于王道的。此外，从效果来说，霸道征服的结果，不能够让人心服口服，毕竟被征服者只是武力不如征服者而已。可是王道所产生的效果则是“中心悦而诚服”，是臣服者发自内心的接受，这就是道德的力量。所以，孟子这一大段话糅合了条件论与结果论来看王霸之辨：就条件论言，王道需要的条件比霸道简单，所以王道优于霸道；就结果论言，王道能达到的效果也优于霸道，所以王道更优于霸道。因此，孟子主张王道而不主张霸道，王霸之辨是性善论在现实政治上的运用。

当然，对于孟子来说，王道和霸道不仅仅是一种现实政治的策略，也是其观察历史的一个角度。

> 孟子曰：“五霸者，三王之罪人也。今之诸侯，五霸之罪人也。今之大夫，今之诸侯之罪人也。天子适诸侯曰巡狩，诸侯朝于天子曰述职。春省耕而补不足，秋省敛而助不给。入其疆，土地辟，田野治，养老尊贤，俊杰在位，则有庆，庆以地。入其疆，土地荒芜，遗老失贤，掊克在位，则有让。一不朝则贬其爵，再不朝则削其地，三不朝则六师移之。是故天子讨而不伐，诸侯伐而不讨。五霸者，搂诸侯以伐诸侯者也。故曰五霸者，三王之罪人也。五霸，桓公

为盛。葵丘之会诸侯，束牲载书而不歃血。初命曰：‘诛不孝，无易树子，无以妾为妻。’再命曰：‘尊贤育才，以彰有德。’三命曰：‘敬老慈幼，无忘宾旅。’四命曰：‘士无世官，官事无摄，取士必得，无专杀大夫。’五命曰：‘无曲防，无遏籴，无有封而不告。’曰：‘凡我同盟之人，既盟之后，言归于好。’今之诸侯皆犯此五禁，故曰今之诸侯，五霸之罪人也。长君之恶其罪小，逢君之恶其罪大。今之大夫皆逢君之恶，故曰今之大夫，今之诸侯之罪人也。”（《孟子·告子下》）

这段话实际上是孟子对历史观的表述，孟子是从王霸区别的意义上来看待历史的变化的。孟子说：“五霸对于三王来说是罪人；现在的诸侯们对于五霸来说也是罪人；现在的大夫们，对于现在的诸侯来说，同样还是罪人。以前天子巡行诸侯国叫巡狩，诸侯朝见天子叫述职。天子巡狩，春天是为了考察耕种的情况，补助不能自足的人；秋天是为了考察收获的情况，周济穷困的人。一进到某国疆界，如果土地已经开辟，田里的工作也搞得好，老人得到赡养，贤者受到尊重，出色的人才立于朝廷，那就会赏赐以土地。如果进到某国疆界，土地荒废，老人遭遗弃，贤者不被任用，搜刮钱财的人立于朝廷，那么就有责罚。而诸侯述职，也有非常明显的要求：如果一次不朝的话，就降低爵位；如果两次不朝的话，就削减土地；如果三次不朝的话，就派军队征讨。所以天子用武力是‘讨’不是‘伐’；诸侯则是‘伐’不是‘讨’。可是，我们所看到的五霸呢？他们是挟持一部分诸侯来攻伐另一部分诸侯的人。所以我说，五霸对三王来说，是罪人。五霸当中，齐桓公最了不得。在葵丘的一次会盟上，捆绑了牺牲（祭祀用的牲畜），把盟约放在牲畜身上，但是没有歃血。盟约第一条说，诛责不孝的人，不要废立太子，不要立妾为妻；第二条说，尊重贤人，养育人才，来表彰有德者；第三条说，对老人恭敬，幼小慈爱，不要怠慢贵宾和旅客；第四条说，士人的官职不要世代相传，公家职务不要兼摄，录用士子一定要得当，不要独断专行地杀戮大夫；第五条说，不要到处筑堤，不要禁止邻国来采购粮食，不要有所封赏而不报告盟主；最后说，所有参加盟会的人从订立盟约以后，完全恢复旧日的友好。可是，如果从今天的角度来看，诸侯们事实上都已经犯了这五条禁令，所以说，今天的诸侯对五霸来说，都是罪人。君主有恶行，臣下加以助长，这罪行还算小；假如君主有恶行，臣下加以逢迎，并且给他寻找理由，使他无所顾忌，这罪行就大了。而今天的大夫们，他们所做的事情，无不是在逢迎君主的恶行，所以我认为今天的大夫们，对诸侯来说都是罪人。”可见对于孟子来说，历史就是不断退化的，从王道堕到霸道，直接表明了道德价值被不断掩盖的过程。

虽然王道和霸道是具有政治意味的话语，但是，如果我们把它们作为两种方式来看，这里面的选择实际上涉及的是价值和方法的问题。就价值来说，王道和霸道的选择，很明显代表着不同的价值立场：王道的立场是一种道德价值的呈现，而霸道的立场则是以利益为基础的。从方法来说，二者也有非常大的差别：王道更多关注行为是否符合道德，而霸道更多体现利益至上。在我们的日常经历中，总是会面临方法和路径的选择问题。其实，任何选择的背后都是一个价值立场的问题，也就是说，你的价值立场决定了你的行为选择。价值立场的问题并不是一个抽象的、空洞的问题，而是对于我们行为本身有着直接影响的原则性问题。

四、人性本善非可善或者向善

如果就纯粹理论的角度来说，人性的问题，倒是一个非常复杂的问题，即便在今日，科学家也没有办法给人性一个恰当定位。可是，在中国古代，哲人对于人性的问题确实有着极为浓厚的兴趣。比如说在孟子的时代，大概就有四种人性论的观念：一是孟子的性善论，二是告子的性无善无不善，三是有性善有性不善，四是性可以为善可以为不善。如果我们去看汉代王充《论衡》中所描述的人性论理论，就更为丰富了。我们甚至可以说，关于人性的任何一种性质的排列组合都在中国哲学史上出现过。那么，中国哲人为什么对人性问题情有独钟呢？是中国人对抽象思维特别有兴趣吗？这是不成立的，从本质上来说，中国哲人更感兴趣的还是生动的现实世界，他们之所以关心人性的问题，实际上也与他们对于现实的关注密切相关。简单地说，任何现实制度的架构实际上都是有人性论基础的，即便是在今天，也是一样的。因为制度设计所要考虑的首先是人的特性，所以，对于任何制度规划来说，人性论都是一个必要的前提。中国古代非常重视现实生活，对现实政治和管理形式有很多不同的设定，这些设定的前提就必须从人性论的角度出发，由此发展出我们看到的中国哲学史上丰富的人性论。

孟子的人性论就是人性本善。“恻隐之心，人皆有之；羞恶之心，人皆有之；恭敬之心，人皆有之；是非之心，人皆有之”，“恻隐之心，仁也；羞恶之心，义也；恭敬之心，礼也；是非之心，智也。仁义礼智，非由外铄我也，我固有之也，弗思耳矣”（《孟子·告子上》），意思是孟子认为人天生就具有恻隐之心（仁）、羞恶之心（义）、恭敬之心（礼）以及是非之心（智），所以人性本来就是善的。孟子还举了一个非常有意思的例子来说明这些道德的属性何以是天生的。

> 所以谓人皆有不忍人之心者：今人乍见孺子将入于井，皆有怵惕恻隐之心；非所以内交于孺子之父母也，非所以要誉于乡党朋友也，非恶其声而然也。由是观之，无恻隐之心，非人也；无羞恶之心，非人也；无辞让之心，非人也；无是非之心，非人也。恻隐之心，仁之端也；羞恶之心，义之端也；辞让之心，礼之端也；是非之心，智之端也。人之有是四端也，犹其有四体也。有是四端而自谓不能者，自贼者也；谓其君不能者，贼其君者也。凡有四端于我者，知皆扩而充之矣。若火之始然，泉之始达。苟能充之，足以保四海；苟不充之，不足以事父母。（《孟子·公孙丑上》）

这段话说人是具有四端之心的，所以人性本善。那么怎么能够证明四端之心是存在的呢？孟子用了一个非常重要的例子，就是“乍见孺子入井”，这里非常重要的限制就是“乍见”。什么是乍见？就是突然看到。为什么要强调突然看到？因为突然看到的情形，是非常紧急的，这个时候人所做出的反应是本能的，而不是深思熟虑后的选择。所以，孟子特别强调“乍见”，因为只有在这种情形之下，人的本性才能显现出来。从这个角度来说，毫无疑问孟子谈论的是人的本性、天性问题。

孟子好辩，关于人性善的观点，孟子也跟告子进行了非常精彩的辩论。我们前面提到，告子认为人性无善无恶，这是孟子无法接受的。孟子与告子的辩论，主要涉及四个层面的问题。第一层是杞柳与桮棬之辩。告子把杞柳和桮棬的关系比作人性与仁义的关系，认为把人性当作仁义，就像是用杞柳制作桮棬一样，杞柳是本性，而桮棬则是后天的结果。而孟子则反驳说，杞柳之所以可以做成桮棬，是因为杞柳具有制作成桮棬的本性，如果没有这种本性，一旦你想要把杞柳制作成桮棬，那就会破坏杞柳的本性，这是极其严重的后果。所以孟子强调："如将戕贼杞柳而以为桮棬，则亦将戕贼人以为仁义与？率天下之人而祸仁义者，必子之言夫！"（《孟子·告子上》）。第二层是湍水之辩。告子以湍水作比喻，认为水没有固定的流动方向，将它引向东就向东流，引向西就向西流。这就表明水的流向取决于外力，人性也一样，是善还是不善，并不是先天的，而是后天外在影响的结果。而孟子则非常敏锐地指出："水信无分于东西，无分于上下乎？人性之善也，犹水之就下也。人无有不善，水无有不下。今夫水，搏而跃之，可使过颡；激而行之，可使在山。是岂水之性哉？其势则然也。人之可使为不善，其性亦犹是也。"（《孟子·告子上》）也就是说，水虽然没有东、西的定向，但是，水都是向下流的，这就是水的本性，同理，人性也有相同的本质，就是善。第三层是"生之谓性"，意思就是说，天生的就是本性。这其实是早期人们对于人性认识的基本立场，但是孟子做了一个非常巧妙的推演，使得这样的说法变得非常有问题。

告子曰："生之谓性。"

孟子曰："生之谓性也，犹白之谓白与？"

曰："然。"

"白羽之白也，犹白雪之白；白雪之白，犹白玉之白与？"

曰："然。"

"然则犬之性，犹牛之性；牛之性，犹人之性与？"

（《孟子·告子上》）

当这个辩论落在"犬之性，犹牛之性；牛之性，犹人之性与"之上的时候，告子就无法再"然"下去了。问题就在于告子把人天生的那种自然的属性视为人性，这种天生的东西，是无所谓善恶的。可是在孟子看来，人性应当就是人之为人的限制性，这个限制性当然就是道德，就是善。其实孟子也并非否定了生之谓性，而是否定以自然属性来说人性的思路。第四层是"仁内义外"。在前面三者的辩论中，告子逐步放弃了其立场，虽然他已经接受了仁是内在于人的观念，但仍认为"义"（行为的准确性、规范性）显然是外在的。所以他说："一个人年纪大我就尊敬他，这种尊敬长者之心不是我所固有的。又好比一个事物是白色的，所以我就认为它是白色的，这是因为外物的白被我认识的缘故。所以说义是外在的东西。"但是，孟子则强调，白马的白和白皮肤的白或许没有不同，但是对年老的马匹的怜悯心和对老年人的尊敬心，怎么可能会没有不同呢？由此我们看到的是，孟子更倾向于从自己的内心出发来决定自己的行为，这就是内在的道德属性。

实际上孟子要确立的基本立场就是人性本善。这种善，不是可善，也不是向善，这是需要明确的。当然很多人对于孟子的人性论并不理解，因为我们在现实中所看到的人，几乎都有种种欲望，这些欲望表现为各种各样自私自利的行为。在这种情形之下，荀子的人性恶是非常易于接受的一个结论，而孟子强调人性本善，则让很多人难以理解，甚至觉得孟子在欺骗人。但是，事实真的是这样吗？如果我们返回到孟子所生活的战国时代——一个被欲望所裹挟的时代，就会发现在那样的背景下，孟子毫无疑问看到了很多人性的恶的一面。《孟子》中对此也有非常多的记载，既然孟子看到人性恶的事实并不比我们少，为什么他还要强调人性本善呢？从这个角度来说，性善论实际上是对于人类的一种更为深切的关怀，提出人性本善亦并非就事实而言，实际上是从价值上来说的，即人之为人应当有更高的价值追求，应当以道德作为自身行为的标准，不应该自暴自弃、自甘堕落而沉溺于现实的蝇营狗苟。换言之，虽然现实是礼崩乐坏、丑陋不堪的，但是作为人，我们天生的善性要求我们必须超越这无可理喻的现实，而回归我们本然之善。这就意味着，无论现实生活如何平凡，甚至是不堪，人之为人的伟大即在于人可以凭借理想的力量超越现实，从而显示出其生活神圣的一面。这就是孟子所积极追求的，我们也可以视其为孟子的精神价值所在。从这个意义上来说，道德对于现实人生的意义并不仅仅在于它被实现的程度，而在于作为一种精神力量所具有的超越现实人生的意义。由世俗而超越，这样的路径可能有很多，但是，孔、孟所指出的乃是经由道德的方式所实现的价值的超越。虽然这是一种非常理想主义的取向，但是理想对于人生来说，还是必要的，它会让人成为自己想成为的样子。

五、不同立场决定不同选择

我们通常都说，心有多大，世界就会有多大。因为这个说法太通俗了，很多人不以为然。其实，最深刻的道理，往往隐藏在最平实的语言之中。这也是为什么最近我一直觉得俗语才是真正大道理的原因所在。稍稍读过《红楼梦》的人都知道，一样的世界在林黛玉和薛宝钗的眼中，肯定会有不一样的表达，而这种不一样取决于什么？当然是心。在中国的传统中，第一次向人揭示出心的这种重要意义的人是孟子。在我们的心灵受到各种各样限制的今天，唯有读《孟子》，我们才能真正感受到天地之间真的是有浩然正气的，感受到人之为人的那份自豪和尊严。

其实，人是极容易在现实的欲望生活中沉沦的，毕竟道德口号式的理想无法真正抵御生活世界中的种种诱惑。所以我们才说，理想是崇高的，现实是骨感的。有的时候确实如此，退一万步想，我们或许可以抛弃理想，但是，骨感的现实却是难以摆脱的，人必须生活在这种现实之中。人性在欲望面前是极其脆弱的，而孟子生活的战国时代，对于欲望的追求几乎完全掩盖了道德的理想，礼崩乐坏的境地可以说是到了极点，诸侯之间的争利，成了最平常的事实。在这种情况下，孟子周游列国，遇到的自然都是利欲熏心的君主，开口就是桓、文之事，所谈即是好勇、好货、好色，对于欲望的追逐似乎成了这个世界唯一的目的。当此之时，孟子能怎么办？孟子当如何坚守儒家的道德立场，并用这个道德立场去影响、改变世人？很多人在这种境地下，大概都会选择放弃，最终被欲望裹挟着而淹没在滚滚红尘之中。在湍湍横流的欲望中，唯有孟子秉着“舍我其谁”的豪气，怒斥杨墨，睥睨物欲，独标仁义。

也许孟子并不能改变什么，因为从历史的角度来说，战国社会的整体趋势还是沿着欲望之途而去了。但是，在世人的“末日狂欢”之际，是孟子让人思考：我们到底是人还是禽兽？“人之异于禽兽者几希”，这一点点、小小的、微不足道的差别，被很多人忽视了，毕竟这个差别对于人的影响力比不上声色的欲望来得强烈。但是，孟子给了众生一记当头棒喝。人性本善是人之为人的限定，也就是说，如果你是作为一个人而存在，那么即便欲望再怎么诱人，你也必须坚守住人的立场，这就是人的尊严和价值。当然，人想要选择欲望，追求世俗的快乐，不可以吗？孟子不否定人对于欲望的选择，但是，这意味着从今以后，你就自己告别了作为人的意义而成了禽兽。做人还是做禽兽，在孟子看来就是自我选择的结果。换言之，人坚守自己的内心，而禽兽则厌弃自己的内心。如此想来，其实很多道理都很简单明了，很多事情我们一开始就做不好，只是因为我们放弃了坚持，放弃即意味着对初心的背叛，由此，我们才不得不承受着种种不堪的结果。

孟子一直坚定地认为人性本善，这种坚定是希望我们每一个个体由此幡然悔悟，从而在自我的内心实现对于过往的自己的超越。孟子说："非不能也，是不为也。"这样的方式是每个人力所能及的，极其简单自然的，如果做不到，那么就是自我放弃了。

从孟子这里，我们知道了一个非常简单的道理。我们之所以是人，是因为我们的本心是善的。如果我们为恶，那就是对于自我的本心的放弃，那就是禽兽。人和禽兽的差别微乎其微，就在于个体的当下选择。而选择之后，所成就出来的结果天壤之别：一为人，一为禽兽。所以，千万别小看了人心的力量，它从最根本的地方决定着你的现实状况。

六、民贵君轻

在我的观念中，孟子是一个非常可爱且有点固执的老头儿，他锋芒毕露，有自己严格的、坚定的立场，有非常强烈的自我操守，这在今天看来是很难得的！很多时候，我们都在不断地迷失自己，而孟子却在不断地提醒我们回归本心。孟子在《孟子·告子上》中说：“仁，人心也。义，人路也。舍其路而弗由，放其心而不知求，哀哉！不行仁义者，不由路，不求心者也，可哀悯哉。人有鸡犬放，则知求之；有放心，而不知求。学问之道无他，求其放心而已矣。”这是《孟子》中非常经典的话语，语意也比较直接、清楚。在孟子看来，仁，就是人的心，义，就是人要走的路。放弃了正路而不走，丧失了善心而不去找，都是非常可悲的事情啊！所以，孟子说，人这种动物，有时候很奇怪，有鸡或者狗走失了的时候，肯定会想去找回来（就像今天的我们，如果手机丢了，那可是一定要找回来的，否则就会寝食难安）；而善心丧失了的时候，竟然不知道去寻找回来。因此，在孟子看来，学问之道其实很简单，就是把那丢失掉了的善心找回来而已。如前文所说，中国哲学的真精神就是成就自己，那么，回归本心毫无疑问也是极为关键的一步。孟子的理论对于中国哲学精神来说，具有特殊的意义。

既然每个人的内心都可以自我完满，那在这一点上，圣人和普通人并没有什么不同。这是孟子给每个人的精神生命所提供的巨大的空间——无论是平等的意识还是自由的意识，在这里都可以非常清楚地被感受，这也是孟子在他的那个时代非常难能可贵的发现。由此，孟子也非常直接地肯定了民（人民、普通人）的价值。

> 民为贵，社稷次之，君为轻。是故得乎丘民而为天子，得乎天子为诸侯，得乎诸侯为大夫。诸侯危社稷，则变置。牺牲既成，粢盛既洁，祭祀以时，然而旱干水溢，则变置社

稷。（《孟子·尽心下》）

孟子认为，在整个社会结构中，老百姓是最重要的，社稷之神次于百姓，君主的地位相比较来说就要轻了。所以得到许多老百姓的拥护才能做天子，得到天子的信任才能做诸侯，得到诸侯的信任才能做大夫。诸侯危害了社稷之神，那就改立诸侯。祭祀用的牲畜是肥壮的，谷物是清洁的，又是按时祭祀的，然而还是干旱水涝，那就改立社稷之神。“民为贵，社稷次之，君为轻”，不啻为一个极具挑战性的口号，尤其是在孟子所处的那个时代。毕竟就算是约1700年之后的明太祖朱元璋，在看到这句话的时候，也极为震怒。当然，《孟子》中让朱元璋震怒的话，不止于此，比如“君之视臣如手足，则臣视君如腹心；君之视臣如犬马，则臣视君如国人；君之视臣如土芥，则臣视君如寇仇”（《孟子·离娄下》）。根据《明史》的记载，孟子的言说，让朱元璋感觉到非常不舒服。

帝尝览《孟子》，至“草芥”“寇仇”语，谓非臣子所宜言，议罢其配享。诏：“有谏者以大不敬论。”……然卒命儒臣修《孟子节文》云。（《明史·钱唐传》）

按照全祖望的说法，朱元璋读《孟子》，勃然大怒，然后说：“要是这老小子今天还活着，看他怎么逃过惩罚？”［（上读《孟子》，怪其对君不逊，怒曰：“使此老在今日，宁得免耶？”时将丁祭，遂命罢配享。（《全祖望集汇校集注》）］由此，他把孟子赶出了孔庙，甚至编撰了《孟子节文》。所谓节文，大概就是把《孟子》书中那些“不太适合的”话语删除。这个工作主要是由翰林学士刘三吾领衔完成的，他对此事有非常明确的说明。

> 又《孟子》一书，中间词气之间，抑扬太过者八十五条，其余一百七十余条，悉颁之中外校官，俾读是书者，知所本旨。自今八十五条之内，课试不以命题，科举不以取士，壹以圣贤中正之学为本，则高不至于抗，卑不至于谄矣。（《〈孟子节文〉题辞》）

因为朱元璋对于孟子的言论感到不满，所以产生了对于《孟子》文本进行删改的行为，这也是一个意味深长的故事。当然，对于朱元璋来说，这样做的结果是得到一个令人满意的、“干净”的《孟子》版本，因为在他的时代要让《孟子》完全消失，已然是不可能的了。可是，从后来的历史来看，很少有人能够知道《孟子节文》的全貌，而《孟子》依旧流传甚广。这说明在时间的长河中，历史自会做出公允的选择。

回到“民贵君轻”来说，这个观念无论如何都是值得重视的。虽然在中国传统中也有“民惟邦本”（《尚书·五子之歌》）这样的观念，但是毕竟还是比较口号式的说法。在《孟子》中，“民贵君轻”确实得到了自觉的重视。虽然这不一定是一种民主的观念，毕竟它和现代民主的立场是不同的，但是这种对民的重视和认同的观念，在早期中国哲学史中具有极为重要的意义。如前文所言，我们强调的是个体的自我成就，自我成就只有落实在民（大众）的意义上，才真正具有哲学的立场和价值。这是孟子带给我们的开阔的精神境界，而非一种限制性的立场。

七、心学鼻祖孟子

谈到心学的时候，孟子是一个绕不过去的人物，无论是后来的陆九渊还是王阳明，都是在孟子这里获得心学的丰富资源。孟子所谈论的心，不仅仅是具有根本的道德决定意义的心——是作为人还是沦为禽兽的价值选择。正是在心的意义上，人类表达出了高于动物的存在意义。当然，对于孟子来说，这个本心（良心）还有着另外一层非常重要的意义，那就是构建一个通达无碍的精神世界，人可以由此超越世俗的种种限制和束缚。

由于种种原因，后世的人在讨论儒家的时候，常会带有一种刻板印象，认为儒家的人都非常教条、非常刻板，有的时候甚至不近人情。之所以有这样的印象，可能跟明清以来道学先生的形象被不断塑造和传播有关。其实，这跟儒学（尤其是先秦儒学）的传统，是不相符合的。总体来说，儒家强调的是一种通达的心灵、一种圆融的处事方式。在《孟子》中，有一个广为引用的故事：

> 淳于髡曰："男女授受不亲，礼与？"孟子曰："礼也。"曰："嫂溺，则援之以手乎？"曰："嫂溺不援，是豺狼也。男女授受不亲，礼也。嫂溺援之以手者，权也。"曰："今天下溺矣，夫子之不援，何也？"曰："天下溺，援之以道。嫂溺，援之以手。子欲手援天下乎？"（《孟子·离娄上》）

这个故事之所以会引人关注，是因为它实际上讨论了一个具有极大冲突性的情境。按照西方的说法，这是一种伦理上的二难处境。淳于髡提出的问题是，男女授受不亲是一条礼的规定（相当于今天的法律规定），而现在遇到了一个特殊的情境，就是嫂子掉进水里了，你作为家中男性，该不该出手相救？当你出手救嫂子的时候，你必得伸手去拉，而这样一来，肯定要违背“男女授受不亲”的规定；但是，如果你不去拉嫂子，嫂子就会淹死。由此，在拉与不拉之间，形成了两难选择。而孟子对于这个问题的判断，则十分干脆、直接，那就是必须去拉，否则就是禽兽。这是为什么？难道孟子不怕违背礼的规定吗？其实孟子的立场很清晰，那就是生命的价值高于一切。在这个前提之下，儒家为解决类似的伦理困境，提供了一个非常有效的方案，就是判断经和权的关系。所谓经，就是原则的规定、礼法的制度，这是整个社会体制保持规范、有序的基础。而权，就是根据具体的情形采取变通的方式。中国人的思想传统中，很少出现西方文化中的所谓两难处境，因为在权的层面上，中国思想在强调以生命价值为根本的前提下，能够在处理一些具体的、特殊的情境上，提供一种圆融的解决方案。而这种圆融的解决方案，从根本上来说，也并不违背儒家的根本价值。

何以做到权变？那就必须有一颗通达的心灵。通达的心灵，就是鲜活的、灵动的心灵，不是僵化的、固执的内心。也就是说，人若要通达，就必须在内心首先实现通达，唯有内心的通达，才能真正实现对琐碎事实的超越，进而真正实现儒家的精神价值。

当然，要达到这样的状态是很难的。儒家的传统认为只有圣人才可以通权达变，这就意味着通达的心灵实际上就是儒家所达到的最高的精神境界，一如孔夫子在《论语》中所说的“从心所欲，不逾矩”的状态。如何能够“从心所欲，不逾矩”？那就必须使自我的内心与天地之道相贯通，而不是受限于物欲。孟子很明确地意识到这一点，所以他说“从其大体者为大人，从其小体者为小人”，“大体”就是天地之道，“小体”就是欲望。也就是说，人要成为什么样的人，取决于自己的选择。内心坚守在道的立场上，那就是“大人”；内心沦于物欲之中，那就是“小人”。由此，孟子在书中屡屡谈及“求放心”（把放逐掉的心找回来）、“养浩然正气”。只有这样，人才能够从根本上确立自我的价值立场，才有可能实现对于物欲的超越，最终呈现出一种通达无碍的精神境界。

第六讲

现实主义者荀子

在儒学发展的历史上，荀子是一个非常特殊的符号。他的特殊性表现在两个方面。首先，在儒家的经典传承系统中，荀子发挥了极为重要的作用。如果没有荀子，后来很多儒家经典的流传可能会受到极大影响，儒学发展的面貌可能也会完全不同。其次，荀子在历史上受到的重视程度与孟子相比，可谓有天壤之别。尤其是近代转型以来，孟子作为亚圣，俨然是儒学的正脉；而荀子则受到了非常严重的批判，比如谭嗣同所谓的“两千年来之政，秦政也，皆大盗也；两千年来之学，荀学也，皆乡愿也。唯大盗利用乡愿，唯乡愿工媚大盗”（《仁学》），似乎传统中的弊端都和荀学有关。

这样的现象值得我们深思，当然，从今天的角度来看，我们需要做的不是简单地称赞或者批判，而是应该较为客观地看待古人的思想。陈寅恪先生说的“了解之同情”，是我们在理解古人思想观念时，应当具有的态度。对我们来说，重要的不是研究古人究竟说了什么，而是研究在当时的情境下，他为什么会有类似的观点。如果对于思想的研究，只停留在具体的观念层面，那么思想作为一种精神的力量就始终无法真正进入我们生活的本身。当我们设身处地地思考问题的时候，我们自然会发现古人的思考方式今日依旧有着积极的作用，古人的精神追求必然会内化为我们自身应对当前生活情形的思想武器。

一、三为祭酒

荀子生活于战国晚期，那个时代相比孔夫子的时代，不仅政治社会的结构与春秋时期有较大的差异，学术思想也获得了更为深入的发展，各种思想自由碰撞和交融的态势已然呈现，其中思想的功利性表现得尤为突出。

在这里，我们有必要提到的是与荀子生活氛围有着密切关系的稷下学宫。稷下学宫，是战国时期齐国官方创办的一个学术文化中心兼政治咨询中心，设置在战国时期齐国的都城临淄（今山东淄博）稷门（西边南首门）附近地区[1]。过去，部分学者对稷下学宫有一种错误的观点，即将其称为“稷下学派”。实际上，稷下学宫并不是哪个学派所专有的，而是聚集了当时诸多学派学者的一个议学、议政的活动中心。稷下学宫创建于田齐桓公（前374—前357年在位）时期，据说兴盛于齐威王（前356—前320年在位）时期。齐宣王（前319—前301年在位）时期，稷下学宫达到鼎盛阶段。齐愍王（前300—前285年在位）后期，稷下学宫因战乱而衰落。稷下学宫在兴盛时期，

1　2022年2月，山东省文物考古研究院经过近五年考古发掘，宣布“寻找稷下学宫遗址”获得重大突破。该遗址位于山东省淄博市临淄区齐都镇小徐村西，齐国故城小城西门外南侧约150米，一条名为黉大道的乡村公路穿过遗址中部。

几乎容纳了当时“诸子百家”中的各个学派，其中主要有道、儒、法、名、兵、农、阴阳、轻重诸家。当时著名的学者，如孟子、淳于髡、邹衍、田骈、慎到、尹文、荀子等，他们的思想活动或多或少都与稷下学宫有关系。当时，凡到稷下学宫的文人学者，无论其学术派别、思想观点、政治倾向，以及国别、年龄、资历等如何，都可以自由发表自己的学术见解。这些学者互相争辩、诘难、学习，成为体现战国“百家争鸣”的典型。更难能可贵的是，当时齐国统治者们对稷下学宫的学者们优礼有加，封了不少著名学者为“上大夫”，给予他们相应的爵位和俸禄，允许他们“不治而议论”（《史记·田敬仲完世家》），“不任职而论国事”（《盐铁论·论儒》）。因此，稷下学宫具有学术和政治的双重性质，它既是一个官办的学术机构，又是一个官方的政治顾问团体。

其实，就算是从今天的角度来看稷下学宫，它的创立也是了不起的重大事件。有人说它相当于公立大学和国家智库，它出现在战国时期的齐国，说明齐国在战国历史上具有重要影响力和政治远见。如果纯粹从哲学史、思想史的角度来看待稷下学宫，我们甚至可以说，这表明在战国时期中国思想具有绝对的自觉精神，所谓的百家争鸣，在稷下学宫达至顶峰。曾有学者将稷下学宫与同一时期古希腊柏拉图建立的阿卡德米学园、亚里士多德建立的吕克昂学园、芝诺建立的廊下学园相提并论，它们的创立毫无疑问都是中西哲学史上的重大事件。但是，需要进一步指出的是，无论是柏拉图的阿卡德米学园、亚里士多德的吕克昂学园还是芝诺的廊下学园，从本质上来说，都是无法与稷下学宫相比拟的。原因何在？显而易见的是，稷下学宫用今天的话来说，是公办的机构，而希腊的这些学园毫无例外都是私立的。所以，无论是规模来还是实际的影响力，它们都不能同日而语。当然，需要再强调的是，在战国时代就出现稷下学宫，充分说明了中国哲学发展的高度以及活力。

荀子曾先后三次担任该学宫的“祭酒”（学宫之长）。在思想家云集、人才辈出的稷下学宫，能够游学其中，就是一种极大的收获了。从后来哲学史和思想史的描述中，我们发现战国时期思想是极度融合的，这也充分说明战国时期思想家们之间的交流是极为频繁、热闹的。在不断的交流中取长补短，也是思想发展的一个基本路径。而稷下学宫恰好为思想的交流提供了基础和前提。可以说，荀子在战国晚期的成长，也直接得益于稷下学宫，我们从荀子的作品中也可以感受到这种思想融合的实质及其所具有的力量。

当然，关于荀子是什么时候开始“游学于齐”的，目前还是有争议的，主要的观点有两种，即“年五十”说和“年十五”说。前者源于司马迁的《史记》，所谓“荀卿，赵人。年五十始来游学于齐。……田骈之属皆已死齐襄王时，而荀卿最为老师。齐尚脩列大夫之缺，而荀卿三为祭酒焉”（《史记·孟子荀卿列传》）。后者源于东汉应劭的《风俗通义》，所谓“齐威、宣之时，孙卿有秀才，年十五，始来游学。至襄王时，孙卿最为老师”（《风俗通义·穷通》）。学术上的争议，大体上就是围绕“年五十”和“年十五”这两种说法展开的。我个人觉得，按照常理来说，司马迁在《史记》中的记载是比较可靠的，而且“游学”也并非开始学习的意思。很多人坚持“年十五”说，背后潜藏的一个逻辑是，如果“年五十”才开始学，那就很晚了。事实上，这里的“游学”，类似于读万卷书、行万里路的意思，荀子在“年五十”的时候到稷下学宫来游学，这是对他早年所学的进一步提升和完善。当然，撇开这个争议，我们不可否认的是两个非常重要的结论。首先，荀子在齐国待过比较长的时间，其思想深受稷下学宫学术风格的影响，也是稷下学宫杰出的学术代表；其次，荀子在当时思想界具有极强大的影响力，无论是“三为祭酒”还是“最为老师”，都是荀子作为一位杰出的思想家得到的基本认可，或者说是他在大众眼中的画像。

二、荀子入秦

孔子生活的春秋时代，以及孟子生活的战国中期，诸侯国之间的兼并战争相对来说还不突出（虽然已经存在），孔孟很多时候用仁义道德来游说诸侯，希望能够归之于王道政治，从而实现天下大同。另外一个很重要的现象是，无论是孔子还是孟子，他们关注的焦点都在中原地区。在他们看来，中原才是中国的象征，才是王道政治的希望所在，所以他们游说的对象和区域基本上都集中在中原一带。

而荀子所处的时代则是战国中晚期，这个时代的特点，简而言之，就是兼并的现象极为严峻，这也就导致功利主义思想在这个时代占据了主导地位。就思想界来说，这个时代有两大特征值得关注。首先是法家思想迅速兴起并占据主导地位，法家呈现出来的极其强大的现实有效性，使得战国时代“变法”成为主流。变法即是以法家为基础进行现实变革，从而提升整个国家机器的战斗力，使得自身在严峻的兼并形势中也能立于不败之地，这种思想最成功的表现就是秦国越发强大并最终统一中国。其次，如前所言，战国以来思想的最大特征就是融合，为什么要融合？因为取长补短的融合才能使自己的思想更加具有可操作性，可以在现实中发挥更积极有效的作用。而基本上所有思想融合的对象，都是法家思想，何以如此？那就是因为以秦为代表的法家思想在战国中晚期以来不断呈现出来的现实成效。无论是荀子的儒家还是我们后来所看到的黄老道家，很明显都是在儒家思想或者道家思想的基础上，积极融合了法家思想的内容。这种融合是当时的形势使然，也是哲学史、思想史发展的一个必要过程。相对于孔孟来说，我们也可以很清楚地看到荀子身上非常重要的一点：荀子到过秦国，这是孔孟所未曾有过的经历。当然，在荀子的这个时代，这是必须要面对的。入秦，对于荀子以及中国哲学的基本发展趋势来说，都是具有极为重要的意义的。

毫无疑问，秦国是以法家立本的，而商鞅在秦国变强的历史上也是一个不容忽视的标志性符号。一般我们在考察秦国的“发家史”的时候，都会把秦孝公任用商鞅变法作为一个重要的开端。事实上，在这之前，作为诸侯国的秦国，地理位置非常偏远，而且几乎没有什么实力。公元前361年秦孝公继位，这是一位极有政治抱负以及坚定信念的年轻君主，他的理想就是让秦国强大起来，于是奋发图强，颁布“求贤令”，宣布“宾客群臣有能出奇计强秦者，吾且尊官，与之分土”（《史记·秦本纪》），意思就是说：谁能献出高明的计策，使秦国强盛起来，我将让他做高官，分封土地给他。这是很实在的举措，也表明了秦孝公坚定的信念！商鞅是卫国人，但是他在卫国并没有什么发展的空间，当他听闻秦孝公的求贤令时，立马觉得这是一个极好的机会，于是便西入秦国，求见秦孝公。当然，商鞅见秦孝公也是一个充满曲折的有趣过程，毕竟商鞅不知道秦孝公究竟想干什么，需要什么。于是乎，初见孝公，商鞅扯了些“帝道”之类的不实在的空话，以致孝公“时时睡，弗听”，说明孝公压根没兴趣；商鞅第二次见孝公，话虽然说得比第一次多，但也是“王道”之类的空话，孝公依然没什么兴趣；第三次见孝公，商鞅谈到了“霸道”，这让孝公内心一震，感到“可与语矣”，觉得这是个人才；商鞅第四次见孝公，“以强国之术说君”，这让孝公特别感兴趣，以至于“不自知膝之前于席也”“语数日不厌”，可谓是乐逢知音了！后面的事情也很简单：二人一拍即合，商鞅的才华在秦国得到了尽情施展，秦国也因商鞅而迎来了富强。当然，对于秦国来说，秦孝公和商鞅带来的并不是一统天下，而是秦国作为强大诸侯国的开始，也可以说，是秦国走上高速发展和迅速兼并道路的开始。虽然因为政治的原因，商鞅在孝公去世之后惨遭车裂，但是，他们为秦国确立的基本方略被保留了下来，秦以法家立本的国策由此确立。

荀子的时代，主政秦国的君主是历史上极为重要的秦昭王，他是秦始皇的爷爷。如果说秦孝公的变法只是为了让秦国摆脱落后的处境，那么秦昭王则是更直接地把“一统天下”作为奋斗目标，而且，他也为这个目标做出了极大的努力！如果说商鞅对于秦孝公具有重要意义，那么范雎对于秦昭王也有着不可或缺的作用！与商鞅类似，范雎在入秦之前，也是空有一身本领而无处施展，可能这就是孟子说的“天将降大任于是人也，必先苦其心志，劳其筋骨，饿其体肤，空乏其身，行拂乱其所为”吧。他受到很多的打击，甚至差点送命！但从历史发展的角度来说，范雎在秦国的作用，应该是怎么称赞都不为过的。他提出“远交近攻”的策略，成功游说秦昭王锁定韩、魏两国为兼并目标，致力于跟齐国友好相处。昭王以范雎为客卿，范雎乘机提醒昭王，秦国的王权太弱，急需加强。秦昭王遂废宣太后，并将国内穰侯、泾阳君、高陵君等贵族势力赶出函谷关，拜范雎为相。秦昭王在位时间达五十六年之久，秦国就是在秦昭王统治期间，结束了周朝八百年的统治，奠定了赢得统一战争的基础。昭王时代应该说是秦国的飞速强大时期，文以范雎为相，武以白起为帅，昭王的政治成就与军事才能绝对不逊色于他的孙子嬴政。他对周边国家鲸吞蚕食，发动长平之战，大胜赵军，活埋四十余万降兵，攻陷东周王都洛邑，俘虏周赧王，迁九鼎于咸阳，公然消灭东周公室。以上种种，说明秦在政治、军事、经济、心理上都已具备了应对东方各国联合进攻的雄厚实力，统一的帷幕已然拉开，一个新纪元即将开始。

而荀子入秦，就是在这个时代，时间是公元前266年左右。这在今天《荀子》的《强国》和《儒效》两篇中，有非常详细的记载。在这两篇中，荀子言说的对象分别是范雎和秦昭王，读起来发人深省！

在《强国》篇中，荀子对范雎客观地陈述了其入秦所看到的种种。在荀子看来，秦国是有地形上的优势的，所谓山川秀美，物产丰富，但这并不是最重要的，他最大的触动是秦国统治所达到的极佳效果。秦国的老百姓们简单纯朴，秦国的音乐积极向上，毫无靡靡之音的影子，大家穿着整洁大方而无奇装异服，老百姓们敬畏法律并且很好地服从官吏的管理。在荀子看来，这样的老百姓简直就是传说中的上古良民啊！至于秦国的官吏们，无论是从都城到县邑，还是从中央到地方，各级府衙里的官员和役使之差都规矩而严肃，基本上都谦逊有礼。他们节约而不敢铺张浪费，厚道而诚恳，敬畏而有戒惕之心，对国家忠诚而又遵守信用，简直就是古代圣王统治下的官吏啊！居于咸阳的秦国主流政治精英们，都坚持国家至上、帝王至上、秩序至上，不互相勾结，不拉帮结派，卓然超群，没有谁不明智通达而廉洁奉公，简直就是古代圣王统治下的士大夫啊！再看看秦国的政府部门，当君主主持朝政告一段落时，各种政事从来都没有什么遗留，安闲得好像没有什么需要治理似的，简直就是古代圣王治理下的朝廷啊！这些都是荀子的直接观感，于是他直接称秦的统治是“治之至也”，也就是统治所能达到的最佳的状态。这个评价可谓极高！荀子强调，秦国之所以可以经过四代的努力达到如今的这种统治效果，并非偶然。这是对秦的认可，从这个角度来说，秦的有效统治必然会给入秦的荀子以极大的刺激，并促使他在思想上重视对法家思想的吸收，也是自然而然的事情。

但是，在荀子看来，秦国的最大问题在于没有儒家，虽然它的统治已经极为有效，但这只是霸道而已，离王道还有很大的差距，而王道必须依靠儒家思想来实现。于是，荀子和秦昭王之间又展开了一番对话，这番对话从思想史上来说是非常重要的[1]。“无儒”是荀子对秦国统治基本病症的一个结论，这个结论是否恰当，当然可以讨论，但是从事实上来说，当时的情形确实是如此的。秦昭王针对荀子的话，直接提出了“儒无益于人之国”（《荀子·儒效》）的观点。无论是在秦国长期的政治实践中形成的基本结论，还是出于昭王本人的思考，这一说法都直接否认了儒家对于国家治理所具有的意义。如果从秦国自身发展的实践来说，得出这样的结论也是无可厚非的，但是，对于荀子来说，这是无法接受的，荀子必须捍卫儒家的立场，彰显王道的意义。

如果我们回到战国的思想实际来考虑这个问题，就会发现，这其实是一个极为严重而且必须解决的问题，对于儒家未来的发展来说有根本性的意义。儒家学派的源头，在于孔子[2]。由于孔子及其弟子

---

1 余治平认为，荀子最先从强秦的一派繁荣中看到了其灭亡的迹象，而“唱衰”秦国，矮化秦政。而随后不久强秦帝国的轰然倒塌、关于儒法孰优孰劣所呈现出来的历史实践，则更说明“荀子入秦”堪称中国历史上一个非常重要的文化事件，见《“荀子入秦”：何以成为一个文化事件？——儒者直面法家治理的精神体验与思想评判》（《孔子研究》，2019年第6期，第5页）。

2 孔子之前当然也有“儒”的存在，但是那只能视为一种职业，而不能简单视为一个学派，因为那个时候根本没有创立学派的自觉。

（比如子贡、子夏等）的特殊影响力，儒家学派在春秋晚期以及战国初期得到了迅速的发展，成为中国哲学史、思想史上的一个重要现象[1]。按照韩非当时的概括，所谓“儒墨显学”以及“儒分为八”，都说明在孔子之后，儒学是哲学史、思想史的重要力量，但是在现实社会中儒家分为八派，极为混乱。所以我们看到，墨子、孟子、荀子和韩非子对儒家都有批判。为什么要批判？因为儒家作为一种重要的思想资源，不能引导、规范社会的发展。战国是重视实用的时代，最重要的思想形式之一是法家思想，所以秦孝公直接对荀子说，儒家思想对国家没有什么好处。而后来，韩非子更是把儒家称为国家的“蛀虫”（《韩非子·五蠹》）。但是荀子不是一般人，他“三为祭酒”“最为老师”，面对秦孝公的诘难，他直接指出，秦国统治繁荣的背后存在着严重的隐忧，是因为没有儒家在这里发挥作用。像荀子那么理想化的人，必然会积极回应这个问题，因为任何不妥当的回应，都会严重影响中国哲学史甚至是中国社会的走向。

荀子在《儒效》篇中亮明了自己的立场。简单来说，儒家有各种各样的流派（所谓“儒分为八”），我们在现实中所看到的儒有俗儒、贱儒、雅儒、小儒以及大儒，荀子真正的目的就是要批判俗儒、贱儒、雅儒、小儒，而最终呈现出儒家对于社会、国家政治所具有的重要的意义。所谓“故人主用俗人，则万乘之国亡；用俗儒，则万乘之国存；用雅儒，则千乘之国安；用大儒，则百里之地，久而后三年，天下为一，诸侯为臣；用万乘之国，则举错而定，一朝而伯”，

1　所以，以孔子为中国哲学精神价值的确立，是非常重要的。尽管之前也有很多相关文献，比如《周易》，但是《周易》在当时主要提供的是一种思维方式。当然，因为孔子和《周易》（尤其是《易传》）的重要关系，这样的强调应该还是可以立得住脚的。这个时候人才开始有意识地思考自我的问题，关注自我精神的完善。

（《荀子·儒效》）所以，大儒（以及圣人、君子等）的作用也切实体现儒家对于社会的现实意义。

那么大儒有什么作用？按照荀子的说法主要有三个方面的作用。首先，大儒可以法先王、隆礼义、践行道德，也就是可以作为国家社会的合理架构，而且更为重要的是，道德（德）和制度建设（礼仪）在这里都得到了恰当的重视，所以，可以垂范未来，影响深远；其次，大儒有卓越的政治才能，可以影响现实社会制度的建构；最后，大儒的德行高尚，可以成为社会的表率，从而起到移风易俗的作用。这样的大儒怎么可能对社会没有现实意义呢？而我们所看到的弊端，都是儒的败类对儒家思想的破坏。所以，荀子这番话重构了儒家的形象（以及思想），这种重构显然更关注现实的效果，既然是儒家，当然坚守道德的立场，这也使得荀子走了与当时功利主义完全不同的路径。对于这样的儒家，秦昭王当然认为是极好的！但是，这并不意味着昭王会接纳孔子的思路，从而开启儒法并融的新时代。对于秦昭王这样一个极有抱负和作为的君主而言，在强调现实利益的立场下，接纳儒家思想，是不合时宜的。

但是，荀子这样的论述，事实上对儒家的发展路径起到了根本的调转作用，即注重对现实政治的积极建构，而这一点，在后来的汉代历史中有更为显著的呈现。

三、性恶而伪善

既然在荀子的时代，更为重要的是重视对现实政治的建构，表现儒家积极有效的现实效用，那么这种架构应该怎么进行呢？我们前面曾经说过，制度设计的前提是人性论，荀子显然不能接受孟子性本善的论调，因为那样的观念虽然对人来说有很高的提升意义，但是对现实来说，缺乏有效的规范和影响。因此，荀子的基本立场是性恶论，这是基于现实经验得出的一种人性论设定。

在荀子这里，所谓的“性”就是人天生所具有的自然属性，“凡性者，天之就也，不可学，不可事”（《荀子・性恶》），“生之所以然者谓之性”（《荀子・正名》）。与孟子将道德属性作为人之本性不同，荀子将人的自然属性界定为性。这种自然属性可以表现为感官能力，“今人之性，目可以见，耳可以听”（《荀子・性恶》）；也可以表现为生理本能，“饥而欲饱，寒而欲暖，劳而欲休，此人之情性也”（《荀子・性恶》）；或者表现为人的欲望、情感，“目好色、耳好声、口好味、心好利、骨体肤理好愉佚，是皆生于人之情性者也”（《荀子・性恶》）。凡此种种，均为人天生所具有的，在荀子看来这就是人的本性。

> 今人之性，生而有好利焉，顺是，故争夺生而辞让亡焉；生而有疾恶焉，顺是，故残贼生而忠信亡焉；生而有耳目之欲，有好声色焉，顺是，故淫乱生而礼义文理亡焉。然则从人之性，顺人之情，必出于争夺，合于犯分乱理而归于暴。故必将有师法之化、礼义之道，然后出于辞让，合于文理，而归于治。用此观之，然则人之性恶明矣，其善其伪也。（《荀子・性恶》）

这段话是荀子对于性恶论最基本的阐述，荀子的论述是从经验设定出发的，他对于性恶论讨论的逻辑层次是非常清晰的。荀子认为，人都是有欲望的，人的欲望是相同且趋多的，而社会物资却相对匮乏，人的本质是趋于群居的。这些可以视为荀子界定人性恶的基本前提，如果我们单独考虑这些前提，实际上均不构成恶的结果，但是，当这些条件结合在一起的时候，就必然会产生恶的后果：群居在一起的是一些物欲膨胀的人，而社会又不能提供足够多的物资，只有通过掠夺才能满足己欲，于是战乱四起，“欲恶同物，欲多而物寡，寡则必争矣”。从这个角度来说，所谓的“恶”，乃是基于人的生存事实而产生的一种必然结果。因此，上文论述中的“顺是”二字在荀子人性理论中非常重要，“顺”即“从人之性，顺人之情”之“从”，是顺从、由着之意；“是”即“好利”“疾恶”“耳目之欲”“好声色”等“人之性”“人之情”。由此，原本并无善恶倾向的生存事实有了恶的后果（“故”）：“争夺生而辞让亡”“残贼生而忠信亡”“淫乱生而礼义文理亡”“必出于争夺，合于犯分乱理而归于暴”。

荀子所说的人性本原就是天生的“好利”“疾患”及其他欲望，“从人之性，顺人之情”就会导致社会秩序混乱，滋生罪恶。在此基础上，他进一步指出，“恶”是由人的性情膨胀、发展而导致的，这就为政治控制必要性提供人性根据。荀子还从“苟无之中者，必求于外”的思想中推断出人可以改变人性中恶的因素，人为地培养成善的本性。要通过道德教化和法律手段来使人们改变恶性，即所谓的“化性起伪”。“礼义者，圣人之所生也，人之所学而能，所事而成者也。不可学、不可事而在人者，谓之性；可学而能、可事而成之在人者，谓之伪：是性伪之分也”（《荀子·性恶》），“故圣人化性而起伪，伪起而生礼义，礼义生而制法度；然则礼义法度者，是圣人之所生也。故圣人之所以同于众而不异于众者，性也；所以异过众者，伪也”（《荀子·性恶》）。所谓“伪”，就是人为的意思。在荀子看来，人性是恶的，善是后天人为的结果，为了避免人性恶的结果，就需要以礼义法度的约束来培养善性，改变为恶的可能。化性起伪的途径有二。一是学习，“今人之性恶，必将待师法而后正，得礼义然后治”，学习对于人改变其恶的本性具有重要的意义。如何学？“学不可以已”；学要有次序，“其数则始乎诵经，终乎读礼；其义则始乎为士，终乎为圣人”；要有正确的学习方法，要有良师益友。二是修身养性。学习是明理，修身则是履道，要求人顺从礼义，尊师教诲，以达到心志专一。

当然，目前对荀子的人性论存在着比较多的争议，很多人否认性恶论，而主张性朴论，或者性恶心善等，从理论上来说这些观点都是成立的。但是我们需要明确的是，荀子的人性论是为其现实政治架构服务的，其目的在于让儒家思想具有更突出的现实作用，从这个角度来说，性恶论的说法，应当才是当时最为直接有效的方案。

四、天常而人用

在我们对荀子的理解中，时常会提及一个非常积极的观念，那就是“制天命而用之”。这表达了人面对“天”（自然）时的那种积极主动、主导的态度。

如果我们把对“天”的认识和理解作为传统思想的一个重要来源的话，那么荀子对“天”的理解有了明显的改变。传统的“天”具有意志和目的，荀子的思想并未完全脱离这一点，比如在《礼论》中描述的作为“生之本”的“天”显然是有意志的、人格神意义的存在，但这样的“天”在荀子看来不是最主要的。《荀子·天论》所揭示的自然之天，才是荀子思想中极具价值的部分，这种价值当然不是所谓的朴素唯物主义观念可以涵盖的。荀子认定天为自然之天，所谓“列星随旋，日月递炤，四时代御，阴阳大化，风雨博施，万物各得其和以生，各得其养以成，不见其事而见其功，夫是之谓神。皆知其所以成，莫知其无形，夫是之谓天”（《荀子·天论》），由此延伸出著名的天人相分的观念。“天行有常，不为尧存，不为桀亡。应之以治则吉，应之以乱则凶。强本而节用，则天不能贫；养备而动时，则天不能病；修道而不贰，则天不能祸。故水旱不能使之饥渴，寒暑不能使之疾，袄怪不能使之凶。本荒而用侈，则天不能使之富；养略而动罕，则天不能使之全；倍道而妄行，则天不能使之吉。故水旱未至而饥，寒暑未薄而疾，袄怪未至而凶。受时与治世同，而殃祸与治世异，不可以怨天，其道然也。故明于天人之分，则可谓至人矣。”（《天论》）因此，在荀子看来，天是自然之天，天有天之职，人有人之职，天人各尽其职，由是天人概念不再像传统观念中那样纠缠在一起，而有了明显的分际。

天人相分，并不是荀子的最终目标，他要做的是通过这种区分确定人之为人的尊严。“水火有气而无生，草木有生而无知，禽兽有知而无义，人有气、有生、有知，亦且有义，故最为天下贵也”，“力不若牛，走不若马，而牛马为用，何也？曰：人能群，彼不能群也。人何以能群？曰：分。分何以能行？曰：义。故义以分则和，和则一，一则多力，多力则强，强则胜物，故宫室可竿而居也。故序四时，裁万物，兼利天下，无它故焉，得之分义也”。（《荀子·王制》）人的独特价值和意义是通过天人相分这一基本事实得以确立的。从这个角度来说，天地万物之中，唯有人才是最贵的，人的生存也并非完全从属于天命，而是可以根据自身的需求，制天命以用之，“大天而思之，孰与物畜而制之？从天而颂之，孰与制天命而用之？”（《荀子·天论》）因此，在荀子看来，与其尊崇天而思慕它，倒不如把天当作物一样蓄养起来并且控制它；与其顺从天而赞美它，不如控制自然的变化规律而利用它。人作为价值的核心，在荀子的论述中有非常明显的体现。所以，荀子认为“唯圣人不求知天”（《荀子·天论》），天就是自然，人不应追求与天相关的形而上学和自然科学的知识，重要的是知天人之分，从天人相分的基本事实出发来确立人事的意义。“天有其时，地有其财，人有其治，夫是之谓能参。”（《荀子·天论》）参，即参赞化育，人应该积极融入整个造化的过程，发挥自身的优势和特点。“天地者，生之始也；礼义者，治之始也；君子者，礼义之始也；为之，贯之，积重之，致好之者，君子之始也。故天地生君子，君子理天地。君子者，天地之参也，万物之总也，民之父母也。”（《荀子·王制》）从而在人、天、地三者鼎足之中，凸显人之为人的尊严、价值，“专心一致，思索孰察，加日县久，积善而不息，则通于神明，参于天地矣”（《荀子·性恶》）。

人何以是独特的？这是因为人天生具有认识、判断的能力。“凡以知，人之性也；可以知，物之理也。”（《荀子·解蔽》）“所以知之在人者谓之知，知有所合谓之智。所以能之在人者谓之能，能有所合谓之能。”（《荀子·正名》）人是“形具而神生”（《荀子·天论》）的，天生就具有认识周遭事物的能力。这种与生俱来的能力，则被归结为人心的功能。“心也，形之君也，而神明之主也”，“心不使焉，则黑白在前而目不见，雷鼓在侧而耳不闻。”（《荀子·解蔽》）心是认识的主宰，但是人的认识具有主观性和片面性，即“蔽”，“蔽”的形式很多，“欲为蔽，恶为蔽，终为蔽，远为蔽，近为蔽，博为蔽，浅为蔽，古为蔽，今为蔽。凡万物异则莫不相为蔽，此心术之公患也”（《荀子·解蔽》）。在认识的过程中要发挥心解蔽的作用，以达到正确的认识，获得正确的知识，“人何以知道？曰心。心何以知，曰：虚一而静。……人生而有知，知而有志，志也者，藏也。然而有所谓虚，不以所已藏害所将受之谓虚”（《荀子·解蔽》）。荀子以为要获得“道”，必须“虚一而静”。荀子所谓“虚”，指不以已有的认识妨碍接受新的认识；“一”，指思想专一；“静”，指思想宁静。

所以，这样一来，“天”对于荀子来说，是有规律（“常”）的存在物，而人因其禀赋而具有认识和把握“天常”的能力，由此，人可以利用天的这种规律来为自己服务。在这样的描述中，荀子毫无疑问也确立了人之为人的独特意义。

五、隆礼而重法

我们前面说过，对于荀子来说，最为关键的事情就是要将儒家的思想切实地导向现实政治，从而为儒家赢得发展的空间。由此，性恶论的提出，就为整个制度设计提供了前提。

为了应对可能出现的恶，礼义师法在荀子的思想中显得尤为重要，唯有如此才能确定良好的社会秩序。由于人是群居的，而且都是有欲望的，所以必须以礼义来区别，要确定度量分界，“礼起于何也？曰：人生而有欲，欲而不得，则不能无求。求而无度量分界。则不能不争；争则乱，乱则穷。先王恶其乱也，故制礼义以分之，以养人之欲，给人之求。使欲必不穷于物，物必不屈于欲。两者相持而长，是礼之所起也。”（《荀子·礼论》）荀子对于礼的产生的论述，与契约论的方式相类似。换言之，礼之所以重要，是因为它本身源于社会共同利益的需要。要建立良好的社会秩序，保障社会的良性发展，就必须在欲望和社会财富之间确定一个度量分界的标准。在这个标准之下，每个人的欲望都可以得到适度的满足，但又不会导致社会纷争甚至混乱。所以，礼产生的前提是每个人都约束自己的本能欲望，以合乎度量分界的要求，从而维持社会的整体发展。由此，礼的功能也就非常清楚了，“故礼者，养也。刍豢稻粱，五味调香，所以养口也；椒兰芬苾，所以养鼻也；雕琢刻镂，黼黻文章，所以养目也；钟鼓管磬，琴瑟竽笙，所以养耳也。疏房、檖貌、越席、床笫、几筵，所以养体也。故礼者，养也”（《荀子·礼论》）。养，就是适度满足人的欲望。这种欲望的满足，必须在一定的限制之内才可以实现的，“故礼者，养也。君子既得其养，又好其别。曷谓别？曰：贵贱有等，长幼有差，贫富轻重皆有称者也”（《荀子·礼论》）。别，实际上就是产生等级制度，人与人在“礼”的基础上是有差别的。

与此前的儒者相比较，荀子的政治视野更为开阔。他并不只是强调礼义道德对于社会的重要性，同样也强调了法治的重要作用。这除了与当时特定的时代背景相关，也与荀子本人游秦的经历有关，在秦国对法治结果的直接体验，无疑给了荀子极大的震撼，荀子称之为“治之至”。当然，礼治本身的缺陷，在当时的情境下也非常明显。占人口大多数的社会群体中存在着物与欲的矛盾，他们往往会因此而采取极端的行为以表达不满，让性本恶的众庶百姓做安居乐业的顺民，仅仅依靠礼治是不够的。礼治缺乏强制性，并且在礼崩乐坏的时代背景下，单一地强调礼势必显得说服力不够。所以，必须在礼的基础上引入法的观念。

因此，隆礼崇法成为荀子政治思想的基本特点，当然在荀子这里，法与礼的效用是有区别的，“由士以上则必以礼乐节之，众庶百姓则必以法数制之”（《荀子·富国》）。法之所以可行，亦在于圣王之制。荀子以隆礼作为治国的最高原则，认为只有尊重礼，将礼作为基本的标准，才能建立上古三代的那种王业。但是，在当时的情境下，这是很难做到的，因而他也做出了退一步的要求，即通过崇法来建立霸业，“德虽未至也，义虽未济也，然而天下之理略奏矣，刑赏已诺信乎天下矣，臣下晓然皆知其可要也”（《荀子·王霸》）。这些论述所透露的，无疑是一种现实的关怀。从《荀子》中，我们可以非常明显地感觉到一个儒家的现实主义者对于现实政治的基本架构，由这些架构出发，儒家的道德观念具有了切实可行的基础。或许由于这个因素，刘向在《荀卿新书叙录》中说：“人君能用孙卿，庶几王矣。”这个评价其实是非常高的，也充分说明了荀子对于儒家现实政治建构所做的努力是成功的。

六、荀子的意义

如果我们对孟子和荀子在儒学发展史上的地位做一个历史的考察，就会发现一些非常有意义的现象。司马迁在《史记·孟子荀卿列传》中，对于孟、荀两人都给予了重视，认为两者“咸遵夫子之业而润色之，以学显于当世”。而此后荀子始终未成为人们关注的中心，就连对其思想的注解也是自唐代的杨倞（孟子则在汉代即有赵岐注）

才开始出现。杨倞在《荀子注序》中，详细梳理了儒学史上荀子的地位变化。

> 至于战国，于是申商苛虐，孙吴变诈，以族论罪，杀人盈城，谈说者又以慎墨苏张为宗，则孔氏之道，几乎息矣！有志之士，所为痛心疾首也。故孟轲阐其前，荀卿振其后，观其立言指事，根极理要，敷陈往古，掎挈当世，拨乱兴理，易于反掌，真名世之士，王者之师。又其书亦所以羽翼六经，增光孔氏，非徒诸子之言也。盖周公作之，仲尼祖述之，荀孟赞成之，所以胶故王道，至深至备，虽春秋之四夷交侵，战国之三纲弛绝，斯道竟不坠矣。倞以末宦之暇，颇窥篇籍，窃感炎黄之风未洽于圣代，谓荀孟有功于时政，尤所耽慕。而孟子有赵氏章句，汉氏（代）亦尝立博士，传习不绝，故今之君子多好其书，独荀子未有注解，亦复编简烂脱，传写谬误，虽好事者时亦览之，至于文义不通，屡掩卷焉。夫理晓则惬心，文舛则忤意，未知者谓异端不览，览者以脱误不终，所以荀氏之书千载而未光焉。

在杨倞笔下，我们看到了荀子在儒学史上的重要意义。虽然梁启超在《论中国学术思想变迁之大势》中以批判的角度陈述了其对荀子在儒学史上的看法，但所呈现出来的，依然是荀子对于儒学发展史所具有的令人无从置喙的意义。梁氏曰："孟子既没，公孙丑、万章之徒，不克负荷，其道无传。荀子身虽不见用，而其弟子韩非、李斯等，大显于秦，秦人之政，壹宗非斯，汉世六经家法，强半为荀子所传，而传经诸老师，又多故秦博士。故自汉以后，名虽为昌明孔学，实则所传者，仅荀学一支派而已，此真孔学之大不幸也。”

伴随着宋明理学的兴起，关于孟、荀之间评价的差别日益明显，韩愈在《原道》中说“轲之死，不得传焉。荀与扬（雄）也，择焉而不精，语焉而不详”，而程子则直言“荀子极偏驳，只一句性恶，大本已失”（《河南程氏遗书》卷十九），其后朱熹编四书，《孟子》由此确定了其在儒学思想中无可置辩的正统地位，而《荀子》则几乎被排除在了正统儒学之外，哪怕很多理学家的思想事实上与荀子有着千丝万缕的关系。

是否因为性善和性恶的不同主张，才导致孟、荀在儒学史上的评价呈现出截然不同的结果？在《非十二子》中，荀子曾经对思孟学派有非常严厉的批判：“略法先王而不知其统，犹然而材剧志大，闻见杂博。案往旧造说，谓之五行，甚僻违而无类，幽隐而无说，闭约而无解。案饰其辞而祗敬之曰：此真先君子之言也。子思唱之，孟轲和之，世俗之沟犹瞀儒，嚾嚾然不知其所非也，遂受而传之，以为仲尼、子游为兹厚于后世，是则子思、孟轲之罪也。”（《荀子·非十二子》）而后来儒学发展的脉络，恰恰是被荀子深刻批判的子思、孟子所确定的，这对荀子来说，多少有些无奈的意味。

但是，荀子于中国传统思想的意义仍然是不可小觑的。在他所处的那个时代，他敏锐地发现了现实政治架构对于一种学术思想所具有的重要意义，也深刻地感受到了法家所具有的强大效力。我们可以说，在这一背景下，正是荀子开启了儒家思想政治化的道路，而这条道路至汉代逐渐清晰、明朗，并深刻影响了中国传统社会的发展。

第七讲

冷峻的老子

在中国哲学史上，老子和道家思想是浓重璀璨的一笔，其影响力不亚于孔子和儒家思想。很多时候人们会说儒家思想和道家思想是相反的：一个是积极入世的，一个是消极避世的。但是在我看来，不能这么简单地把思想标签化，事实上任何一种思想都有它积极乐观的一面，也难免会有消极悲观的一面，关键在于我们怎么去看待它。对于哲学思想来说，我们要从不同的思想资源中汲取有助于我们自身完善的思想内涵。如果说中国哲学更加关注的是自我完善，那么这样的汲取就显得非常重要了。

按照一般的观念，老子略早于孔子，而且对于当时的知识系统（六艺）非常熟悉。在人们的印象中，老子大概是一个长须飘飘的长者形象，这一形象代表着智慧。老子的智慧跟孔子一样乃是源于六艺，但是他的思想是在反省六艺的基础之上形成的。所以从这个角度来说，他和孔子又有着非常大的差异。

一、老子是谁

老子应该是中国思想史上一个非常神奇的符号，这种神奇不仅来自传说中他离奇的身世，也包括集中体现在《道德经》中的超然的思想形态。在很多时候，我们甚至很难接近老子这个人或者他的观念，因此，李约瑟在其巨著《中国科学技术史》中称其为“朦胧的老子”。这种略带诗意的概括，恰恰从侧面反映出老子在中国思想史上的形象。

说老子是朦胧的，首先是因为我们对老子其人很难有确切的定位，通常认为老子就是老聃。老聃，姓李名耳，楚国苦县（今河南鹿邑）人，曾做过东周守藏史，是掌管国家图书馆的官吏。这种说法也在司马迁的《史记·老子韩非列传》中被确认过，但是同样在该传记中，司马迁又提出了早已存在的另外两种说法：一者主张老子是楚人老莱子，一者认为他可能是周太史儋。然而，究竟谁是确定意义上的老子，自先秦以来莫知其然。只是在通常的研究中，我们选择了可能性较大的说法，即老子就是李耳。即便如此，附加在老子身上的种种神奇的传说，比如老子得名的由来、为什么叫李耳等，使得老子身上的神秘色彩越发浓郁，更不要说后来道教对老子的种种神化了。

据说老子见闻广博、知识丰富，孔子亦曾向老子请教过礼的问题，而老子对孔子的行为似多有微词（在《礼记·曾子问》中曾记载孔子四次向老子问礼，《史记·老子韩非列传》中也记载了孔子问礼的情形），而司马迁在《史记》中关于这件事的记载颇为生动有趣。

> 孔子适周，将问礼于老子。老子曰：“子所言者，其人与骨皆已朽矣，独其言在耳。且君子得其时则驾，不得其时

则蓬累而行。吾闻之，良贾深藏若虚，君子盛德容貌若愚。去子之骄气与多欲，态色与淫志，是皆无益于子之身。吾所以告子，若是而已。”孔子去，谓弟子曰：“鸟，吾知其能飞；鱼，吾知其能游；兽，吾知其能走。走者可以为罔，游者可以为纶，飞者可以为矰。至于龙，吾不能知其乘风云而上天。吾今日见老子，其犹龙邪！”（《史记·老子韩非列传》）

从这段描述中，我们至少可以看出老子对孔子的行为不甚赞许，而孔子对老子推崇备至，留下了“老子犹龙”的评价。“犹龙”，即无从评价、判断，从某种意义上说就是朦胧的意思。也就是说，老子是一个非常厉害的人物，有种神龙见首不见尾的感觉。而孔子见老子的这个故事，我觉得非常有趣。首先，孔子确实曾向老子请教过，这就说明老子在当时绝对是学识渊博的代表，这个故事在魏晋时期还出现了一个同样有趣的延伸。

孔文举年十岁，随父到洛。时李元礼有盛名，为司隶校尉。诣门者，皆俊才清称及中表亲戚乃通。文举至门，谓吏曰：“我是李府君亲。”既通，前坐。元礼问曰：“君与仆有何亲？”对曰：“昔先君仲尼与君先人伯阳有师资之尊，是仆与君奕世为通好也。”元礼及宾客莫不奇之。太中大夫陈韪后至，人以其语语之。韪曰：“小时了了，大未必佳。”文举曰：“想君小时，必当了了！”韪大踧踖。（《世说新语·言语》）

这是《世说新语》中一个非常经典的故事。孔文举就是大名鼎鼎的四岁让梨的孔融，李元礼是汉末名士李膺。孔融十岁那年，跟随父亲来到洛阳。当时李膺担任司隶校尉，名气很大，能到他家去拜访的人，都是社会名流、贤达或他的亲戚。孔融到了他家门口，对门卫说："我是李府君的亲戚。"门卫就去通报了，孔融被请进了李府大门。李膺不认得这个小孩，就问他："你是我的什么亲戚呢？"孔融不慌不忙地回答道："过去我的祖先孔子曾经拜您的祖先老子为师，所以我和您是世代友好往来的亲戚关系。"李膺和宾客们都对这个孩子的回答感到特别惊奇。这时候，有一个叫陈韪的太中大夫姗姗来迟，别人把孔融说的话转述给他听后，陈韪略带一些不屑地说："小的时候很聪明，长大了未必能够出众啊！"孔融听后马上就说："那，我猜想您小的时候一定很聪明吧！"陈韪听了，非常尴尬。

老子对于孔子的态度是批评和否定的，也就是说，如果老子和孔子所学类似，老子大概更擅长用一种批判的视角来看待问题。他看到了这些文明要素中存在的弊端，而他也从孔子的身上看到了这些缺陷的存在。更为重要的是，这样的批判和否定对于孔子形象的完善也起到了非常重要的作用。我们后来所看到的孔子温文尔雅而又包容的形象，大概跟孔子见过老子有一定关系吧！

最后，孔子对老子是充满敬意的，这不仅是对年长者的基本礼貌，更是孔子对老子所具有的知识和所展示出来的智慧的尊重。"老子犹龙"的说法，直接地把他对老子的这种敬意表达了出来！

老子是极其朦胧的，孔子对他"犹龙"的评价非常中肯地说明了这一点，而司马迁在《史记》中对于"老子出关"的描述，同样表现了一种朦胧的特点。

居周久之，见周之衰，乃遂去。至关，关令尹喜曰："子将隐矣，强为我著书。"于是老子乃著书上下篇，言道德之意五千余言而去，莫知其所终。（《史记·老子韩非列传》）

"莫知其所终"是一句意味深长的话，也为老子朦胧的身世画上了一个句号，更准确地说应该是省略号。于是，老子成了中国哲学史上最为重要的符号之一。在中国人的精神世界里，每一个人心目中老子的形象可能各有不同。当然，我们可以相信历史上确实有过一个原本的老子形象，但是后来种种关于老子的神话传说让我们在一定程度上开始怀疑老子是否真的存在过。其实，这种现象恰恰告诉我们，老子在我们的传统中有着独特的、重要的意义，他在一定程度上已经内化成个体精神生命中的一部分。很多时候我们是从内在出发来认识老子的，老子也就成了我们心目中的老子，而非历史上真实的老子。这个时候，历史上那个真实的老子，也就变得并不重要了。

二、《老子》是一本怎样的书

老子是朦胧的，因为他的形象在某种意义上成了我们自身的特殊投射，所以我们无法分辨真实的老子究竟是怎样的。而老子身上的这种朦胧，还表现在后人对其思想观念的诠释中。在中国思想史上，老子应该是首位进行思辨性思考的思想者（这一点在黑格尔的《哲学史讲演录》中也可以得到印证），那么《老子》五千言，其蕴究竟何指？几千年来众说纷纭，莫衷一是。对于老子，或以其为哲学家，或以其为政治家，或以其为宗教家……各种定位，应有尽有。对于《老子》，或以其为形而上思想的诠释，或以其为君人南面之术的倡导，或以其为炼丹术的阐释，或以其为运气导引之术的揭示，种种诠释，层出不穷。我曾经开玩笑说，今天进入任何一家综合性的图书馆（尤其是综合性大学的图书馆），研究《老子》的书籍是非常多的，只要这些书不是彼此抄袭的，它们所说的老子肯定是截然不同的。

《老子》五千字之简约与后世种种解释之繁复，二者对比，让我们在感受老子的深邃思想的同时，也不禁迷惘：《老子》所要表达的到底是怎样的观念？朦胧的老子思想背后所透露出来的，其实是简约的语言所蕴含的无限诠释的可能性。也许在每一种解释的方式中，我们都能看到老子的某一种面向，但都不是老子本身。或者根本就不存在所谓的老子本身，老子只是在思想的诠释中被不断地向我们呈现的形象。

而《老子》的文本本身也呈现出一种朦胧态势。通行的《老子》一书，分上下两篇：上篇为《道篇》，下篇为《德篇》，汉代以后，人们又把《老子》称为《道德经》（《老子》开始被称为《道德经》的年代是汉魏之际，大约是王弼生活的年代）。全书共八十一章，约五千言，用韵文形式写成。据历代学者考证，《老子》可能是道家后学根据老子的思想言论记述整理而成，约成书于战国初年。《老子》在战国及秦汉之际有不同版本流传。1973年，长沙马王堆汉墓中发现了帛书《老子》甲、乙两种写本，约成书于战国后期。帛书《老子》与今本《老子》有两个不同之处：一是《德篇》在前，《道篇》在后；二是不分章。1993年，荆门郭店楚墓又出土了三组竹简《老子》，约书写于战国中期，其内容比传世本要简略得多。而最近的《老子》版本，是北大汉简本《老子》。2013年2月，北京大学出土文献研究所编《北京大学藏西汉竹书［二］》（即北大《老子》卷），由上海古籍出版社正式出版发行，是北京大学于2009年初接受捐赠从海外抢救回归的，简称“北大汉简”。《老子》是“北大汉简”中保存最完整且篇幅较大的一部古书。这也是从地下出土的第四个简帛《老子》古本，现存竹简221枚，5300余字，其残缺部分仅60余字，是保存最为完整的简帛《老子》古本。在竹书《老子》两枚竹简的背面写有“老子上经”和“老子下经”篇题，该卷《老子》保存了完整的篇章结构，共分77章，与传世81章本《老子》不同。这些出土文献表明，《老子》的成书有一个过程，在其流传过程中有过不同的抄写本。不同版本的《老子》之间差异非常大，有的甚至会影响到其思想的诠释。

当然，在种种朦胧的背后还是呈现出了一种可以大致确认的情形，即深刻影响中国思想文化发展基本面向的老子及《老子》是存在的。而我们今天所能依据的，大概就是从通行的《老子》出发而呈现的老子思想的内涵。通行本的《老子》就是王弼《老子道德经注》所确定的版本，是中国古代最经典且最具代表性意义的本子。它能够成为通行本而流传于中国的传统社会，必然有其道理，因此它也是我们今天理解《老子》的一个最佳路径。当然，对于今天的我们来说，读懂王弼的《老子》也并非易事，为了能够更好地进入《老子》的思想世界，我觉得初学者可以多读读陈鼓应先生的《老子今注今译》。陈先生是当代不可或缺的道家思想研究大家，一辈子从事道家哲学研究，其今注今译系列对于初学者入门来说有非常重要的指导作用。

三、道能不能言说

当我们进入老子（或者道家）的哲学世界时，一个寻常而复杂的问题出现了——究竟什么是道？其实就整个中国传统来说，这是一个基本问题，因为在某种意义上中国哲学就是关于“道”的哲学。很多人把道看作一种规律，说得更为详细一些，道既是自然规律又是社会规律。我不否认上述答案的正确性，但是我还是觉得它不足以让我们清楚地知道这个规律究竟是什么。因为中国的传统不是一个抽象的传统，而是一个直观的、具体的传统。那么规律是可以直观感知的吗？似乎不可以。所以我通常说，道就是路，是中国人的生活之路，更具体、直白一点地说，道的内涵就是“什么时候、该做什么、就做什么”。什么时候，体现的是“时”的问题，中国哲学对于时有着极为强烈的感觉；该做什么，就是原则和规范，由天道决定；就做什么，就是人对于天道的响应和实现，就是人道。所以，这样的道实际上就是人整个现实生活的本身，它是通达的、动态的以及完满的。因此，我们也就可以理解为什么中国哲学不对“道”进行定义。因为定义总是抽象的、静止的、有局限性的，它无法体现出生活这种动态的现实，而一旦定义了“道”，对于“道”的丰富性来说，这无疑就成了一种破坏。

由此产生了另一个关系密切的话题，即“道”能不能被言说，我们是不是可以通过语言来表达“道”。按照前述的逻辑显然是不可以的，因为语言同样是一种有局限性的工具。《老子》的第一句话就非常直接地说了，“道可道，非常道”，这大概是《老子》中最经典且流传最广的话语了。这句话的意思就是，可以用语言表达出来的“道”不是“常道”。这就直接否定了用语言表达“道”的可能性。

事实上这在中国的哲学传统中是很好理解的，在中国人的生活世界中似乎也是如此。我们经常说，听话要听话外音、言外意，这表明话语真正的含义可能是超越在语言之外的，所谓一切尽在不言中，或者如陶渊明所言“此中有真意，欲辨已忘言”。超然言外，似乎也成了中国人精神的一种基本取向。我想到了一个非常有趣的故事，颇能说明这一问题。据说，牟宗三先生早年在北京大学哲学系求学，熊十力先生当时刚好在北京大学任教。牟先生说熊先生平时经常说两句话，并说这两句话后来对他产生了极为深刻的影响，是什么话呢？熊先生经常批判别人说：“你说的都是错的。就算你说对了，它还是错的。”这话乍一听没有道理，可是如果我们把它切实放入中国人的思维习惯中来考虑就不尽然。“你说的都是错的”，因为你说的无非是你的看法而已，并非“道”本身，所以也就是错的；“就算你说对了，它还是错的”，“说对了”意味着道理在逻辑上是成立的，但是也仅仅是一种说法而已，并非真理本身，所以还是错的。这样一看这两句话确实颇有趣味！后来，我也常常开玩笑说，我从这两句话中悟出了讲中国传统文化的最佳的方式。这最佳的方式，绝对不是语言上的滔滔不绝，而是自上课铃响开始，就一直默默地坐在讲台前，微笑着看着诸位学生，直到下课铃响，挥手离去，不留一言。下次上课，再如法炮制。为什么要这么做？因为既然我说的都是错的，那很显然，多说一些，或者少说一些，甚至不说，效果从本质上来说，并无不同呀！而且，微笑也是一种很好的、很有效的传递思想内涵的方式，比如庄子所言“相视而笑，莫逆于心”，又比如禅宗所谓的拈花微笑，不都很好地传递了思想吗？

当然，这显然不是一个很好的授课方式，毕竟如果我真的这么做的话，可能会有无法描述的后果。但是作为一个趣谈，它本身也是有值得思考的地方的。其实老子的思想也是一样的，他显然发现了语言的局限性，即语言是无法完整表达意义的。但是老子并不止步于此，他马上以另外一种方式解决了这个问题。语言不仅具有局限性，也具有特殊性。语言是不能够完整表达“道”的，但是作为人，又不得不通过语言来表达。这个时候就要求我们在表达“道”的时候，要使用一种特殊的语言，或者说一种特殊的表达方式。我们读道家的作品时会很直观地发现，这里的语言表达形式和我们日常使用的又非常不一样，这种不一样就是道家刻意采取的一种语言表达形式，用庄子的话来说就是“吊诡”。所谓吊诡，就是用自相矛盾的语言（或者说看上去矛盾的语言）来进行表达，这样做是为了避免语言的固化和局限性问题。从这个意义上来说，道家在语言的使用以及思想的表达上是极为成熟的，这也标志着中国哲学发展到了新阶段，即具有思维和语言自觉的阶段。

相比之下，庄子的语言更加复杂，也更加成熟，而老子的语言相对简单一些。当然，他们使用的语言技巧和功能总体是一致的，即突破了语言的限制性，用巧妙的方式使用语言。阅读道家经典，最大的障碍就来自其使用的语言形式。人类语言的表达方式自然是各式各样的，就其大端而言可以分成两种形式：肯定式以及否定式。所谓肯定式，其表达有“我是何善蒙”；而否定式，其表达有“我不是何善蒙”。这两种表达在现实中都是很常见的，肯定式是为了确认某一状况，而否定式则是为了否定某一状况。它们的表达有什么不同？就上述例子来说，肯定式的表达只是肯定了“我是何善蒙”这一基本事实，而否定式所表达的内涵和外延明显更为丰富，即“我”除了“不是何善蒙”之外，可以是任何东西。所以，要表达“道”，是用肯定的方式比较接近“道”的本质，还是使用否定的方式比较接近道的本质，就不是一个特别复杂的问题了。如果“道”不是一个有限定性、固定化的东西，那么显然否定的形式更适用于描述“道”。所以，我们仔细观察就会发现，《老子》的文本用了很多否定的表达方式。比如“无为”“不争”“绝圣弃智”等，这些话语都是以否定词开头的。

那么我们究竟应该怎么理解《老子》中的这些否定式表达呢？这其实也是理解《老子》的一个基点。以“无为”为例，它应该是《老子》思想中一个非常关键的词，无为肯定不是什么都不做，所以我们通常把它解释为“顺其自然地为”。但是，什么叫顺其自然地为呢？我们还是回到否定式本身，毫无疑问，所有的否定式都是要否定掉一些东西的。那么，《老子》在这里要否定什么呢？如果说《老子》主张的是自然，那么跟自然相对应的显然就是人为，即人的行为。人为最大的特征就是人的强烈的主观意志（欲望）。这样一来就变得非常有趣，因为《老子》的否定词大部分都是加在这些主观色彩非常强烈的词语之前的，它试图要去掉的其实就是个人的强烈的主观意志，而非个体行为本身。也就是说，在《老子》看来不是行为本身出了问题，而是出于个体的强烈主观意志的行为有问题。比如说，“我要吃饭”这个行为是天经地义的，不是《老子》想要否定的。而“我要天天大吃大喝”就有问题了，因为这是完全出于个体强烈欲望的表达。从这个角度上来说，我们也不能说《老子》（或者说道家）是消极的。所以，在《老子》的文本中，所有的否定式在表达的意义上都等于否定加肯定，否定的是行为的方式（强烈主观意志），肯定的是行为本身。也正是在这个意思上，我们才可以真正理解《老子》所说的“无为而无不为”（第四十八章）。

《老子》和道家对于语言的这种认识也提醒我们，思考问题、解决问题的方法有很多，关键是看你想要如何去解决。原本我很明显地看到了道家的基本定位，“道”是无法准确用语言来表达的。可是，这并不意味着我们只能用神秘主义的或者说沉默的方式来面对“道”，《老子》和道家实际上也在尽量用独特的语言表达方式来准确地言说“道”。

四、反者道之动

“反者道之动”，这句话是《老子》中的经典名句，在各种场合被普遍引用，这说明人们特别认同这句话所包含的智慧。从字面意思上来说，这句话有两种理解方式，分歧在于是把“反”解释成“返回”，还是解释成“相反”。若取“返回”之意，那么就意味着“道”的运动是以返回自身为目标的；若取“相反”之意，则意味着“道”的运动就是往相反的方向发展的。其实两种说法都是成立的，关键是我们想从中获得什么样的智慧指引。对于这句话，很多人都会有不同的理解方式，就如同《老子》的其他话语一样。我觉得这恰恰是《老子》的趣味所在，因为我们每个人都可以从中获得属于自己的智慧感受，这本身就是一件极为重要的事情。冯友兰先生在《中国哲学简史》中对此有一段分析，我个人非常赞同。

> 万物变化所遵循的规律中最根本的是“物极必反”。这不是老子的原话，而是中国的成语，它的思想无疑是来自老子。老子的原话是“反者道之动”（第四十章），和“逝曰远，远曰反”（第二十五章）。意思是说，任何事物的某些

性质如果向极端发展，一定会转变成它们的反面。[1]

冯先生用“物极必反”来说明这里的“反者道之动”，强调的是不能走极端，这确实也是中国哲学的一种智慧。我一直说，如果要找一个词来概括中国式智慧，那个词一定就是“找平衡”，这是中国式智慧中最为突出的一种。平衡就意味着不极端，而不平衡就意味着种种麻烦的出现。所以无论是儒家所说的“中庸”，还是这里所说的“反者道之动”，实际上都是对于平衡状态的一种强调。平衡并不是一个静止的状态，而是在动态中保持的，这就是儒家强调的“时中”（时时处于“中”的状态）。极端就要生变，所谓“物极必反”“乐极生悲”，对这种变动过程的强调，恰好呈现出中国思想的动态特征。那么什么是极端呢？怎么判断极端呢？如果确立一个界限，说这个就是极端，合适吗？显然不合适。冯先生对此有一段很好的论述。

或可问：假定有一物，到了极端，走向反面，“极端”一词是什么意思？任何事物的发展，是不是有一个绝对的界限，超过了它就是到了极端？在《老子》中没有问这样的问题，因而也没有作出回答。但是如果真要问这样的问题，我想老子会回答说，划不出这样的绝对界限，可以适合一切事物，一切情况。就人类活动而论，一个人前进的极限是相对于他的主观感觉和客观环境而存在的。以艾萨克·牛顿为例，他感觉到，他对于宇宙的知识与整个宇宙相比，简直是一个在海边玩耍的小孩所有的对于海的知

1 冯友兰：《中国哲学简史》，涂又光译，中国画报出版社，2020年，第132页。

识。牛顿有这样的感觉，所以尽管他在物理学中已经取得伟大的成就，他的学问距离前进的极限仍然很远。可是，如果有一个学生，刚刚学完物理教科书，就感觉到凡是科学要知道的他都已经知道了，他的学问就一定不会有所前进，而且一定要反而反退。老子告诉我们："富贵而骄，自遗其咎。"（第九章）骄，是人前进到了极端界限的标志。骄，是人应该避免的第一件事。一定的活动也相对于客观环境而有其极限。一个人吃得太多，他就要害病。吃得太多，本来对身体有益的东西也变成有害的东西。一个人应当只吃适量的食物。这个适量，要按此人的年龄、健康以及所吃的食物的质量来定。[1]

如果我们还是以"平衡"为标准，极端肯定就不是平衡的状态了，到底什么是平衡呢？我想这也是具有个体差异性的，因为每个人对于平衡的感知不同，但不可否认的是，每个人都会有平衡的感觉（或者状态），而一旦我们内心的欲望特别强烈，大概都会打破平衡，这是能够直接感受到的。所以，很多时候我更倾向于把"平衡"定义为内心平静的状态（即处于内外平衡之中）。《老子》中的"致虚极，守静笃。万物并作，吾以观复。夫物芸芸，各归其根。归根曰静，静曰复命。复命曰常，知常曰明。不知常，妄，凶"（第十六章），清楚地说明了"静"对于人来说所具有的重要意义。其实，这在儒家的经典中也有很直接的描述，比如《大学》中就说了："知止而后能定，定而后能静，静而后能安，安而后能虑，虑而后能得。"

1　冯友兰：《中国哲学简史》，涂又光译，中国画报出版社，2020年，第133页。

从这个角度来说，我们或许真的应当感受一下“静”所带来的效果，尤其是在当下这种纷繁浮躁的背景之下，“静”下来或许就是一种极高的智慧，所谓“万物静观皆自得”，我们的世界需要我们自己去静观，从而来成就适合自己的心灵境界。

五、柔弱胜刚强

追求刚强、强大，超越别人，大概是人类的基本特性，古今中外皆如此。当然，也有人说，正是这种对于强大的追求，促使人类的进步，这好像也是不可否认的。在今天的社会中，这样的氛围同样存在，“别人家的孩子”的隐喻，可以让我们非常直观地感受到这一点。这表明变得强大才是没有变化过的永恒主题。在这样背景之下，弱肉强食似乎成了无法回避的事实，它使得我们越来越焦虑，生活中的种种不安越来越多。

这样的状态、这样的追求，是对的吗？这个问题似乎不好回答，因为这个问题的本质是错误的。世界上的事情并不能都用对与错简单判断，正如这个世界不是非黑即白的存在。如果按照前文所说，我们以是否适合作为对个体选择的判断依据，那就更不能以抽象的对或者错来评判这一选择了。其实，这里还涉及一个比对或者错更为基础的问题，那就是什么是强的，或者说，什么是真正的强。在《中庸》中，孔子曾经回应过子路。

子路问强。子曰：“南方之强与？北方之强与？抑而强与？宽柔以教，不报无道，南方之强也，君子居之。衽金革，死而不厌，北方之强也，而强者居之。故君子和而不流，强哉矫！中立而不倚，强哉矫！国有道，不变塞焉，强哉矫！国无道，至死不变，强哉矫！”（《中庸》第十章）

在孔子的众多弟子中，子路毫无疑问是一个有着鲜明特点的人，他大概也是孔子最喜欢的学生之一。子路的性格特点就是非常勇猛刚强。有一天，子路就问孔子，什么是强？对于这个问题，孔子作了非常细致的区分。他问子路说，这个强是指南方的强，还是北方的强？抑或是你子路认为的强呢？这说明不同的人对于强的理解是不太一样的。在孔子看来，用宽容柔和的精神去教育人，人家对自己蛮横无理也不报复，这就是所谓的南方的强，很多品德高尚的人都具有这种强的品质。而用兵器甲盾当枕席，死而后已，这就是北方所谓的强，勇武好斗的人大都具有这种强的品质。毫无疑问，孔子推崇的是南方的强，即以道德品性为基础的强，这才是真正的强。当然，这里的“强”从字面意思上来说指的还是强大，不过孔子强调要以德性作为强大的基础，而非武力。

那么，老子会怎么看待强呢？《老子》中，也非常鲜明地表达了老子的立场。

人之生也柔弱，其死也坚强，草木之生也柔脆，其死也枯槁。故坚强者死之徒，柔弱者生之徒。是以兵强则灭，木强则折，强大处下，柔弱处上。（《老子》第七十六章）

老子的这个观察，不可谓不惊人啊！我们根据常识都认为强大是好的，柔弱反倒是不好的，所以前面说弱肉强食成了基本法则。可是老子说，人活着的时候全身是柔弱的，而死了以后才是僵硬的，草木也是一样，这意味着柔弱是属于活的、有生命的特质，而刚强是属于死的、没有生命的特征！也就是说，当世俗不断地以正面的强大、刚强的特质为强的时候，老子冷静地发现，其实这样的做法恰恰是在自取灭亡，而柔弱者才是真正的强大。老子从生活的观察中，给我们提供了一个非常经典的例子。

> 天下莫柔弱于水，而攻坚强者莫之能胜，以其无以易之。弱之胜强，柔之胜刚，天下莫不知，莫能行。（《老子》第七十八章）

老子说，天底下最柔弱的莫过于水，可是，能打败世界上最强大的东西的也恰恰是这柔弱的水。所谓“水滴石穿”，就很直白地表明了老子的立场。这是毋庸置疑的，因为“水滴石穿”的事实告诉我们的就是这样简单直接的道理。可是为什么在实际情况中我们反倒要去追求强大而忘记柔弱呢？这恰好就是人的通病，人总是对流于表面的强大有非常强烈的追求，可能因为这本身就是欲望的直接表现吧，所以这种强大的表象会影响他们对于真实状况的判断，甚至会让他们为之付出沉痛的代价。而老子强调的是“柔弱胜刚强”（第三十六章），或者说以柔弱来成就刚强。事实上，老子并不否定强大的重要性，也不认为人追求强大是不对的；而是认为，人只看到表面上的强大，并且立即把这作为目标去追求是不对的！这种目的性极强的行为，必然会导致失败，生活中的鲜活经验一次又一次地告诉我们这个道理。

老子强调“柔弱胜刚强”实际上建立在对“反者道之动”的深刻领会的基础之上，这是一种极其强大的内心境界，而非盲目的、简单的行为模式。至少在老子看来，柔弱胜刚强才是真正意义上的强！其实无论是前面孔子对于强的说明，还是这里老子对于柔弱的强调，都告诉我们，强不是一种外在的属性，而是一种内在的品质，或者更为直接地说，内在的强大才是真正意义上的强大。比如我们今天依旧在强调的“强大的内心”一词，在现实中能够走得更远的，恰恰是这种基于意志品质的强大！

六、小国寡民是老子的理想社会吗

谈到老子的时候，我们经常会说，老子的理想社会形态是小国寡民，由此，我们也常责怪老子（或者道家）是消极的。但事实并非如此，这实际上是一种误解。

老子政治哲学的基本原则是无为而治，所谓的“无为”并非什么都不做，而是强调统治者不要过多干预被统治对象以及社会，不要把自己的强烈欲望强加到政治运作中，由此才可以实现理想的统治状态。值得注意的是，《老子》在谈论无为而治的政治哲学策略时，很清楚地将其与另外一个概念——“大国”密切联系在一起，比如“治大国，若烹小鲜”（第六十章），这种说法提示我们，如“烹小鲜”这种无为而治的、不打扰的政治策略，实际上是针对“治大国”来说的，而不是针对“小国”来讲的。什么是“治大国，若烹小鲜”？王弼指出：“不扰也，躁则多害，静则全真，故其国弥大，而其主弥静，然后乃能广得众心矣。”（《老子道德经注》第六十章）意思是治理大国的方式就像“烹小鲜”一样，最重要的是不要经常去搅动小鱼，否则，小鱼早就被搅坏了。所以王弼说“不扰也”，也就是不要过多地去打扰老百姓，这是治大国的基本方式。透过烹小鲜这件事情，老子想要表达的就是，治大国的君主应当以静为主，而不该不断打搅百姓的日常生活，唯其如此，才能得到百姓的拥护。对于大国来说，这种基于“烹小鲜”而来的基本经验，是其治理的重要基础。其实，《老子》中很多涉及“大国”的内容都有这样的意味，“大国”对于老子来说，明显具有更高的价值意义。

> 大国者下流，天下之交。天下之牝，牝常以静胜牡，以静为下。故大国以下小国，则取小国；小国以下大国，则取大国。故或下以取，或下而取。大国不过欲兼畜人，小国不过欲入事人。夫两者各得其所欲，大者宜为下。（第六十一章）

从这种描述可以看到《老子》在国家治理的角度上对于“大国”的推崇，无非出于两个原因：一则在大国更能体现以“道”治国的方式；二则从治理的效果来说，大国有着比小国更好的结果。所以王弼在注解中说：“小国修下自全而已，不能令天下归之，大国修下则天下归之。故曰‘各得其所欲，则大者宜为下’也。”（《老子道德经注》第六十一章）

从这个论述来说，在《老子》文本关注现实政治的情境之下，大国具有更为积极的政治效果。因为小国居下，顺从“道”，这自然是极好的，但是就其现实效果来说，只是自我保全而已，根本就不可能实现天下归之的结果。小国居下虽然合乎“道”的原则，但是小国毕竟是小国，就政治实践的意义来说无法与大国相比。如果采取合乎“道”的方式来治理大国，就很容易达到天下归之的效果，而这恰恰是先秦之际思想家所追求的理想政治的统治效果，即为了应对礼崩乐坏而实现政治有序的最佳途径。所以王弼注中很清楚地表明，虽然大国和小国都是在合乎“道”的方式之下以“道”治国，但从现实的情境来说，“大者宜为下”。

由此我们可以得出结论：首先，从《老子》的角度出发，不管是大国还是小国，在治理上都应当以道治国，应当处下、守静和不争；其次，从现实的效果上来说，《老子》主张的是“大者宜为下”，即在价值领域，大国具有比小国更为重要和更为现实的意义。

如果说“大国”是《老子》最根本的价值追求，那么通常意义上的“小国寡民”又当如何理解？这确实是一个比较麻烦的问题。我们通常都将《老子》的理想政治形态描述为“小国寡民”，这种理想治理形式在《老子》中表现得非常清晰。

> 小国寡民。使有什伯之器而不用，使民重死而不远徙。虽有舟舆，无所乘之，虽有甲兵，无所陈之。使人复结绳而用之，甘其食，美其服，安其居，乐其俗。邻国相望，鸡犬之声相闻，民至老死，不相往来。（第八十章）

这段话一般都被认为是《老子》对于理想社会形态的描述，描述了最为典型的小国寡民的社会形态。于是，在这种解释下，《老子》的观念就成了落后的史观，因为这种理想社会形态主要存在于原始社会时期。但果真如此吗？如果我们回到前面所说的，《老子》理想的社会形态恰恰是“大国”而不是“小国”，那么“小国寡民”又意味着什么？其实，王弼在对“小国寡民”的注解中已经很清楚地说明了这一点：“国既小，民又寡，尚可使反古，况国大民众乎，故举小国而言也。”（《老子道德经注》第八十章）。既然小国寡民可以很容易地实现《老子》所谓的合乎“道”的理想治理形式，那么大国就更加容易了。在《老子》中，“大国”无论是从理论上还是现实中，都具有更高的价值。所以，这里的“小国寡民”只是个例子，准确地说，这仅仅是一个衬托“大国”的例子而已，而《老子》所推崇的乃是“大国”而非“小国”，仅仅是“举小国而言”罢了。

一直以来，我们都将“小国寡民”视作《老子》中的理想社会形态，因为我们对老子的治国理念缺乏深入分析，对于《老子》本身的文意缺乏通贯的理解。所以，这样的“常识”其实是站不住脚的，它既不符合老子的哲学思想本身，也不符合当时的社会事实。

七、人应当与欲望和解

欲望对于人类来说是一个普遍性问题，我一直认为哲学（或者说思想）要解决的就是这种对于个体来说都很关键的普遍性问题。自从人类诞生以来，欲望的问题就和人类纠缠在一起，面对欲望，人类大概也是处于一种两难的境地：一方面，作为人不可能没有欲望，而且欲望在一定程度上也推动了社会的进步；另一方面，倘若顺从人类的欲望，则又势必会威胁人类自身的存在。该如何解决欲望问题呢？大概有三种方案，一种是对欲望的绝对禁止，一种是对欲望的无限放纵，还有一种就是对欲望采取中和的处理方式（既不放纵也不限制，主张一种平衡的状态）。如果我们考察人类思想史，就会发现任何流传至今且仍然具有强大影响力的传统，对欲望采取的基本上都是中和的方式，比如中国哲学。

老子对欲望的态度，在中国哲学史上是具有代表性的。我们常说老子代表的道家哲学是一种批判性的哲学，它所批判的对象实际上就是经由欲望而来的社会发展中出现的种种弊端，比如对文明的反思、对技术的批判，等等。基于此，老子对于欲望造成的种种危害有着非常清醒的认识。

> 五色令人目盲，五音令人耳聋，五味令人口爽，驰骋畋猎令人心发狂，难得之货令人行妨。是以圣人为腹不为目，故去彼取此。（《老子》第十二章）

其实有人的社会就存在欲望，而一旦欲望存在，就会有无法限制欲望的局面，所谓“欲壑难填”便是如此。对于色、音、味以及驰骋田猎的追求原本也是极为正常的，或者说是普遍的。但是各种色、音、味以及驰骋田猎为了迎合人的欲望而极力发展，就导致了人“目盲”“耳聋”“口爽”“心发狂”，这就是极端追求欲望的结果，完全背离了人的本质需要。这也说明，欲望之门一旦打开，就必然会出现极端状况，这似乎是一个跟人性密切相关的特点。比如说，一个饥饿的人想吃饱，这是一种很正常的需求；可是人一旦吃饱了，就会想着要吃好；吃好了之后，就会想要更好、更高级的享受。这就是欲望不断发展乃至于极端化的一个浅显的例子，我们生活在今日社会中，是非常容易感同身受的。欲望是个体生理和心理的需求，而欲望的极端化则是一个严重的社会问题。老子认为，针对这样的情况，圣人强调的是“为腹不为目”：所谓的“腹”是内在的，也就是个体满足生存需要所必需的物质条件；所谓“目”是向外的，代表着不断增加的欲望。圣人希望以“腹”（内在的、基本的需求）取代“目”（外在的、不断增强的欲望），这说明在圣人看来，人对于物质的需求不能被隔绝，必须要先适当满足其要求，同时也必须坚决杜绝欲望的过度发展。

虽然老子看到了欲望给人以及社会带来的严重冲击，但是他并非禁欲主义者，他所强调的乃是“少私寡欲”（《老子》第十九章）。这种“少”和“寡”实际上就是以满足生活的基本需求为标准的，超出这个标准之外的追求，就会导致不良后果。

> 不尚贤，使民不争，不贵难得之货，使民不为盗，不见可欲，使民心不乱。是以圣人之治，虚其心，实其腹，弱其志，强其骨，尝使民无知无欲，使夫智者不敢为也，为无为，则无不治。（《老子》第三章）

这段话在《老子》的文本中存在很大的争议，不少人据此认为老子所主张的就是所谓的“愚民”政策。我想这个论断实际上言重了，老子强调的主要是在现实的统治中应当如何处理欲望的问题。很多时候我们看到的种种社会弊端甚至混乱，根源就在于社会统治过于强调欲望，结果就使得老百姓处于被欲望所驱使、裹挟的状态之中。所以老子说真正有效的统治需要“不见可欲，使民心不乱”。而圣人治理天下的方式，恰恰就是从满足基本的生存需要出发，而不是从欲望出发。这里所说的“无知无欲”，并不是消灭了知觉、消灭了欲望，而是不把知觉、欲望当作外在炫耀的东西，这才是真正有效的、恰当的统治方式。

寡欲也好，无欲也好，它们实际上并非否定欲望对于一个人（或者社会）所具有的重要意义，而恰恰是在充分认识到欲望可能产生危害的前提下，主张将欲望限制在一定的范围之内，从而使得人和欲望之间达到一种平衡的状态。用今天的话来说，就是人应当学会跟欲望和解。所谓和解，就是在人心与欲望之间找到一种平衡的状态，“不欲以静，天下将自定”（《老子》第三十七章）。

八、老子的意义

在中国哲学史上，老子的意义是非常明显的。这种意义不仅仅在于他开创了所谓的道家学派，更为重要的是他提出了另外一种（区别于孔夫子）思维的方式，由此确立思想世界和生活世界的新的可能性。就理论的创造性而言，老子的“道”的系统具有以下几个非常明显的特点。

第一，在现实世界之外又开辟出一个“道”的世界，表明中国哲学的抽象思维水平有了进一步的提高，较之五行学说、阴阳思想，其对万物本原的说明是一个大的飞跃。

第二，“道”作为世界本原与准则，是对传统的“天命”观念及鬼神权威的一个有力的否定。

第三，老子的“道”又与巴门尼德的“存在”不同。一是“道”是真实的存在，现象界也是真实的存在，“域中有四大”：“道大，天大，地大，人亦大”（二十五章）。二是“道”不仅表现为一种纯实体形式，还同时表现为一种准则，与天地万物、社会治乱、百姓日用不可分割，“天得一以清”（第三十九章），“圣人抱一为天下式”

（第二十二章）。因此，“道”不是一种纯粹的超验的存在，它既高于万物，是万物之本，又与现实事物不可分离，存在于现实事物之中。中国古代本体论对本体与现象的区分，不及古希腊哲学家那样绝对、那样明显。这是中国古代本体论的一个特点。而这个特点首先是由老子赋予的。

当然，如果从历史的角度去考察老子及其思想的影响，我们会发现很多不同的（甚至是截然相反的）评价，不管这些评价的具体内容如何，都从不同层面表达了对老子及其思想内涵的关注。而我们从今天的情境再去理解老子（或者是其他古代思想家）的时候，重要的是关注他所提供的思维方式的独特启发意义，以及他是否能够切入我们当下的生活情境，并且给我们的观念及生活现实带来某种程度的改观。思想的意义不仅在于其所阐述的内容本身，更在于能否在读者与文本之间产生良好的互动，从而确立其当下的意义。由此而论，历史上所有对于老子的不同诠释、评价，都是不同的互动作用的结果，也从不同的侧面反映了老子及其思想的深刻程度。

道家的哲学从本质上来说是一种消解（或者说调解）的哲学，这对于今天的人们来说非常重要。现实生活中我们总是强调积极向前、努力拼搏，但是在这样长期高压的快节奏生活之下，我们很多时候都会感到压力很大，做不好事情。这个时候，就需要调整一下生活状态，放慢脚步，换一个角度来看待问题，而这恰好是老子的智慧所在。这种消解（调解），能让我们更好地面对生活。

第八讲

逍遥的庄子

我们常会在生活中看到孔孟、老庄这种提法。由于这种出于习惯的连用，很多时候我们会不自觉地认为二者的思想表达也是一致的。当然，这样的判断在最为肤浅的层面上也能成立，比如孔子和孟子都是儒家思想的代表人物，老子和庄子则是道家思想的代表人物。

而事实是，这种判断是似是而非的。孔子与孟子虽然都是儒家的重要代表人物，基本观念也非常接近，但是，他们的差异还是非常明显。

老子和庄子通常因被视为道家的代表人物而受到关注，他们的思想在一定程度上也被认为是相近的，司马迁在《史记·老子韩非列传》中也说庄子“其学无所不窥，然其要本归于老子之言”。然而，老子与庄子的思想，实际上存在着很大的差别。最大的差别在于两者的思想倾向不同。虽然都是以道为本，强调自然无为，但老子对现实政治仍有着极大的关注，希望以自身的批判和努力使社会回归无为而治的理想状态。换言之，老子有非常明显的政治倾向及非常强烈的政治意图。而事实上，庄子对政治并没有太多的兴趣。身处乱世，庄子对现实中混乱的政治局面相当失望，所以他不再关心政治的建构，而转向对自我的心灵的关注。在他看来，唯有心灵的转化才能真正实现对混乱不堪的现实的超越。于是，与老子相比，庄子更关注人类自我的精神完善，以及人的内在精神对于外在社会现实的超越。从这个意义上来说，如果老子的定位是政治家、思想家，那么庄子则更像是一个充满想象力、具有浪漫主义特质的文人。

一、庄子是谁

庄子在中国传统中，以想象丰富奇特而著称，其文字汪洋恣肆，引起了一代又一代中国知识分子的兴趣。而在很大意义上，传统中国人人格形象（即儒道互补）的形成，跟庄子有着密切的关系。那么庄子到底是谁呢？

按照司马迁在《史记·老子韩非列传》中的描述，我们大致可以看到庄子的一些信息：庄子名周，宋之蒙人，尝为漆园吏，大概与梁惠王、齐宣王同时；学说本于老子之学；庄子著述丰富，以“寓言”为其主要特点，立足于批判儒、墨之学；庄子一生注重“适已”，终身不仕。

在庄子的生平中，他和孟子之间的交涉问题，引起了诸多研究者的兴趣。按照司马迁的说法，庄子生活在梁惠王、齐宣王时期。而孟子也生活在这一时期，两人之间有一个很明显的交集，那就是梁惠王。可是，无论是孟子还是庄子，都不曾在作品中提及对方，这又是何故呢？朱熹在《朱子语类》中回答学生（李梦先、林作等）提问的时候曾对这个问题有过解释。按照朱熹的解释，庄子稍后于孟子，并且其思想影响也不大，所谓“庄子当时也无人宗之，他只在僻处自说，然亦止是杨朱之学。但杨氏说得大了，故孟子力排之”（《朱子语类》卷一百二十三）。当然，这不是一种非常令人满意的说法。20世纪初，蔡元培和日本的久保天随等学者提出了“杨朱实即庄周”之说。这个论题在20世纪20—30年代前期曾经引起过热烈的讨论，颇有影响力。其实，如果我们换一个角度来思考，孟、庄之间不互相提及也并非不可理解的事情。从古人生活的情境出发，生活在当时的孟子与庄子，并没有像我们今天这样便利的沟通方式。这就意味着，就算他们是同时代的人，也未必能够非常了解对方的思想观念。再者，从他们现实的生活轨迹来看，孟子平生足迹只在齐、鲁、滕、宋、大梁之间，不曾过大梁之南，而庄子是楚人，他们之间没有太多的交往。从个人的秉性来说，孟子当时是为了实现儒家的道德理想而积极游说于诸侯之门，希望复王道、仁政于天下，而庄子对于王侯之事根本就不感兴趣，只注重追求自我内在的精神世界，这样的一个人物对于孟子而言，显然是不构成重大影响的。这一点朱熹倒是说得很正确，庄子“只在僻处自说”而已，对于这样的庄子，孟子当然不会花很多精力去批判，因为对于孟子来说，重要的事情是批判杨墨之学——这二者才是对儒学的社会影响力产生关键性影响的，需要积极批判的。对于庄子来说也是一样的，其在书中有对于孔子的批判，所谓“道不同，不相为谋”，对孔子的态度已然表明了他对儒学的态度，也就再无必要涉及孟子。毕竟，对于庄子来说，重要的是自我心灵如何在实现自我转化的同时得以超越混浊不堪的现实。

当然，如果我们暂时搁置这些争议，而将关注的重点放在《庄子》上，或许就能对庄子这个人有更细致的了解。作为一个现实生活中的人，庄子是有家庭的。当读到他的妻子去世，而庄子箕踞鼓盆而歌并且讨论其对生死的理解的时候，我们应该会对庄子的行为有更为深刻的理解。当然，对于庄子来说，朋友也是必不可少的，而惠施则是其生命中最重要的朋友。虽然两者的秉性是那样的不同，但是从濠梁之辩的生动场面，足见两者之间的交涉情景，而从庄子过惠子墓的一席话来看，我们应该更能理解他与惠施之间的友谊。庄子也有学生，其对学生关于“有用无用”的论说，尤其是“周将处乎才与不才之间”的感叹，或许可以让我们对于庄子的内心有更为深入的把握。如果从《庄子》一书去了解庄子，那么其生活的样态也是不容忽视的一个重要侧面。

> 庄周家贫，故往贷粟于监河侯，监河侯曰：“诺！我将得邑金，将贷子三百金，可乎！”庄周忿然作色曰：“周昨来，有中道而呼。周顾视车辙中，有鲋鱼焉。周问之曰：‘鲋鱼来，子何为者耶？’对曰：‘我东海之波臣也。君岂有斗升之水而活我哉？’周曰：‘诺！我且南游吴，越之王，激西江之水而迎子，可乎？’鲋鱼忿然作色曰：‘吾失舍常与，我无所处。吾得斗升之水然活耳。君乃言此，曾不如早索我于枯鱼之肆！’”（《庄子·外物》）

这段记载，在《庄子》中非常著名，而庄子的形象也十分清晰地呈现出来：一个生活贫敝而又内心强大的自由思想者，一个向往“相忘于江湖”的思想者，当然也会遭遇生活现实的困境。对庄子来说，重要的不是生活境遇的真实状态如何，而是以什么样的态度来看待生活。

庄子衣大布而补之，正緳系履而过魏王。魏王曰："何先生之惫邪？"庄子曰："贫也，非惫也。士有道德不能行，惫也；衣弊履穿，贫也，非惫也，此所谓非遭时也。王独不见夫腾猿乎？其得楠梓豫章也，揽蔓其枝而王长其间，虽羿、蓬蒙不能眄睨也。及其得柘棘枳枸之间也，危行侧视，振动悼栗，此筋骨非有加急而不柔也，处势不便，未足以逞其能也。今处昏上乱相之间而欲无惫，奚可得邪？此比干之见剖心，征也夫！"（《庄子·山木》）

从庄子的言论中，我们看到的是一个自由而又高贵的灵魂，也正是因为如此，司马迁说"王公大臣不能器之"。这种精神风骨，使得庄子在中国传统知识分子的精神史上占据了重要的位置。可能也正是因为如此，传统的读书人似乎都可以从《庄子》中获得对自我的认同。

二、视角的重要性：是鲲鹏还是小麻雀

在中国，大多数人都对庄子不陌生，也有很多人因为《逍遥游》而喜欢上了庄子，庄子也由此被贴上了中国自由主义者的标签。这个标签是否正确是另外一回事，人们对庄子的喜爱，则是无须多言的。2016年有一部视觉效果非常炫酷的国产动画片《大鱼海棠》，其中主人公的名字——"鲲"和"椿"就来自《庄子》，片中也出现了《逍遥游》中的名句。

我们在关注《逍遥游》的时候，都会注意到鲲、鹏这种极为宏大

的形象，由此产生对所谓精神自由的追求。为什么人会有这样的直接感觉呢？很简单，因为我们每一个人在现实中都是受限制的，我们不是生活在“某个人的阴影里”，就是被“某种规范所决定”，现实中的种种无奈，使得我们的内心有着更为强烈的对于自由（或者说无限）的向往。当然，也有很多人可能不这么想，他们会不断地适应现实，不再有任何想象的可能。从这个角度来说，想象力其实是一种难得的、珍贵的能力。

既然现实中的我们，都生活在“限制性”（有限性）之中，那么，无限是否存在呢？这是一个重要的问题。很多人在限制中会直接遗忘无限性，认为生活本身就应该如此这般，那种不受限制的、无限的可能性反倒是不正常的。所以，在这种情况下，追求自我精神是非常重要的。中国哲学是关注个体精神自我完善的哲学。由此，学习中国哲学，对于现代生活中的每一个人来说，都具有非常重要的现实意义。如果说庄子想要把那种无限逍遥游的境界带给我们，那他首先得告诉我们，无限是可能的。

> 北冥有鱼，其名为鲲。鲲之大，不知其几千里也；化而为鸟，其名为鹏。鹏之背，不知其几千里也；怒而飞，其翼若垂天之云。是鸟也，海运则将徙于南冥。南冥者，天池也。《齐谐》者，志怪者也。《谐》之言曰：“鹏之徙于南冥也，水击三千里，抟扶摇而上者九万里，去以六月息者也。”野马也，尘埃也，生物之以息相吹也。天之苍苍，其正色邪？其远而无所至极邪？其视下也，亦若是则已矣。（《庄子·逍遥游》）

这是《逍遥游》的开篇，读过《庄子》的人必然是读过这一段的。“鲲之大，不知其几千里也”“鹏之背，不知其几千里也”，如此之大的鲲、鹏，自然是超出我们常识之外的，我们在日常经验中并没有看到过这种庞然大物。可是，庄子为什么一上来就要写它们呢？是庄子目睹了鲲和鹏吗？当然不是，这样写具有非常特殊的意义。庄子的写作技巧极佳，在《逍遥游》的开篇，庄子就让极其庞大的鲲、鹏出场，目的就是要给我们带来震撼和冲击。这种跟现实强烈对比的现象表明，我们的日常经验其实是微乎其微、微不足道的。鲲、鹏当然不是最高的形象，也不是庄子的理想所在。可是，既然鲲、鹏以如此这般超越现实的形态而存在，就说明我们的世界远远比我们想象的要大很多。很多时候是我们把自己限制在了一个狭小的境地中，并且认为这个境地就是最好的，比如后文的小麻雀、井底之蛙等，都是我们现实情境的写照。那么，究竟是什么限制了我们呢？庄子认为其中一个很重要的因素就是视角。视角就是一个人观察事物的角度，决定了一个人思想和境界的高度。“天之苍苍，其正色邪？其远而无所至极邪？其视下也，亦若是则已矣”，我们抬头看着蓝天的时候，通常都会想，天空是那么湛蓝。可是，难道这就是它真正的颜色吗？天空就是我们所看到的样子，还是说它是高旷辽远且没法看到尽头的呢？鹏鸟在高空往下看，不过也就像这个样子罢了。当我们从日常经验限制中脱离出来、抬头望天的时候，我们的这些惊讶和思考是非常重要的，也只有在这个时候，我们才会思考天空是否就是平时所看到的这般。很明显，我们的视角已经从日常经验的限制中转移到了对浩瀚天空的沉思。这种沉思实际上就使得我们可以摆脱种种限制，所以我们经常说，思想者是仰望星空的人。仰望星空之所以如此重要，是因为它给我们提供了一个转换视角的机会。鲲、鹏之所以超越在我们的视线之上，是因为它具有更直接的、经常转换视角的机会。

蜩与学鸠笑之曰："我决起而飞，抢榆枋而止，时则不至，而控于地而已矣，奚以之九万里而南为？"

斥鴳笑之曰："彼且奚适也？我腾跃而上，不过数仞而下，翱翔蓬蒿之间，此亦飞之至也。而彼且奚适也？"（《庄子·逍遥游》）

蜩、学鸠与斥鴳，都是我们现实经验中的存在，当它们看到大鹏鸟展翅飞往九万里的南溟的时候，觉得很难理解。在庄子看来，这种不理解是很正常的，所谓"朝菌不知晦朔，蟪蛄不知春秋"。不过反过来说，这也是很悲哀的一件事情，"知"（了解）在日常生活世界中实际上是极难的。

既然现实中的人都是受限制的，我们是应该接受这种限制，还是努力超拔自己？毫无疑问，在庄子看来，人必须努力地超拔自己，所以他给我们展示了逍遥游这种至高精神境界。但是，归根到底，人还是处于现实之中的，那么，庄子的这种提示又有什么意义呢？我想，其实庄子希望告诉我们的是：生活中有不同视角、境界，对我们来说，应该去把握看到更高的视角和境界的可能，这样才能够最大限度地提升自己。虽然在某种程度上来说，小麻雀的视角也是现实的、无可厚非的，但大鹏鸟的视角始终具有更高层次的意义。这就告诉我们选择更高的视角，对于我们的人生来说有非常重要的意义的，它会让我们的精神生命有更高的要求，从而使我们更好地实现对自我的完善。假如我们处在小麻雀的境界之中，我们千万不要嘲笑大鹏鸟的行为。小麻雀和大鹏鸟的差异是现实的，但是这种嘲笑会让我们的精神生命失去进一步提升的可能。

三、逍遥游是可能的吗

逍遥游是庄子表达的一种精神至为自由的状态，也是一种人所应当追求的理想境界。什么是逍遥游呢？庄子有非常明确的说明，“若夫乘天地之正，而御六气之辩，以游无穷者，彼且恶乎待哉？故曰：至人无己，神人无功，圣人无名”（《庄子·逍遥游》）。这是一种与天地一致的、无待（无所限制，与其相反的就是“有待”）的状态，是无己、无功、无名的，所以，逍遥意味着人的精神向着无限性的展开，“无限性”的提出是庄子丰富想象力的表现。对于庄子来说，达致道通为一的齐物状态，无所待的逍遥游就可以实现。所以，从这个意义上来说，逍遥游能否实现，取决于自我心灵能否突破有限性、相对性的限制，从而达到一种绝对自由的精神状态。

可是，人的生活其实都是有待、有限制的，也就是说，人生是有困境的。这种困境，在庄子看来有内、外两个层面。就内在而言，死亡、命以及情欲三者，是生活于现实世界中的人都无法摆脱的。“人生天地之间，若白驹之过隙，忽然而已”（《庄子·知北游》），“死生，命也；其有夜旦之常，天也”（《庄子·大宗师》），“人之生也，与忧具生”（《庄子·至乐》）。现实生活中的人总是有其自然的大限——死亡，有其不可改变的命运。人之生，却是直接与死亡联系在一起的，似乎人之生就是为了死亡这个目标而存在的，“一受其成形，不忘以待尽”（《庄子·齐物论》）。死亡的不可避免性，决定了人生根本意义上的荒谬性。命同样是人所无法逃避的事实，子桑的死为我们对命的必然性提供了非常直观的理解。

> 子舆与子桑友。而霖雨十日，子舆曰："子桑殆病矣！"裹饭而往食之。至子桑之门，则若歌若哭，鼓琴曰："父邪！母邪！天乎！人乎！"有不任其声而趋举其诗焉。子舆入，曰："子之歌诗，何故若是？"曰："吾思夫使我至此极者而弗得也。父母岂欲吾贫哉？天无私覆，地无私载，天地岂私贫我哉？求其为之者而不得也！然而至此极者，命也夫！"（《庄子·大宗师》）

"命"是一个既成的事实，一个人拥有什么样的生活状态，不是父母的意愿，也不是上天的命令所能决定或改变的，它对于个体而言是无法选择、无法摆脱和无可奈何的。情欲同样是世人无法逃避的，"人之生也，与忧具生"（《庄子·至乐》），"哀乐之来，吾不能御；其去，弗能止。悲夫，世人直为物逆旅耳"（《庄子·知北游》），"夫声色滋味权势之于人，心不待学而乐子，体不等象而安之；夫欲恶避就，固不待师，此人之性也"（《庄子·盗跖》）。人之生不能够离开情欲，而有了情欲的计较、选择，生存所面临的限制也就产生了。死亡、命与情欲构成了人内在的生存困境，是人所无法摆脱的事实。

人的生活不仅受内在因素制约，也受外部条件的影响，其中主要是礼乐制度、仁义道德的标准给人心制定的限制。

> 且夫待钩绳规矩而正者，是削其性者也；待墨索胶漆而

固者，是侵其德也；屈折礼乐，呴俞仁义，以慰天下之心者，此失其常然。（《庄子·骈拇》）

世俗的社会总是存在一系列的制度形式和伦理规范，这也形成了社会的基本价值体系，生活于其中的人，必然受到这些体系的制约。可是，这些制度、规范本身是不是合乎人性的，或者说是人生所必要的呢？

骈与明者，乱五色，淫文章，青黄黼黻之煌煌非乎？而离朱是已。多于聪者，乱五声，淫六律，金石丝竹黄钟大吕之声非乎？而师旷是已。枝于仁者，擢德塞性以收名声，使天下簧鼓以奉不及之法非乎？而曾史是已。骈于辩者，累瓦结绳窜句，游心于坚白同异之间，而敝跬誉无用之言非乎？而杨墨是已。故此皆多骈旁枝之道，非天下之至正也。（《庄子·骈拇》）

在庄子看来，诸如智慧、仁义及辩言这些东西，犹如人体的“骈拇”“枝指”和“附赘县疣”，都是不符合本然的、多余的东西。然而，这些原本多余的东西却成了社会规范的基础，世界的荒谬也就因此而产生。内在的困境是人自身的一种必然性，是无法改变的；外在的困境是一种世俗的评判，同样是无可逃遁的。这双重的压力给现实生活中的人带来了深深的痛苦。“彼窃钩者诛，窃国者为诸侯”（《庄子·胠箧》），“昨山中之木，以不材得终其天年；今主人之雁，以不材死”（《庄子·山木》），人世间有太多这样的事情，是与非没有确定的标准。如果说偷窃者一定是要被诛杀的，那么为什么偷了国家的人反而成了王侯？如果说能否得养天年与材不材相关，为什么同样是不材，雁和木却有不一样的结果？这只能说明，所谓的世俗标准都是荒谬的，只是标准的制定者加在他者身上的一种限制罢了。

人有内外的诸多限制，或者说，诸多缺陷。这就会让人觉得，从本质上来说，逍遥游的境界是人在现实中所无法达到的。但是有的时候理想之所以伟大，并不是因为它可以实现，恰恰是因为它的不可实现性。因为只有这样，它对人才具有更高的提升意义。

四、人怎样生活在一个不可理喻的世界中

庄子的精神，多少有一些反对现实的倾向，或者说是批判现实的倾向。因为现实中的很多事情，在庄子看来就是不可理喻的。这种感觉存在于很多人的观念之中，这大概也是很多人面对庄子的思想会产生内心共鸣的原因。既然在庄子看来，现实的人间世是荒谬的，那么人在现实中应该如何生存？庄子并非像某些观点所认为的那样，主张逃遁现实。实际上，庄子揭示现实荒谬性的目的，就是试图为人在现实生活中的生存寻找出路。这是庄子哲学所蕴含的极为重要的精神。

在无可理喻的人间世中，人应当如何生存？庄子认为最基本的要求就是“形莫若就，心莫若和”（《庄子·人间世》），即处身于荒谬的人间世之中，你的行为必须顺从这个现实世界，但是内心要保持平和。这是庄子在解决颜阖困境时，借蘧伯玉之口表达的。

戒之慎之，正女身也哉！形莫若就，心莫若和。虽然，之二者有患。就不欲入，和不欲出。形就而入，且为颠为灭，为崩为蹶。心和而出，且为声为名，为妖为孽。彼且为婴儿，亦与之为婴儿；彼且为无町畦，亦与之为无町畦；彼且为无崖，亦与之为无崖。达之，入于无疵。（《庄子·人间世》）

在蘧伯玉看来，面对卫灵公太子这样一个“天杀”的储君时，要警惕，要谨慎，而且要端正自己！“形莫若就，心莫若和”是庄子主张的在现实世界中生存的方法，换句话说就是“不遣是非以与世俗处”（《庄子·天下》），或者“为善无近名，为恶无近刑。缘督以为经，可以保身，可以全生，可以养亲，可以尽年”（《庄子·养生主》）。实际上，在这里庄子强调的是人要因顺自然，唯有如此，人才能够在荒谬中求得生存。“不遣是非”也不是没有是非观念，而是不与世俗斤斤计较。“知其不可奈何而安之若命”（《庄子·人间世》），“处乎材与不材之间”（《庄子·山木》），这不是消极的举措，而是为了让人能够在荒谬的现实中得到安顿的权宜之计，其中包含着对于现实生活的深深无奈和对于世人的深切同情。但是，如何才能做到“形就”“心和”呢？“形就”是比较容易达到的，关键在于如何“心和”。“心和”，实际上就是保持内心的虚静，一无所执，没有世俗所谓的是非善恶种种标准，没有对世俗制度规范的执着。唯有这样，才能够处变不惊。这实际上就是《人间世》中所讲的“心斋”。

颜回曰：“吾无以进矣，敢问其方。”仲尼曰：“斋，吾将语若！有心而为之，其易邪？易之者，皞天不宜。”颜回曰：“回之家贫，唯不饮酒不茹荤者数月矣。如此，则可以为斋乎？”曰：“是祭祀之斋，非心斋也。”回曰：“敢问心斋。”仲尼曰：“若一志，无听之以耳而听之以心，无听之以心而听之以气！听止于耳，心止于符。气也者，虚而待物者也。唯道集虚。虚者，心斋也。”（《庄子·人间世》）

“心斋”并不是传统意义上的“斋”，实际上是心的一种修炼功夫，它要求人必须摒除杂念，专一心思，不用耳朵去听而用心去领悟，进而不用心去领悟而用凝寂虚无的意境去感应。耳的功用仅在于聆听，心的功用仅在于跟外界事物交合。凝寂虚无的心境才是虚弱柔顺而能应待宇宙万物的，只有大道才能汇集于凝寂虚无的心境。虚无空明的心境就叫作“心斋”。简而言之，就是由耳而心至气，最后达到一种内心无所偏执、恬淡虚无的境界。人要是达到了这种境界，所产生的效果也是非常明显的。

颜回曰：“回之未始得使，实自回也；得使之也，未始有回也。可谓虚乎？”夫子曰：“尽矣。吾语若！若能入游其樊而无感其名，入则鸣，不入则止。无门无毒，一宅而寓于不得已，则几矣。绝迹易，无行地难。为人使易以伪，为天使难以伪。闻以有翼飞者矣，未闻以无翼飞者也；闻以有知知者矣，未闻以无知知者也。瞻彼阕者，虚室生白，吉祥止止。夫且不止，是之谓坐驰，夫徇耳目内通而外于心知，鬼神将来舍，而况人乎！是万物之化也，禹舜之所纽也，伏戏几蘧之所行终，而况散焉者乎！”（《庄子·人间世》）

这样的方式，无疑为人的生活提供了一种非常特殊的存在方式，可以称为“游世”。游世，是以人在现实中的存在为基本立足点，着重解决的问题是在逍遥之现实不可能实现的情境下，人何以存在。在某种意义上，逍遥揭示的是人类精神所能达到的极致的可能，呈现的是人的心灵的至高境界。这样的境界，当然值得我们去追寻和坚持。但是，在我看来，庄子思想更为重要的意义是对于人的现实生活方式的探求。在某种意义上来说，如何在不堪的现实之中安顿人的心灵，总是比超越的境界本身更为重要，所以，游世的提出，在庄子思想中应该更具深远意义。承认这一点的话，我们就不难理解庄子对于后代文人所产生的持久的、具有典范性意义的影响。

从《庄子》本身的文本来看，在通常被认为是庄子本人所作的《内篇》中，“游”是一个极为重要的概念，这不能不说是庄子的一种非常重要的意蕴。“游”的这种方式，既不抛弃现实本身，又强调个体在心灵上保持自我的超越。在这种解决方式之下，人可以既现实又超越。在这种境界之下，人心虚无空灵，对外界一无所执，顺世而化。这样就不会再为世间的一切束缚所拖累，人自然能够在不可理喻的世界中保存自己的生命。

五、有用还是无用

在庄子哲学中，关于“有用”还是“无用”的争辩，可以说是最受人关注的。并不是因为这一争辩具有多么深刻的哲学内涵，而是因为这一争辩背后反映的是现实中每一个人的纠结。我曾经开玩笑说，纠结可能是人生的基本事实，因为人的一生大概都是在不断选择的中展开的。小时候我们纠结玩什么玩具以及跟谁玩；再长大一点，我们开始纠结上什么辅导班以及上多少时间；再之后，开始纠结上什么学校；好不容易上了大学，我们开始纠结选择什么专业、未来从事什么样的职业；然后纠结跟谁相处以及跟谁过一辈子。好不容易操心完自己的事情，又开始进入了纠结的2.0版——操心孩子，于是乎纠结也就构成了我们人生的基本真相。纠结意味着选择，选择意味着承担选择的后果，而这些后果有的时候对我们来说，真的是生命中无法承受之重。于是，我们的生活就在年复一年的纠结中重复着。而重复的背后，在所有纠结的选择中，被提及最多的词，就是有用与无用。我们看似一直在选择我们认为有用的选项，可是事实真的就是这样的吗？很大程度上未必如此。在庄子看来，人都有极强烈的主观意志（在这一点上，老子也是如此），人都会天然认为自己所做的选择是正确的，别人的选择明显是不对的。这是人生的常态，所以，人与人之间充满矛盾，以至于无法相互理解。其实，在庄子看来，每个人的选择并不是一定正确的，因为每个人的观察都只是如同盲人摸象一般看到了某一个层面的问题，而非问题的全貌。既然这样，我们为什么那么执着地认为自己所说的就是对的呢？

在与惠施的辩论中，庄子阐释了这个问题。惠施和庄子性格迥异，可毫无疑问的是——至少在庄子这里——他们是一对好朋友，即便庄子对惠施有非常多的批评，甚至没有哪怕一丁点的认可。

这是一种非常特殊的友谊，也是一种真诚而又纯粹的友谊，虽然彼此总是在争执、论辩，总是处于不一样的价值立场，但是，这些因素终究不妨碍他们成为朋友！当然，这两个朋友之间还是有共同之处的，那就是他们都细致地观察了天地万物。不过，他们观察所获得的结果，却有着天壤之别。惠施看到的是万物之间的相异，而庄子看到的则是彼此之间的同。这也是一个颇为有趣的一个现象。

惠施和庄子，似乎每天都在喋喋不休地争论。关于“有用”和“无用”的争辩，就是他们辩论的诸多主题之一。

> 惠子谓庄子曰：“魏王贻我大瓠之种，我树之成，而实五石。以盛水浆，其坚不能自举也。剖之以为瓢，则瓠落无所容。非不呺然大也，吾为其无用而掊之。”庄子曰：“夫子固拙于用大矣。宋人有善为不龟手之药者，世世以洴澼絖为事。客闻之，请买其方百金。聚族而谋曰：‘我世世为洴澼絖，不过数金，今一朝而鬻技百金，请与之。’客得之，以说吴王。越有难，吴王使之将，冬，与越人水战，大败越人。裂地而封之。能不龟手一也，或以封，或不免于洴澼絖，则所用之异也。今子有五石之瓠，何不虑以为大樽，而浮于江湖，而忧其瓠落无所容？则夫子犹有蓬之心也夫！”（《庄子·逍遥游》）

这是庄子和惠施第一次关于“有用”还是“无用”的讨论，起于惠施对其大葫芦的描述。惠施说，魏王送给他大葫芦的种子，他种下之后结出的葫芦也非常大，大到可以容纳五石东西。可是这样的葫芦，在惠施看来，用来盛水，会因质地太脆而无法提举；切开来当瓢，又太大而平浅以至于无法容纳东西。所以惠施说，这个葫芦虽然很大却无用，于是就把它给砸了。针对惠施的这个说法，庄子讲了一个故事：“从前有个宋人善于制作防止手冻裂的药，他们一家世世代代都以漂洗丝絮为生。有个人听说了这件事情，就找到宋人，希望用一百金来买他的药方。宋人听了之后，召集全家商量说：‘我们家世世代代靠这种药来漂洗丝絮，一年所得撑死了也不过数金；现在如果我们卖掉这个药方，马上就可以得到百金。这样一比较，应该是很大的收益吧，我们就把药方卖给他吧！’这个人在买到药方之后，就去游说吴王。那时正逢吴越之间打仗，吴王就命他为将。他在冬天里跟越人展开水战，结果大败越人，吴王就割地封侯来赏赐他。你看同样是防止手冻裂的药，有人靠它得到封地，有人却只会用于漂洗丝絮，这是为什么呢？就是因为使用方法不同啊！同样的一个东西，使用方法不同，会产生截然不同的效果！你有可容五石东西的大葫芦，为什么不把它用作腰舟而浮游于江湖之间呢？那毫无疑问也是一种极为自由的状态啊，可是你却因它大而无处可容纳，就把它给毁了！你这见识也实在是太浅薄了吧！”在庄子看来，我们认为一个东西无用，并不是因为这个东西本身没有用，而是因为我们不知道怎么去用它。换言之，一个东西不会是无用的，它的用处大小取决于用它的人。但是，惠施的想法跟庄子不一样，对于他来说，“用”就是要在某个具体的标准（常识、规范）下才能实现。这在庄子看来就是一种不通达的表现，但是，这也无碍于惠施继续批判庄子。

惠子谓庄子曰：“吾有大树，人谓之樗。其大本拥肿而不中绳墨，其小枝卷曲而不中规矩，立之涂，匠人不顾。今子之言大而无用，众所同去也。”庄子曰：“子独不见狸狌乎？卑身而伏，以候敖者；东西跳梁，不辟高下；中于机辟，死于罔罟。今夫斄牛，其大若垂天之云。此能为大矣，而不能执鼠。今子有大树，患其无用，何不树之于无何有

之乡，广莫之野，彷徨乎无为其侧，逍遥乎寝卧其下。不夭斤斧，物无害者，无所可用，安所困苦哉！”（《庄子·逍遥游》）

惠施用了一个比喻来回应庄子。他说有一棵大树，树干上有许多的赘瘤，枝杈弯弯曲曲，人们都叫它臭椿。虽然它很大，但是匠人走过的时候，看都不会看一下。因为这棵树虽然大，但是没有用啊！在惠施看来，庄子所说的道理，就像是这棵树，大而无用！对于这个批评，庄子首先反驳的是：如果说大的没有用，那小的就一定有用吗？庄子说：“你难道没见过野猫和黄鼠狼吗？它们屈身伏在那里，等待捕捉来来往往的小动物；捉小动物时东跳西跃，不避高下；但是一踏中捕兽的机关陷阱，就死在网中。虽然它们很敏捷，但是终究难免一死。”但是，这也不是说，大的东西天然就是有用的，比如牦牛，它大如天边的云，却不能捕鼠。所以，无关大小，怎么使用才是问题的关键！庄子说，现在你有一棵大树，却担忧它没有用处，那为什么不把它种在广阔的田野呢？这样我们就可以随意地徘徊在它的旁边，逍遥自在地躺在它的下面，这不是很惬意吗？

其实关于“有用”还是“无用”，惠施是站在现实功利的立场的，即如果从现实的、直接的角度无法看到一个东西的用途，那它就是无用的。而庄子的立场则是，一个东西有没有用以及有多大的用处，关键在于怎么用它，任何东西都是有用的，而且都可以有大用，只要找到恰当的使用方式。实际上庄子在这里强调的是，我们应当以一种通达的心境来对待用的问题，让所有物的都能发挥最大的用处。很多时候我们认为有些东西没有用，实际上是我们评判的观念有问题，进而使我们的理解出现了问题。在这种限制下，我们对于物有了各种各样的区分和限定，从而“用”的标准也被固定和限制在某个特定的意义中了。这样导致的结果，就是庄子所说的“山木自寇也，膏火自煎也。桂可食，故伐之；漆可用，故割之。人皆知有用之用，而莫知无用之用也”（《庄子·人间世》）。

这个话题有非常深刻的含义，它是对世人所谓的“用”（基于现实功利角度）的批判，认为实际上是由于我们心灵的自我限制，而对于“用”没有通达的观点。后人从这个阐释中，延伸出了所谓“无用之用，方为大用”的说法。这话显然是背离庄子本意的。其实庄子无意比较哪种用更大（或者具有更高价值），他只是强调，所有的物均有其用，现实中那些被视为“无用”的物并非真正无用，而是我们没有找到适合它的形式而已。如果我们在现实生活中强调的是功利的用，然后认为庄子跟现实的人相反，那么在他看来，无用才是真正的大用。这难道不是对于庄子精神的一种矮化吗？如果是这样的话，庄子终究也只是站在一个相对立的立场来言说罢了，那么所谓的道通为一在哪里呢？

这个话题，后来又被延伸至阐释哲学之用。在我的印象中，最早是冯友兰先生用这个例子的，他说，“哲学的用途乃无用之大用”。这个说法的影响力极大，即便到了现在，很多人在谈哲学之用的时候，都会理直气壮地引用冯先生的这个说法。我们是不是需要反思一下：这样的说法是否真的可靠呢？在我看来，如果我们返回庄子的思想就会发现，其实这样的回应是没有意义的。说哲学是无用之用，无非是一个苍白的答案，在很大意义上，会消解哲学对于个体现实生命所具有的指引意义。试想一下，如果哲学可以对人的精神生命产生积极之影响，它还是无用的吗？所以，上述对于哲学之用的回复，看上去套用了庄子的话，但实际上背离了庄子哲学的精神内涵，对于哲学本身来说，也是一种伤害，因为它首先预设了哲学是无用的。

六、庄子的意义

在中国哲学史上，庄子具有非常重要的意义，他代表着中国人精神世界中一个具有标志性意义的高度。如前所言，历代的学者都喜欢庄子，他们被庄子的文字打动，更被庄子的精神境界所折服。在一定意义上，庄子代表着个体精神所能够达到的高度。鲁迅曾称赞“其文汪洋辟阖，仪态万方，晚周诸子之作，莫能先也”（《汉文学史纲要》）。这个评价不可谓不高。在我看来，庄子所具有的意义主要表现在以下几个方面。

首先，庄子代表了一种极致的想象力。想象力对于人类来说，是至为珍贵的。我们所有的创作，无论是人文艺术还是自然科学，几乎都无法离开想象力，想象力代表了思想所具有的高度。因此，没有想象力，或者缺乏想象力，生活将会变得鄙陋不堪。庄子的思想代表了人类想象力的极致，无论是从《庄子》文本的语言表达来说，还是从《庄子》所使用的意象，或者他所表达的思想来说，都充满着想象力。很多人把庄子思想视为一种文人的浪漫主义，而对于浪漫主义来说，想象力是不可缺乏的。因为想象力，生活才得以呈现出更为丰富多彩的一面。

其次，庄子揭示了精神生命的高度。我们的人生是极其受限的，甚至是屡屡碰壁的，这可能就是一个基本的生活事实。但是，庄子的哲学极大地拓宽了我们所处的世界的边界，让我们得以在精神世界翱翔。很多人说庄子哲学的特质是自由，我想这个概括总体上是没有问题的。但是庄子讨论的并非主要是现实生活之中的自由，毕竟现实生活中有很多无法回避的无奈，庄子也称“知其不可奈何而安之若命”（《庄子·人间世》）。但是，人之所以是人，是因为我们有着更为丰富的、重要的精神生命。这种精神生命，使得我们拥有了超拔于现实生命限制的可能，从而实现个体精神生命的完善。而庄子的思想境界对于个体的自我完善来说，也是一个非常重要的目标。可以说，庄子为个体的自我完善确立了一种精神标准，这对于中国哲学精神来说，是至关重要的。

最后，庄子教给我们一种超越限制看问题的方法。作为一个在现实中生活的个体，我们每个人都是有限的，都是被一定的价值和规范所束缚的。在这样的情况下，我们很容易形成一种局限性的思考问题的方式。所谓局限性的方式，就是从我们自身的立场、个人的喜好出发来判断事情：跟我们相同的，我们就认可；不同的我们就反对。在很多时候，这就是我们的生活事实。这在一定程度上，也是人的主观性的反映。这本身并没有问题，可是如同庄子所言，我们同时很容易认为自己的判断是完全正确的，别人的就是错的。这就叫作自私用智，或者说师心自用，这是人强烈的主观意志的表达，也是我们普通人的基本存在形式。为了解决这样的问题，庄子哲学所采取的最重要的方式，大概就是齐物说。庄子要消解彼此之间的那种优越性，而将它们纳入同一价值维度。只有齐物，我们才能超越是非对错，才能真正转换我们观察世界的视角，由此，世界也才可能向我们呈现出更加丰富多彩、精彩绚丽的面向。

我们读《庄子》的时候，尤其是面对庄子那些古怪的文字以及独特的表达时，可能会感觉这个人的思维有些飘忽，甚至有些不着边际。但是事实上我们不能否认的是，庄子在书中揭示的都是人类日常生活中的种种弊病，而他之所以以这种独特的方式来表达，也是因为只有这样，才有可能让我们从迷雾中清醒过来。对于很多人来说，庄子可能是像大鹏鸟那样翱翔在千里之外而俯视着我们的神灵，他跟我们的现实生活毫无瓜葛。但是，我却总是认为，这样的俯视其实是为了更好地看清楚世间的病痛，更好地救治人间。所以，我一直认为庄子是深爱着这个世界的。

第九讲

独行仁义的墨子

在先秦诸子中，墨子是一个极为特别的人。我这里想要说的特别，倒不是在历史上他所表现出来的种种特殊思想，而是在两千五百年之后，他居然成了别人选择了解先秦诸子百家的主要理由！据我的许多学生说，他们对先秦诸子的兴趣，来自一部叫《秦时明月》的动画作品，其中墨子和墨家的形象被塑造得非常厉害、酷炫！

这确实是件有趣的事情，墨子在中国哲学史上具有重要影响力，而一部动画作品对于传统人物的塑造和挖掘，也可以起到非常重要甚至意想不到的作用。从这个角度来说，中国传统文化中值得挖掘的宝藏人物其实很多，如果动画这种形式能给年轻人带来更直观的关于先秦时代的感受，其实也是挺好的一件事。

当然，历史上的墨子和墨家未必如动画中一般酷炫，但是他们也可以说是百家争鸣的星空中最灿烂的星星之一。《墨子》中有一段记载，可以非常直观地呈现具有独特意义的墨子形象。

子墨子自鲁即齐，过故人，谓子墨子曰："今天下莫为义，子独自苦而为义，子不若已。”子墨子曰：“今有人于此，有子十人，一人耕而九人处，则耕者不可以不益急矣。何故？则食者众而耕者寡也。今天下莫为义，则子如劝我者也，何故止我？”（《墨子·贵义》）

在那个尔虞我诈、每个人都追逐利益的时代，墨子却以仁义为己任。有一次，墨子从鲁国到齐国去，途中拜访老朋友。他的老朋友就劝墨子说：“现在天下没有人坚持仁义了，只有你独自苦苦支撑着主持正义，你何苦还要坚持呢？”墨子说：“我们来打个比方吧。有一个人，他有十个儿子，只有一个儿子耕种，其他九个儿子却闲着，那么耕种的人不能不更加着急了。为什么呢？就是因为吃饭的人多而耕种的人少呀！现在天下没有人坚持仁义，那么你该鼓励我才是，为什么反而阻止我呢？”这就是独行仁义、坚持自己立场的墨子，这样的墨子毫无疑问是特立独行的！

一、来自底层的声音

我一直在想，在谈论先秦诸子百家、中国哲学的时候，有哪个人物是必不可少的。像孔子、老子这些开创性的人物肯定不能少，而墨子同样也是不可或缺的。这不仅仅是因为墨子是墨家的创始人，墨家是先秦诸子中极为重要的一家，以韩非的说法，那就是“世之显学，儒、墨也”（《韩非子·显学》）；更因为先秦是百家争鸣、百花齐放的时代，是一个思想极为自由和丰富的时代，如果墨子缺席了，那么这种丰富性将大打折扣！

如果没有墨子和墨家的话，整个思想史上所谓的思想创发、争鸣，都只是知识精英的事情。不可否认的是，哲学（或者说思想）工作从本质上来说，总是跟上层知识精英有比较密切的关系，这是社会环境使然。但如果中国哲学更关注生活世界本身的话，就表明这种哲学的目的在于让每一个人的精神生命有提升的可能，这里的每一个人就不能只是知识精英了。先秦时期的百家争鸣之所以具有重要意义，在我看来，恰恰是因为它是全方位的争鸣，而墨子和墨家恰好代表了这样一种知识精英之外的思想力量。

按照我们通常的说法，墨子是“农与工肆之人”（《墨子·尚贤上》）的代表者，即普通的手工业者和劳动者。毛泽东曾经评价墨子：“墨子是一个劳动者，他不做官，但他是比孔子高明的圣人，孔子不耕地，墨子自己动手做桌椅子。”（《毛泽东评点二十四史》）劳动者，这是墨子身上独特的光环。首先，劳动者作为一个思想的阶层出现，表明百家争鸣的事实状态。其次，劳动者能够以思想者的身份登场，表明中国哲学精神在当时的成熟程度。我们一直都说中国是理性早熟的社会，而这种理性精神，在以墨子为代表的劳动者阶层中，有更为直接的说明。

也许正是因为墨子代表的是底层的声音，所以，墨家的观念其实非常简单直接，重视实效。相对于知识精英们的夸夸其谈来说，这种来自底层的思想和声音，更加值得我们重视。墨子认为，检验人们认识的真理性，必须“言必立仪”（《墨子·非命上》），即有一个共同的标准。没有统一的客观标准，要辨别是非利害是不可能的。由此，他提出了“三表法”，主张以三条标准去检验人们的认识是否具有真理性。他说：“言必有三表。何谓三表？……有本之者，有原之者，有用之者。于何本之？上本之于古者圣王之事。于何原之？下原察百姓耳目之实。于何用之？废（发）以为刑政，观其中国家百姓人民之利。此所谓言有三表也。”（《墨子·非命上》）在这里，墨子强调三个标准：第一，“上本之于古者圣王之事”，即以历史记载中前人的间接经验为依据；第二，“下原察百姓耳目之实”，即以广大群众的直接感觉经验为依据；第三，“废（发）以为刑政，观其中国家百姓人民之利”，即以实际的社会效果为依据，考察各种言论、主张在实施过程中是否符合实际情况，给国家、人民带来效益。这三条标准，其实非常有意思，也值得深思。第一条实际上讲的就是历史原则，我们所说的话，要经得起典籍中记载的考验；第二条其实就是现实原则，即我们的观念必须要合乎生活常识；第三条其实就是实践效果的检验，即能否产生现实效用。

从今天的角度来说，我们也不得不承认这三条标准不但是成立的，而且是非常准确和有效的。因为这才是真正源于生活世界的、与生活经验密切相关的思想结晶。如果说哲学都难免会有空言的话，墨子的思想则是切实地以生活经验为基础的，是拒绝一切玄谈的。这是来自底层的墨子和墨家思想的宝贵之处！

二、墨子是谁

前文我们提到，李约瑟说老子是朦胧的。其实，在某种意义上，先秦诸子都是朦胧的。这种朦胧大抵来源于两个层面。一则出于后人的神化，比如孔孟，当我们以圣贤来指代他们的时候，他们呈现在我们面前的形象总是高大和完美的，但是我们似乎忘记了他们其实也是现实的人，有丰富的情感和独特的个性，当这些情感、个性被掩盖后，他们也就成了一些朦胧的神秘符号。二则由于记载的有限和史料的缺乏，我们无法勾勒出某些人物确切的形象，只能依据传说进行描述和还原。这样勾勒出来的人物形象可能和诸子本身的作品一样，是不断累加的结果。在这种神化或者传说累加的背后，我们看到的只是一个个朦胧的背影。

墨子就是这样一个朦胧的背影。虽然很多时候，我们误以为墨子的形象是清晰的。比如我们会说墨子姓墨名翟，是鲁国人（一说宋国人），工匠出身，后来做过宋国大夫，是墨家学派的创始人。这种教科书式的解释似乎也无懈可击，《吕氏春秋》《淮南子》《史记·孟子荀卿列传》等典籍，都是如此界说墨子的。

然而，关于墨子其人，在历史上也并非没有异议。南齐孔稚圭所著的《北山移文》称墨翟为“翟子”；元朝伊世珍所著的《琅环记》也赞同此说，并认为墨子姓翟名乌；清代周亮工所著的《固树屋书影》更提出“以墨为道，今以姓为名”，认为墨子姓翟，并将姓转成名，而“墨”是一种学派；晚清学者江琼所著的《读子卮言》承袭周亮工的说法，并进一步说明古代确实有“翟”这一姓氏，但无“墨”姓，而且战国诸子中儒、道、名、法、阴阳、纵横、杂、农、小说等，都没以姓作为学派名，因此“墨”应该是学派的名称。于是，在这种解说下，墨子就成了姓翟名乌的人。

于是，朦胧的墨子呈现在不同进路的研究之中，甚至很多时候会让我们很困惑：墨子究竟是谁？其实，司马迁对于墨子也不甚了解，《史记》中只有寥寥数语，如“盖墨翟，宋之大夫，善守御，为节用。或曰并孔子时，或曰在其后”（《孟子荀卿列传》）。这样的情形多少有点耐人寻味。“杨朱、墨翟之言盈天下，天下之言，不归杨则归墨”（《孟子·滕文公下》），“世之显学，儒、墨也。儒之所至，孔丘也；墨之所至，墨翟也”（《韩非子·显学》），“孔墨之弟子徒属，充满天下。皆以仁义之术，教导于天下”（《吕氏春秋·有度》），“孔丘、墨翟修先圣之术，通六艺之论。口道其言，身行其志。慕义从风，而为之服役者不过数十人。使居天子之位，则天下遍为儒、墨矣”（《淮南子·主述》），这都表明儒墨并称，并显于时，是一个基本的事实。那么为什么司马迁对于儒家（如孔、孟、荀）不惜笔墨，而对于墨翟却只是以寥寥数语带过而已呢？难道司马迁对墨家有成见？这个理由也不成立，因为在《史记》中，司马迁（或者是借太史公之言）屡屡表达了对墨家的推崇之意，比如：“汉兴八十余年矣，上方乡文学，招俊乂，以广儒墨，弘为举首”（《平津侯主父列传》），“墨者亦尚尧舜道，言其德行……此墨家之所长，虽百家弗能废也”（《太史公自序》），“猎儒墨之逸文，明礼仪之统纪，绝惠王利端，列往世兴衰，作孟子荀卿列传第十四”（《孟子荀卿列传》）。以司马迁之史识、史情和史才，断不会对墨子忽视到如此的境地，关于个中情由，清人孙诒让在其《墨子间诂》中认为“于先秦诸子，自儒家外，老、庄、韩、吕、苏、张、孙、吴之伦，皆论列言行为传，唯于墨子则仅于《孟荀传》末附缀姓名，尚不能质定其时代，遑论行事。然则非从世代绵邈，旧闻散佚；而《墨子》七十一篇，其时具存，史公实未尝详事校核，亦其疏矣”；侯外庐先生则认为司马迁是出于政治压力，“不写墨者列传，自有隐忧”（《中国思想通史》第二卷）。这样的说法实际上不能算是一种令人满意的解释。如果说是司马迁的疏忽，这与他一贯的学风是不合的，很明显墨家也在他所重视的行列之中，断无可能疏忽。避免政治上的风险，看上去似乎说得通，但问题是联想一下李陵事件，这种可能性实际上也不大，况且这也不符合司马迁所秉承的史家传统。而方授楚先生提出了另外一种可能性，在我看来，这似乎是比较合情合理的一种解释。

> 他传之小序皆未及墨，而独此言之，则所附之传必较祥也。今本《孟荀传》已有错简，又多缺略，如“楚有尸子、长卢……阿之吁子焉”，阿非楚地，其中已有缺略矣。索隐云：“按序传孟尝君第十四，而此传为第十五，盖后人差降之矣。”今通行本则序传次序相同，又非《唐本》之旧也，故传末之二十四字，必迁作《墨子》之传已亡，而为后人附益，无疑已。吾所以论列此事，不厌其详着，盖淮南王安时既有墨者，迁不应如是之疏，以见墨学之在西汉，其衰微乃渐而非顿，及汉武用董仲舒之言，罢黜百家，表章六艺，其传授始绝也。（《墨学源流》）

也就是说今本《史记》中所见的这寥寥数语极有可能并非司马迁的手笔，而是后人的窜录，司马迁曾经非常翔实地写过墨子的传记，可是已经亡佚了，这和墨家之学逐渐衰微的历史事实也密切相关。其实，这样的推论也是合理的，作品的亡佚是难以避免的，历史上有很多著作都存在这个问题。从清人辑佚的工作中，我们大概也可以看到亡佚情形之一斑。有亡佚就会有增删，就会有窜录，这也是在保存古典文献时常遇到的状况。

不管怎样，从司马迁在《史记》中留下的些许记载中，我们依然可以获得一些信息。尤其是《孟子荀卿列传》自序中的那段话：“猎儒墨之逸文，明礼仪之统纪，绝惠王利端，列往世兴衰，作孟子荀卿列传第十四。”这样的描述表明，在司马迁看来，儒墨之间是有着紧密的联系的，以至于史家可以根据儒墨的文献来为孟子、荀卿作传。而“猎儒墨之逸文”，则表明司马迁事实上是看到了颇为丰富的墨家的相关资料的，这也间接证明亡佚说是可信的。儒墨之间存在的紧密联系在《墨子》中也可以得到印证。墨子曾经从师于儒者，学习孔子之术，称道尧舜大禹，学习儒家典籍。但后来逐渐对儒家的思想感到不满，认为“儒之道，足以丧天下者四焉”，即儒家不相信天鬼的存在，会导致“天鬼不悦”；儒者主张厚葬，行三年之丧，这种行为既浪费社会财富又浪费精力；儒者推崇音乐，同样会造成浪费的后果；儒者相信命运，这会导致人们的懒惰，把自己委之于命运。

从这样的基本立场出发，我们可以看到，墨子的出身可能相对卑微，故墨子经常自称“鄙人”，人亦尝称其为“布衣之士”和“贱人”。基于这样的身份定位，墨子思考的出发点显然与儒家的礼乐观念不同，他更关注现实生活层次的需求，因为他面对的就是普通的、日常的生活，尤其是普通下层人的生活。因此他自然会认为儒家的观念不符合现实生活的需求，是对财富和精力的巨大浪费，而这是墨子所不能容忍的。所以，突破儒家的礼乐传统，进而提倡一种更现实的社会行为主张，也是顺理成章的事情。

三、《墨子》讲了什么

墨子的基本观念，通常被称为“墨子十事”，即兼爱、非命、尚贤、尚同、天志、明鬼、非攻、非乐、节用、节葬。在墨子的观念中，这十个主张是最根本的，也是最为真实的真理，因为这是墨子基于三表法检验的结果。

第一是兼爱。“天下兼相爱则治，交相恶则乱”（《兼爱上》）。在墨子看来，一旦做到了“兼爱”，就会出现一个“强不执弱，众不劫寡，富不侮贫，贵不傲贱，诈不谋愚”（《兼爱中》）的合理的、公正的理想社会。墨子所向往、所追求的就是这样一个充满了爱的社会，体现了公正和正义的社会。在这一点上，墨家与儒家形成了鲜明的对比。儒家讲“仁爱”是以“孝悌”“亲亲”为出发点的，然后再推己及人，由爱有血缘关系之人推扩到爱没有血缘关系之人。而墨家的“兼爱”则是没有亲疏远近、没有差等之别的，是一种人与人平等的普遍之爱。与儒家的社会理想相比，墨家的社会理想带有更多底层大众的希望与追求，甚至是有一些乌托邦的性质。

第二是非命。墨子之所以相信自己的社会理想一定能够实现，从理论根源上看，在于“非命”而“尚力”。在墨子看来，孔子和儒家所主张的那种制约、支配人的活动的“命”是不存在的。他说，人们之所以相信“命”，一则是因为人们无力改造自然，造成衣食不足、饥寒冻馁；二则是因为统治者不顾国家人民之政，残暴荒淫，自取败亡。对于这两个方面，他们都不从自己身上找原因，反而把这一切都归之于“命”，似乎这一切都是由“命”来决定的，自己无可奈何、无能为力。因此，墨子断然否定有“命”的存在。他认为，所谓“命”实是“暴人之道”“圣王之患”“天下之厚害”。如果一切都听从于“命”，相信贫富、治乱、寿夭都是由“命”来决定的，那就必然导致人们放弃自己的努力，“上不听治，下不从事”（《非命上》），进而导致社会生活陷入混乱、停滞的状态。墨子认为，人自身具有“力”，完全能够以自己的力量来改造自然、治理社会。禹、汤、文、武之时，之所以国泰民安，原因不在于“命”，而在于禹、汤、文、武能够努力劳作，奋发有为，改造自然，治理社会。他认为，在当今社会，这种“力”的作用就更为显著了。

第三是尚贤。墨子认为，在社会生活中，贤者之“力”比一般人的“力”都要大，因此，要治理好社会就必须“尚贤”。在他的理想社会里，“尚贤”是一条基本原则。所谓“尚贤”，就是在官吏的选拔上任人唯贤，而不是任人唯亲。在宗族奴隶制国家里，讲的是“亲亲”“尊尊”，任用官吏以任人唯亲为原则。而墨子则要求改变这种任人唯亲的旧原则，确立任人唯贤的新原则。在他看来，选拔委任官吏，不应当以亲疏贵贱为准则，只能以贤能、功劳作标准。他说“官无常贵，民无终贱，有能则举之，无能则下之”（《尚贤上》），因此，即使是“农与工肆之人”，只要有能力，也同样可以授之爵禄，委以重用。

第四是尚同。在“尚贤”的基础上，墨子又提出“尚同”的主张。所谓“尚同”，就是“一同天下之义”（《尚同下》），使全社会都服从于一个最高统治者的思想和意志，做到“上之所是，必皆是之；所非，必皆非之”（《尚同上》）。在墨子看来，全社会如果没有一个统一的思想和意志，就会造成是非不分的局面，引起社会动荡。他说：“天下之所以乱者，生于无政长。”在这种情况下，“一人则一义，二人则二义，十人则十义，其人兹众，其所谓义者亦兹众。是以人是其义，以非人之义，故交相非也”（《尚同上》）。因此，要改变这种“交相非”的局面，形成“兼相爱”的社会，就必须把民众的思想和意志统一起来、集中起来。这就是“选天下之贤可者，立以为天子”（《尚同上》），“天下之百姓皆上同于天子”（《尚同下》）。由贤者做天子，天子在上面发号施令，把人们的思想和意志统一起来、集中起来。这样的观念，实际上跟集权的思想有着非常密切的关系。

第五是天志。墨子认为，最高统治者往往并不可靠，也有为所欲为甚至独断专行的昏君暴主，因此，需要有一种强有力的力量来制约最高统治者。这个力量在当时的现实中哪里会存在呢？于是墨子就只好求助于超现实的力量——“天志”。因此，墨子提出：“天子又总天下之义，以尚同于天。”（《尚同下》）在人间的天子、君主之上，还有更权威、更有力量的“天”的存在。人间的一切，要统一到超人间的“天”那里。在墨子看来，“天志”是人间善恶是非的最高标准，人们的言论行为都要受到它的审查和裁决，即使是王公大人也不例外。可以说，在“天志”面前，人人平等，最高统治者也不例外。

第六是明鬼。墨子为了解决最高统治者有无限权力的问题，除了主张“天志”，又主张“明鬼”。他把鬼神视为“天”的助手，认为鬼神与百姓的利益是一致的，能帮助广大人民实现自己的要求与利益。墨子把鬼神分为三类：一是“天鬼神”；二是“山水鬼”；三是“人死而为鬼者”。他不仅极力论证鬼神是一种客观存在，而且赋予鬼神理想的性格，把鬼神作为一种力量和正义的化身。在他看来，鬼神力量巨大，英明正确，无所不知，赏贤罚暴，无所不能。他说：“幽涧广泽，山林深谷，鬼神之明必知之”；“勇力强武，坚甲利兵，鬼神之罚必胜之”（《明鬼下》）。因此，贤明的君主都知道鬼神的厉害，不敢违背鬼神的意愿，而努力为天下兴利除害。既然“明鬼”，那么墨子就必然重视祭祀。他认为，祭祀的目的在于“上以交鬼之福，下以合欢聚众，取亲乎乡里”（《明鬼下》）。这种对待祭祀的态度与孔子是不同的，带有相当浓厚的神秘主义色彩。

第七是非攻。墨子认为，要实现“兼爱”，还必须解决一个国与国之间的关系问题。当时正是各诸侯国之间战争频繁之际，频繁的战争给各国人民带来了深重的灾难，墨子对此深恶痛绝，坚决反对战争。他提出了“非攻”的主张，并以此作为理想社会的一个重要原则。在墨子看来，战争有两类：一类是正义的战争，是对有罪之国的打击，他称之为“诛”；另一类是非正义的战争，是对无罪之国的侵略，他叫作“攻”。墨子并不反对一切战争，而是赞同“诛”、反对“攻”。用今天的话说就是主张正义战争，反对非正义战争。墨子指出，攻伐无罪之国的战争，一方面给被攻伐之国的人民带来巨大灾难，另一方面又使攻伐之国耗费粮草、死伤士卒，于人于己都是不可估量的损失，这种战争是最大的不义。在他看来，国与国之所以相互攻伐，就在于“诸侯各爱其国，不爱异国”（《兼爱中》），如果有“兼爱”的精神，“视人之国，若视其国”（《兼爱下》），就不会有战争了。

第八是非乐。墨子对于儒家所赞颂和维护的礼乐传统大为不满，认为这是一种奢侈浪费，无益于民众的生产和生活。他说，王公大人制造乐器、厚敛民财、耗费民资，只供他们少数人享乐，无补于广大百姓温饱。乐器制成之后，还需要人演奏歌舞，荒废了男耕女织，影响了农业生产。在他看来，制礼作乐实在是大可不必，恢复已经崩坏的礼乐更是没有必要。

第九是节用。与其反对浪费的观念相一致，墨子又提出“节用”的主张，强调人人过节俭的生活。他说：“凡足以奉给民用则止。诸加费、不加于民利者，圣王弗为。”（《节用中》）举凡饮食、衣服、丧葬等，都要“去无用之费”（《节用上》）。

第十是节葬。墨子非常痛恨当时社会盛行的厚葬、久葬之风。他认为，这不仅导致大量财富用于死人，造成许多贫穷百姓倾家荡产，而且助长了天子诸侯残酷的杀殉行为，“天子杀殉，众者数百，寡者数十；将军大夫杀殉，众者数十，寡者数人”（《节葬下》），夺走了许多百姓的生命。对于儒家所鼓吹的那一套烦琐的丧葬礼仪，如服丧三年之类，墨子也展开了猛烈的抨击，认为这是“久丧伪哀以谩亲”（《非儒下》），既影响了正常的生产与生活，又不能真正哀悼已死的亲人，实不足取。

从这些概述中，我们大抵可以对墨子的基本观念有一些了解。就墨子立论的基本立场而言，他的论述都是基于现实的层面出发的。面对春秋战国时期的混乱局面，在墨子看来，要改变社会的状况，达到理想化的生存状态，就必须针对现实的问题提出切实可行的方法。儒家的解决方式，自然不具可操作性，因为它会造成社会资源的浪费和人民的疲惫。从这些论述中，我们可以深切地体会到作为一个现实主义者，墨子对于百姓生存状态的深刻关怀。

我们应当说，作为现实主义者，墨子确实抓住了当时社会的症结所在，提出了变革的主张。这些主张从理论的层面来说，也是切实可行的。但是，在一定意义上，墨子这种现实主义是行不通的，这些想法具有比孔孟儒家更理想化的倾向。虽然墨子认为这样做可以给人君、社会带来利益，但是，这种利益与人君对于利益的界定是否一致呢？墨子以“利”作为立论的基础，然而“利”毕竟具有非常明显的个体差异性，它跟主体的现实状态、需求以及个性等都有着密切的联系。当我们以这样的“利”作为基础去建立一个普遍可行的理论范式的时候，我们会发现，这里面充满很多理想化的假定和状态。但是，不管怎样，墨子毕竟发现了现实中存在的问题，也试图以一种比较切实可行的方法（至少在墨子看来是这样）来解决问题，墨子所依赖的方式，无疑是自利的，也是利他的。

四、为什么墨家是显学

在先秦，儒家和墨家都是显学，受到广泛的关注。儒家是显学的原因可能相对比较好理解，因为孔子及其弟子的强大影响力，使得儒家的力量逐渐壮大，成为社会的主导思想之一。可是墨家又何以成为显学呢？墨家的代表人物显然不多，而且他们的地位明显又是较低的，那是什么使得墨家在先秦诸子百家的竞争中获得优势，从而成为显学呢？这跟墨家的精神有关系，简单来说，基于墨家的精神力量所形成的墨者团体，才是墨家成为显学的根据！

鲁迅对墨家非常推崇[1]，他曾以“尚夏道，兼爱，尚同，非古之礼乐，亦非儒”来概括墨学主旨，但鲁迅倾心墨学的原因或许并不在于墨家思想（当然，鲁迅对于墨家的思想内核有着深刻的领会），而在于墨家实践自家学说的方法及所表现的精神风貌——一种兼具儒家“知其不可而为之”和为“兴天下之利”而“摩顶放踵”“赴汤蹈火”的宗教式献身。墨家学派是一个组织严密的、带有宗教色彩的禁欲主义团体，其成员被称为“墨者”，多半来自从事生产劳作的社会下层，生活艰苦、严守纪律，为宣传和实践墨子的政治主张和社会理想奔走于各国之间，富有舍身殉道的牺牲精神。墨子死后，其门人推选一人为墨者领袖，称为“巨子”，继续领导墨家活动，“墨子服役者百八十八人，皆可使赴火蹈刃，死不还踵”（《淮南子·泰族训》）。当然，这些并不是墨家的全部。按照一般的理解，墨家学派在墨子死后分为三派，统称为后期墨家。后期墨家重视自然科学和逻

1　鲁迅先生有一篇非常有趣的短文《论流氓的变迁》，讨论的其实和墨家的演变有密切关系；此外在《故事新编》《铸剑》《非攻》，甚至是《摩罗诗论》中，都可以看到墨家的影子。

辑学研究，对中国古代几何学、力学、光学的发展及古代形式逻辑体系的建立做出了重要贡献。后期墨家所研究的这些内容，与中国古代农业社会没有那么密切的联系。

当然，鲁迅最为推崇的应当是尚武、勇于担当的墨者形象。根据文献的记载，墨家团体的行为方式和精神风貌大概具有如下特征。第一，墨家不仅是一个学派，而且是一个注重实践、纪律严格的武装集团，故文献典籍中的墨者，都具有极高尚的理想，又能身体力行之。其旨虽被荀子讥为“役夫之道”，但墨者多具有“以自苦为极”“虽枯槁不舍”的气质。第二，墨家虽具有某种宗教的意味，如强调“尚同”“天志”“明鬼”等，但绝少追求内在超越，与儒、道等中国学问大异其趣。《墨子》有《修身》章，其中少有儒家之“内省”功夫，却充满如何通过“力事”来体现内在修养的教诲。第三，墨家特别强调源于信仰的人的精神意志力量。庄子曾讥评“其生也勤，其死也薄，其道大觳。使人忧，使人悲，其行难为也”（《庄子·天下》）。尽管如此，墨家却“使徒众”，能成为显学，这恰好反证了墨者具有超乎常人的精神意志力。他们景仰大禹治水之功和“形劳天下”的精神，履行“以自苦为极”的“禹之道”。

对鲁迅来说，他对墨者的欣赏，或许正是来自墨家团体所具有的这种宗教式的担当精神和献身精神，从鲁迅作品中的很多人物形象的描述中，我们也可以很清楚地看到具有这种特质的人物。为什么鲁迅对墨家团体的宗教精神如此感兴趣呢？考虑到鲁迅所处的特殊时代，我们就能理解这一点了。鲁迅处于一个极度需要“中国的脊梁”的时代，这种脊梁就是一种担当和献身的精神，唯有它，才能让人在黑暗中看到前行的希望。此外，改造国民性是当时一个重要的论题，对比，不同的学者有不同的思路。要考察鲁迅的思路，就得联系到他的老师章太炎的思路。章太炎主张“用宗教发起信心，增进国民的道德”，即用宗教来改造国民性，在诸多宗教中，章太炎选择了佛教。或许是受到章太炎这种思路的影响，鲁迅选择了墨家。在鲁迅看来，墨家的宗教式献身精神、“重茧而不休息，裂裳裹足”（《战国策·赵策》）的担当精神，摩顶放踵而利天下，这正是当时中华民族最需要的。于是乎，具有宗教情怀的现实主义者墨子，终于在经过两千余年的沉寂之后，在现代社会中重新获得重视。

五、由显学到绝学

墨者团体的这种精神力量，使得墨家在先秦之际成为显学，影响甚大。这里有一个值得关注的有趣事实，那就是后期墨家对于秦统一中国的意义，墨家的很多观念、精神大概也和秦国的精神风格以及法家的思想实质有一定关联。

然而，如果把视线从先秦移开，我们就会发现一个极为特殊的现象：作为先秦之时显学的墨家，在秦汉之后，居然成了绝学，在中国哲学史的版图中逐渐销声匿迹了。这又是为何？我想，如果从墨家本身的特点来说，它成为显学的原因，可能恰恰也是它成为绝学的原因。任何事情都存在两面性！

首先，墨家是以团体形式存在的，而且这种团体毫无疑问是自觉形成的，具有半军事性质且纪律严明。这使得墨家的团体相对于先秦其他学派来说，具有更强的凝聚力和战斗力。但是问题在于，要维持这样的一个团体、延续这样一个组织，不是易事，必然需要一个具有强大号召力的巨子，而这样的人往往是可遇而不可求的。而当这个团体的首领——巨子——不复存在，或者说，失去强大的号召力和控制力的时候，这个团体同样会随之烟消云散。墨者团体的组织方式有着较大的不确定性，这也决定了它在秦汉之后消亡的基本事实。

其次，墨家是有宗教精神的，他们人虽不多，却可以成为一个极具战斗力的团队，这使得他们在先秦之际影响深远。但是，这样一种几近于宗教禁欲主义的要求，对于个体来说，甚至有一些“自虐”的味道，所以，其思想也并不能够被轻易地自觉接受。庄子当年就很直接地指出来了，“其生也勤，其死也薄，其道大觳。使人忧，使人悲，其行难为也”（《庄子·天下》）。他认为，墨家的主张使得墨者在生的时候太劳苦，死的时候太轻薄，这真的是使人忧、使人悲。所以，庄子断言，墨家的行为不是大多数人所能贯行的。太过于极端的东西，往往都是违背人性的，而违背人性的东西，往往是不能长久的。

当然，如果我们从更深层的角度来考察这个问题的话，墨家从历史舞台的消失，跟思想文化、社会政治都有密切的联系，尤其是汉以后中国传统社会基本形式的确立，这在很大意义上规范了思想的生态空间。但是，我们不可否认墨子以及墨家在历史上的重要意义和独特作用，它们代表的是中国哲学史上的一股清流！

第十讲

叱咤风云的纵横家

纵横家是战国时期一个独特而又影响深远的流派。关于“纵”与“横”之来历，有种说法是：南北为“纵”，六国地连南北，因此六国结盟称为“合纵”；东西为“横”，秦偏西而六国居东，因此六国与秦国结盟称为“连横”。按照韩非的说法，“纵者，合众弱以攻一强也；横者，事一强以攻众弱也”（《韩非子·五蠹》）。“纵”即“合纵”，指弱国联合进攻强国的外交策略，即讲究联合团结的策略，表现为战国时齐、楚、燕、韩、赵、魏六国联合抗秦。“横”即“连横”，指弱国随从强国进攻其他弱国的外交策略，即注重利用利益矛盾进行分化的策略，表现为六国中的某几国分别与秦国结盟而攻打他国。

这样的解释基于战国七雄之争。虽然从历史的角度来看，这个时代是纵横家最为活跃的时期，纵横家也几乎成为这个时代的基本标志，但是这样的界说多少有些局限。其实，如果我们从更为宽泛的角度去理解，就会发现更有说服力的解释。纵与横，固然可以从六国与秦的地理位置上加以说明，但也可能是指两种不同的甚至相互矛盾的方向。从这些被称为纵横家的人所采用的言说方式而言，这种推测是非常合理的，因为纵横家的言说并没有一定的规范标准，完全根据事实情形而随时改变，时横时纵，令人难以把握。也正是因为如此，西汉时称纵横之说为“长短说”，《淮南子》称“纵横修短”（《要略》）。长短之说、修短之论，都是指为应对不同的情境而采用的不同的言说方式。

所以，如果我们从一个概括性的角度来界定，纵横大致包含两个基本层面：广义的和狭义的。广义的纵横，即长短说，指的是为了应对不同的具体情境的需要而采取不同的表达方式；而狭义的纵横，指的就是合纵和连横两种具体的策略。

一、纵横家：时代的弄潮儿

纵横家在中国学术传统中存在着不少争议，关键的问题在于纵横家能否被称为“家”？因为从学术思想史的角度来考察，我们自然会发现，在中国传统中但凡称“家”的，都具有自身特点鲜明的学术思想，有着自成一家的价值系统和思维方式。而当我们以这样的标准来考察历史上的纵横家时就会发现，几乎找不到通常意义上可以认为是某一家、某一学派的基本要素。

章太炎曾谓：“纵横亦惟见于淮南，由其语无执守，拨宜事制，本不可以学术名者。孔氏设科，言语文学所由分矣。淮南用伍被之邪说，恃严助之内援，造作逆谋，八公之徒，大类战国策士，故独列纵横者，由其素所好尚也。”（《诸子略说》）章先生认为纵横家根本就不能自成一家，因为他们没有基本的学术思想，只是应时而变、应事而变罢了。而且，之所以会有纵横家之名的产生，完全是伍被等人编《淮南子》时的“邪说”所致，这些人的身份类似于战国策士，故对战国纵横家有独特的情感，致使原本不该成“家”的纵横家在历史上出现了。蒋伯潜持大体相同的观点，他认为，“纵横本策略，不足以言学术；不但不能望儒、道、墨、法、名五家之项背，且不能与阴阳家比也”“汉志以纵横家为诸子十家之一，可谓不伦不类”。（《诸子通考》）

如果纯粹以学术思想来界定某家某学派的话，章太炎先生和蒋伯潜先生的观点，都成立。毕竟，随时应变是纵横家所具有的重要特点。既然需要根据具体的情形不断调整自己的观念，以说服君主，这就更需要机智应变和善辩的能力，而不是自身思想的完整性、稳定性。换言之，纵横家的思想可能是技术性的、技巧性的，而非思想性的。

但是，如果把这些人放在先秦特定的政治社会背景下来考察，这些人都对当时的历史起到了决定性的作用，在一定程度上影响了历史发展的基本面貌。对于各个诸侯国来说，他们同样具有不可替代的价值。那么我们该如何来定位这批特殊的人物？当他们纵横捭阖、叱咤风云的时候，我们是不可能将他们从历史的维度上抹去的。换言之，这些讲究技巧的人物背后，也并非没有一致的价值观念和思维方法，他们事实上有着自身的基本倾向性和鲜明的个性。从历史考察的角度来说，称其为“家”也并非不可以。

班固在《汉书·艺文志》中提到，“纵横家者流，盖出于行人之官。孔子曰：‘诵《诗》三百，使于四方，不能专对，虽多亦奚以为？’又曰：‘使乎，使乎！’言其当权事制宜，受命而不受辞。此其所长也。及邪人为之，则上诈谖而弃其信”。根据诸子源于王官的基本前提，纵横家源出于行人之官，用现在的话来说就是外交官。对于行人一职，孔夫子有他的基本看法，即这些人应当是受过《诗经》的基本训练，因为“不学《诗》，无以言”（《论语·季氏》）。用今天的话来说，作为一个外交官，必须得会外交辞令，而在那个时代，这一功能由《诗经》来承担。这就是要求行人之官，必须经过良好的辞令训练，应该能言善辩，因为只有如此才能够说服对方，从而达到出使的目的。班固在这里指出了一个非常关键的原则——“权事制宜，受命而不受辞”，这就意味着行人对于自己的行为有相当的灵活度，可以权事制宜，随机应变。当然，从最理想化的角度来说，这完全是出于更好地完成使命的需要，所谓“受命而不受辞”。但是，班固同样看到了这样的方式存在的弊端，即“及邪人为之，则上诈谖而弃其信”，这表明方法本身并不存在价值倾向，只是使用的人不同，就会产生不同结果，价值判断由此产生。

从这样的解释出发，我们也可以对纵横家有一些比较客观的理解。纵横家所承担的基本功能实际上就是游说诸侯，而游说这样的形式，在春秋之际就有，非独战国为然。比如孔子、墨子就都曾经游说诸侯，奔走于列侯之间，希望通过说服人主接受其观念，从而实现其抱负。在礼崩乐坏、诸侯林立的背景下，如果想要有所作为，就必须获得现实政权的支持，这样，个人的抱负和价值追求才有可能实现，春秋战国皆然。因此，关键不在于游说，而在于如何游说。简单地说，春秋之际的游说，是带有明显的价值立场的，是为了传布所谓的“道”而进行的。而纵横家们的游说，则纯粹是出于私利的考虑，没有自身稳定的价值系统。

章学诚说“战国者，纵横之世也”（《文史通义·诗教上》）。在某种意义上，我们甚至可以说战国时期是纵横家的时期，因为这个时代是纵横家最为活跃的时代。纵横家这一特殊群体之所以会产生，势必和战国中晚期的社会状况有密切的关系。

> 晚世之时，六国诸侯，溪异谷别，水绝山隔，各自治其境内，守其分地，握其权柄，擅其政令。下无方伯，上无天子，力征争权，胜者为右，恃连与国，约重致，剖信符，结远援，以守其国家，持其社稷。故纵横修短生焉。（《淮南子·要略》）

> 春秋时犹尊礼重信，而七国绝不言礼与信矣；春秋时犹宗周王，而七国绝不言王矣；春秋时犹严祭祀，重聘享，而七国则无其事矣；春秋时犹论宗姓氏族，而七国则无一言及之矣；春秋时犹宴会赋诗，而七国则不闻矣；春秋时犹赴告策书，而七国则无有矣。邦无定交，士无定主。（《日知录·周末风俗》）

“邦无定交，士无定主”，表明了这是具有空前竞争性和流动性的时代，礼崩乐坏的结果使得社会失去了基本的价值系统，传统的制度规范在这个时代已经被破坏殆尽，一切都面临着新的选择、新的机遇。再加上诸侯国林立的状况已经略微改观，经过春秋以来多年的征战兼并，社会在总体上呈现出了重新统一的趋势。在这样的背景下，谁能够掌握主动权，谁就能获得更多的利益，甚至是一统天下。对于任何诸侯国来说，这都是巨大的利益所在。所以，在这样一个以力相争、以谋相取的时代里，诸侯国之间的竞争也趋于激烈。强者兼人，弱者图存，如何为自己谋得更多的利益，也成了诸侯筹算的重心所在。而对于士人来说，传统制度的解体、社会的混乱，虽然带来了诸多的问题，但是也为个体的发展提供了更多的可能。在这样一个时代里，个体完全有可能凭借自己的聪明才智获得富贵，由布衣而至卿相成了现实可至的目标。在这样一个一切皆有可能的社会里，自我利益（富贵、名利等）的最大限度的实现，成了士人最关注的问题。这两方面的结合，就为纵横家的产生提供了肥沃的土壤，所以，战国是纵横家的乐土，纵横家是这个时代的弄潮儿。他们不只是在这里溅起了一点点水花而已，在一定意义上，他们甚至改变（或者说加速）了历史的基本进程。

二、为什么三晋多纵横家

中国思想具有很强的区域性，在先秦时期尤其明显。比如中原地区的地理特征是多平原，由此，相互协作、守望相助成为必然，儒家的思想扎根并集中在中原地区；而楚地山川环绕，是一个思想上富于想象力且经济上自给自足的区域，楚国便成了道家思想的大本营；燕齐之地靠近海边，海市蜃楼的景象容易引发关于神仙的种种想象，中国早期的神仙传说都是在海边产生的，还诞生了所谓的海上三仙山（蓬莱、方丈以及瀛洲），因此阴阳家、神仙家多在此地。虽然在解释思想根源的时候，地理环境决定论并不是完全可靠的，但是一方山水养育一方人，环境与思想特质的形成确实有不可分割的关联。

就地缘因素来说，纵横家大多出自三晋之地。这个观点是司马迁提出的，所谓“三晋多权变之士，夫言从衡强秦者，大抵皆三晋之人也”（《史记·张仪列传》）。三晋也就是韩、赵、魏三国。三晋多纵横家，实际上说明了三晋之地在战国这个舞台上所具有的重要影响力。著名的纵横家诸如张仪、公孙衍等，都出于三晋。那么，为什么三晋多纵横家呢？

我想这个问题，首先关系到晋在春秋时期以来的重要影响力。春秋时期社会动乱、诸侯称霸，在群雄争霸中，齐桓公第一个称霸，接着是晋文公。如果我们仔细翻阅一下春秋时代的历史，就会发现，无论是从政治影响力还是从对文化的贡献来说，晋文公称霸所带来的影响都是最为突出的。当时的晋国大概包括今天的山西全境、河北西部、河南西北部、陕西东部和山东西部，其国力之强，超乎想象，用“超级大国”这个词来形容也不过分。齐国、秦国、楚国、游牧民族每次想挑战晋国背后的周王朝的权威和地位时，都是晋国出面摆平的。强大的晋国，即便是“三家分晋”后，也在战国七雄中占据三席，这个实力可是碾压式的！这个背景给三晋人以与众不同的积累，造就了其强大的历史积淀。我们可以说，三晋多纵横家，首先是源于其深厚的历史积淀。

其次，从战国之际的形势来说，韩、赵、魏三晋之地所面临的形势比其他国家的更为复杂。秦晋本来就是相邻之地，秦之所以在春秋时期并无多大作为，有一个很重要的原因，就是晋的强大威慑；而所谓的秦晋之好，则更是体现出两者之间微妙的关系。三家分晋之后，秦要东扩，而阻力就来自韩、赵、魏。这表明，从生存压力上来说，韩、赵、魏三家有着比其他区域更为强烈的忧患意识，这种忧患意识也催生了更为敏锐的对于现实的观察和思考。这种观察和思考，就成为他们对于天下形势的一种总体把握，从而为其具备“一怒而诸侯惧，安居而天下熄”（《孟子·滕文公下》）的能力奠定了强大的基础。

三晋之地强大的历史基础以及现实情境，决定了三晋多纵横家这一基本事实，而三晋的纵横家们在历史的舞台上，也尽情地展示了他们的才华。虽然历史上有各种各样的批评，但毫无疑问的是，纵横家也是能够代表三晋的一种文化标志。

三、纵横家就是耍嘴皮子吗

张仪的故事，应该是众多纵横家故事中最经典的，也是最让后人津津乐道的。司马迁在《史记》中对此有非常精彩的叙述。

> 张仪已学游说诸侯。尝从楚相饮，已而楚相亡璧，门下意张仪，曰："仪贫无行，必此盗相君之璧。"共执张仪，掠笞数百，不服，醳之。其妻曰："嘻！子毋读书游说，安得此辱乎？"张仪谓其妻曰："视吾舌尚在不？"其妻笑曰："舌在也。"仪曰："足矣。"（《史记·张仪列传》）

张仪在完成了他的学业之后，就去游说诸侯。有一次他陪楚相喝酒，席间，楚相丢失了一块玉璧，门客们怀疑是张仪偷的。他们说："张仪贫穷，品行卑劣，一定是他偷了宰相的玉璧。"于是，大家一起拘捕了张仪，拷打他。对于早年尚未发达的张仪来说，这简直是奇耻大辱。从这里我们也可以理解为什么后来张仪总是跟楚国过不去。张仪始终没有承认，楚相只好放了他。见到他如此凄惨的样子，他的妻子又悲又恨地说："唉！当初你要是不读书、游说的话，又怎么会受到这样的屈辱呢？"张仪对他的妻子说："你看看我的舌头还在不在？”他的妻子笑着说：“舌头还在呀！”张仪说：“这就够了！”这个故事为后来张仪的经历埋下了伏笔。作为纵横家，张仪的出场并不顺利，但是这里有个很重要的情节，就是张仪问妻子“舌头还在不在”，可见舌头显然是张仪生存的根本。以至于后来很多时候，我们会觉得纵横家就是靠着三寸不烂之舌来获得尊荣富贵的。

但是，纵横家难道只会耍嘴皮子就够了吗？当然不是。对于纵横家来说，口才毫无疑问是非常重要的。韩非非常重视言辞的表达，重视游说。其在《说难》中，有很多关于言说的讨论，对于我们理解纵横家来说，非常具有启发意义。事实上，在先秦诸子中，韩非对纵横家关注较多，“故群臣之言外事者，非有分于从衡之党，则有仇雠之忠，而借力于国也。从者合众弱以攻一强也，而衡者事一强以攻众弱也。皆非所以持国也”（《韩非子·五蠹》）。韩非将“纵横家”归入“言谈”一类，并给予驳斥：“今人主之于言也，说其辩而不求其当焉；其用于行也，美其声而不责其功焉。是以天下之众，其谈言者务为辩而不周于用。……今修文学，习言谈，则无耕之劳而有富之实，无战之危而有贵之尊，则人孰不为也？”（《韩非子·五蠹》）。

从韩非的这些论说中可以看出，他很看重纵横家的言说，认为纵横家是依靠言辞来获得人主的信任，从而获取利益的，“无耕之劳而有富之实，无战之危而有贵之尊”（《韩非子·五蠹》）。我们姑且不论韩非的评价是否合乎历史的基本事实，至少在这里韩非透露出一个基本的信息，那就是纵横家是依靠言说起家的。如果回到班固对纵横家的界说，即纵横家是源于行人之官的，那么对于行人来说，巧妙的言说是他们达到目标的基本方式。而纵横家若要打动人主，就必须在言辞上下足功夫才有可能。所以，对于言说的研究和使用，也成了纵横家的必修课。

但是，想要光靠三寸不烂之舌就成为像苏秦或者张仪这样成功的纵横家，是远远不够的。纵横家实际上比拼的是综合实力，口才只是基础能力。在我看来，除了口才，要成为一个杰出的纵横家还应当具备以下几种素质。

首先，对天下形势要有准确的判断。纵横家的所有言说，都是围绕着当时天下形势来展开的，对于某一个国家的具体特殊情境及其所面临的各种具体挑战都必须非常清楚。因为只有这样，在面对君主的时候，才能展开可靠的、让人信服的游说；只有准确把握客观形势，才能够恰当地提出有针对性的方案。这个就需要游说者在日常的经验中，有广泛的积累和深入的思考。

其次，必须对人的心理有足够的把握。纵横家游说诸侯，实际上就是一场心理较量。君主本人的性格、国家的处境以及君主本人的愿望等，这些综合因素构成了君主复杂而又多变的内心。除了对客观形势有准确的把握，也必须对游说的对象（君主）的心理有清醒的认识。唯其如此，才能够在这场对话中占据主导地位，为自己赢得更多利益。

最后，要对利益有清醒的认识和把握。纵横家的游说，从本质上来说是为了获得利益，比如身挂六国相印，比如富贵利禄、车马金钱等。战国之际真可谓“天下熙熙皆为利来，天下攘攘皆为利往”，而诸侯所追求的也无非是利益，所以从本质上来说，纵横家和君主之间是一种利益交换的关系。利益交换的道理极为简单，但是要实现却颇为不易，必须对利益本身有透彻的认识，然后才能让别人心甘情愿地给你利益，这就是纵横家所追求的结果。

所以，纵横家所干的活儿，绝对不是耍耍嘴皮子就可以了。表面上纵横家只是凭着三寸不烂之舌获得利益，实际上背后还有综合素质的较量。

四、为什么都说纵横家是鬼谷子的学生

在纵横家的精彩世界中，还有一个非常有趣的现象，那就是纵横家都声称是鬼谷子的学生。比如纵横家的翘楚苏秦与张仪，都被认为是鬼谷子的学生，这一点连司马迁也直接说了，“张仪者，魏人也。始尝与苏秦俱事鬼谷先生”（《史记·张仪列传》）。“鬼谷子”在中国传统中应该算是最神秘的三个字了。这种神秘感不仅来自鬼谷子身上的种种传说，还来自他的弟子们的众多故事，大概这也算是一种“层累地造成”。如果说先秦诸子都比较“朦胧”的话，那鬼谷子就是最具朦胧感的那一个了。

目前关于鬼谷子及其著作还存在着种种争议，我们需要做的是超越这种争议，从现存的《鬼谷子》出发，来讨论它对纵横家所具有的意义，尤其是对于纵横家的言说所具有的指导作用。

在鬼谷子看来，凡物之衰盛，皆有规律，能握其要则能说，反之则无所作为。这个盛衰变化的规律，称为“捭阖”，意即开合。“捭阖者，道之大化，说之变也；必豫审其变化。”（《鬼谷子·捭阖》）所以能掌握这个规律，就可以了解事物的变化演进，就可以做说客，可以置天下于掌上：“捭阖之道，以阴阳试之，故与阳言者依崇高，与阴言者依卑小。以下求小，以高求大。由此言之，无所不出，无所不入，无所不可言。可以说人，可以说家，可以说国，可以说天下。”（《鬼谷子·捭阖》）

要了解事物之规律，方法非常重要。鬼谷子提出反应其图、察微见义及揣摩其情三种具体的方法。所谓反应其图，即反复探知真情，或说出某种言论引对方开口，或保持缄默让对方透露实情，或从对象言语、表情等，来见其反应，从而知得事件实情。若有所不知，则反

复检验，直至得情。所谓反复，意义多重，“反以观往，复以验今；反以知古，复以知今；反以知彼，后以知己，动静虚实之理，不合于今，反古而求之”（《鬼谷子·反应》）。总之，就是强调从多方面入手，更了解事物真相，从而探得其情，做到“策而无形容，莫见其门，是得‘天神’”（《鬼谷子·反应》）。概言之，就是通过不同的方式、角度来了解对象，从而能够真正理解并掌握对象，这对于游说来说是非常关键的。任何行为都有其表达方式，虽然各种方式之间差异甚多，但是通过反复的比较、探求，还是可以把握其中的真实情况的。

察微见义，则以观察事情的变化为基础，在变化中把握其理。凡事情皆有变化，而任何变化都是微妙而有规律的。这种规律可称之为征兆，或者通常所谓的“几”，鬼谷子则称之为“巇”，即缝隙，“巇者，罅也。罅者，间也，间者成大隙也”（《鬼谷子·抵巇》）。巇成大隙，则事已生，众人皆知，救之无用，所以只有于其萌芽未发时见之，才能起到良好的控制和掌握的效果。万物皆有变化，则有巇，有巇能察则能任事，方可说，方为圣人。观之变化，即捭阖，能知其微，亦能知将来事，方可实施改变或顺从之法。

以上所述反应其图与察微见义，均为探知真情的基础，至于其应用技巧，则在于揣、摩二术。揣即量，量即量权，“何谓量权？曰：度于大小，谋于众寡”（《鬼谷子·揣篇》）。审度长短，可以度财货、人口、盈余、地形、亲疏、贤不肖、智愚、吉凶、好憎等，范围广大。施之于口，则以飞、箝之术引诱对象吐露实情。“飞”是和应而使人顺己意，“箝”是言恶使人惧怕而不敢为，两者皆是言谈之技术，可用以揣他人之情。揣术乃是以善恶撼他人之善恶，从而逼得其口不守之技术，以探知真情，所以不受感动之人，“乃且错其人勿语，而更问其所亲，知其所安”（《鬼谷子·揣篇》），反复再探，以知其情。“故虽有先王之道、智圣之谋，非揣情，隐匿无所索之。此谋之大本也，而说之法也”（《鬼谷子·揣篇》）。由此，揣术对于了解对象、有效言说而言，具有十分重要的意义。至于摩术，摩，即符也。符是古代军队用以传令之工具，通常作虎形，分两段，二人各领其半，合则兵可出，又谓虎符。鬼谷子的“摩”，与之有性质上的相同，“摩者，符也。内符者，揣之主也”（《鬼谷子·摩篇》）。揣术要探知的，就是真像，即人的内心；摩术要探知的是外在表现。任何内在的状态，都必然有外部的表现，所谓有其心者必有其行，因此“微摩之以其所欲，测而探之，内符必应。其应也，必有为之”（《鬼谷子·摩篇》）。所言与所做不符合，即所言非是；符合，即已得真像。只要言行一致，就可以推展下一步，就可以说服人。如果说揣术注重的是对人的内心真实情况的把握的话，那么摩则是通过判断游说目标内在行为和外在表现一致与否，来确定具体的游说方式。

反复揣摩，乃为了说服人，而说服人是需要一定的方法和技巧的，鬼谷子对此也有非常详细的讨论。概言之，就是飞、箝、捭、阖之术。飞，指褒扬激励，即对对方进行夸奖；箝，即用比较强势的方式使他人接受自己的意见；捭，开也，引申到说话技巧就是赞成、应和对方说的话；阖，闭也，即言其害以排除对方言论。“审其意，知其所好恶，乃就说其所重，以飞箝之辞钩其所好，乃以箝求之”（《鬼谷子·飞箝》），也就是通过对言说对象的了解，并且根据对象的不同特点，采取相应之辞应对，从而以最佳的方式（或飞，或箝）达到自己的目的。飞箝之术的使用，是从对象出发，根据对象的喜好，从而采取适当的应对方式，以增强言说的针对性和有效性。只有在了解对象喜好的基础上，才能够确定捭、阖的不同言说方式；也只有这样，才能把言辞运用得宜，切中要害。当然，人的语言表达并不是固定不变的，还会随着具体的情境发生改变，所以，在具体的应对过程中，需要十分重视对方的变化，以采取相应的变化方式，不能一成不变地坚持自己预先设定的想法。这就是所谓的“权”，即随机变化自己的应对言辞方式，因其情势，对不同之人说不同之辞。“夫仁人轻货，不可诱以利，可使出费；勇士轻难，不可惧以患，可使据危；智者达于数，明于理，不可欺以不诚，可示以道理，可使立功，是三才也。故愚者易蔽也，不肖者易惧也，贪者易诱也。是因事而裁之。”（《鬼谷子·谋篇》）这些都是运用捭阖于规律中，顺人之意以得人之欲，恶言其害以恐其为之。捭抑或阖，要知事物变化的规律，知其巇，“可知者，可用也；不可知者，谋者所不用也”（《鬼谷子·谋篇》），能知万事，运之掌上，“必先谋虑，计定而后行之以飞箝之术”（《鬼谷子·忤合》）。

当然，游说这一技能对游说者本身也有非常高的要求。因为游说总是在游说者与游说对象之间展开的，所以，作为一个成功的游说者，必须充分考虑游说对象的特殊性，然后采取有针对性的言说和应对方式，“计谋之用，公不如私，私不如结，结比而无隙者也……故说人主者，必与之言奇；说人臣者，必与之言私”（《鬼谷子·谋篇》）。同时，必须有能力区分各种复杂的言说情形，需要对言说的各个方面都有细致的观察和综合的把握，“繁言而不乱，翱翔而不迷，变易而不危”（《鬼谷子·权篇》）。如何能够达到这样的状态呢？在鬼谷子看来，最佳的方式是还心清，即心无杂念的状态。唯其如此，才可能应对各种复杂的变化，才可能在恰当的时机以恰当的方式说服对象。如果游说者总是心绪不定、非常浮躁，就无法对现实的情境有准确和敏锐的把握，那自然也谈不上有针对性的游说了。

从上述讨论中，我们可以清晰地感受到《鬼谷子》对于人的心理分析的细致程度，以及对于言说之道的精到理解。当然，这样的论述实际上出于一个非常现实的目的，即说服人主。高似孙有一段评述，颇能体现鬼谷子的神秘及其非同一般的睿智和洞见。

> 《鬼谷子》书，其智谋，其数术，其变谲，其辞谈，盖出于战国诸人之表。夫一捭一阖，《易》之神也；一翕一张，老氏之几也。鬼谷之术，往往有得于捭阖张翕之外，神而明之，益至于自放溃裂而不可御。予尝观诸《阴符》矣，穷天之用，贼人之私，而阴谋诡秘，有《金匮》韬略之所不可赅者，而《鬼谷子》尽得而泄之，其亦一代之雄乎！（《子略》）

在今天所保留下来的《鬼谷子》中，我们确实也看到了这些思想对于一个成功纵横家的养成所具有的重要意义。也可能正是因为如此，很多人才将鬼谷子视为纵横家之祖。

五、纵横家有积极意义吗

战国的独特舞台成就了一群独特的人——纵横家。无论我们的评价如何，都无法抹去他们在历史上留下的浓重一笔。战国的历史上如果没有纵横家，就会显得非常单调和无奈。战国是属于纵横家的，他们以自己的才智成就了自我，当然，也成就了诸侯们。

张其昀先生在《中华五千年史·战国史·合纵连横的纵横家》中，对纵横家做出以下的评价。

> 战国七雄，分裂诸夏，势均力敌，天下未有所归。其形势犬牙相错，尤宜辨析运用。而游士说客，挟纵横之术，风飘电激，为六国谋秦，则出于纵，为秦谋六国，则出于横。一纵一横，乃当日必然之趋势。当此之时，秦国最强，诸侯方弱，纵人合之，横人散之。纵横之辩，原如冰炭之不相容，以彼此处境不同，因而其设想亦异，然同术而异用，而集其大成者苏、张也。自秦商鞅见复戮以后，范雎主政之前，约七八十年间，游说权谋之徒，见贵于俗，纵横短长之说，左右世主之侧；得士皆强，失士皆亡；所在国重，所去国轻。

这样的界说是比较公允的，因为他客观地呈现了纵横家们在当时情境下所采取的方式，肯定了合纵连横方式的现实合理性。如果我们客观角度来考察纵横家，就会对他们有全新的了解，也可以梳理和澄清相关的误解。

首先，纵横家“朝秦暮楚”“反复无常”的行为方式，是世人对纵横家批评最多的地方。其实，这样的批判完全是出于后来人想当然的预设：因为这些纵横家游说于不同的国家、不同的诸侯之间，便认为他们没有自我的操守。问题在于当时的诸侯大多是姬姓之后，诸侯国是周天子所封之国，根本就不存在所谓“朝秦暮楚”的操守问题。而我们在考虑问题的时候，往往从现代的目光和价值出发，忘记了当时的具体情境。

其次，关于纵横家的学术归属。对于纵横家是否能被称为“家”的最大的质疑在于他们没有自身稳定的思想观念。但是，如果我们仔细分析的话，就会发现其实在纵横家中是有一些基本共性的。他们的基本倾向是现实功利主义，其思想的主导观念是兵家的权谋之术，其方法的根据是名家的论辩。

再次，关于纵横家的价值追求问题。这是一个非常棘手的问题，因为从纵横家的现实行为来说，他们关注的是自我的、现实的利益，自我价值的实现对于他们来说就是成功。这种自我实现与现实的利益密切相关，意味着名利和富贵的达成。

最后，纵横家的积极意义在哪里？目前的研究中，关于纵横家的负面的评价太多，导致纵横家似乎没有什么积极意义。其实纵横家的行为带给我们的启示也是多方位的。战国纵横家这个群体有一个比较明显的特点——这些人都出身于社会下层，没有显赫的身世。而在战国社会中，他们却得以身至卿相，抛开个人能力和努力不谈，也表明了当时社会给予个人的发展空间是相当大的，个人有实现自我的自由和可能。同时，战国纵横家的个人成功，对于传统社会的制度规范也形成了较大的冲击，它像一个信号，宣示着旧的制度、规范系统的没落。所以，我们同样不能够忽视他们对于历史具体进程所产生的积极影响。

第十一讲

终结者韩非

就中国传统政治而言，儒家和法家有着重要的、无可取代的意义。我们在讨论荀子的时候，曾经提到过：战国以来法家的迅速发展，对儒家政治的现实架构造成了非常大的冲击，在一定程度上也决定了秦汉以来儒家发展的基本路径。

儒家的政治架构和法家的政治架构有着根本性的差异，先秦儒家以王道为基础的政治结构，其实质是要构建一个以道德为基础的君民一体的政治共同体；而法家的政治结构，则是形成一个以君主专制为基础的高效率的国家机器。所以，在儒家的政治结构中，君与民（人）具有共同的本质（道德属性）；而在法家的政治结构中，君主是超越于政权运作之上的，即君主是最高统治者（法、术、势均围绕君主的需要而设计），其他人则是被统治者（属于法的统治对象）。就对传统中国社会的影响来说，法家的制度设计造成的影响更为明显。在这个意义上，我们可以说，中国传统的君主专制，实际上乃是法家思想影响的结果。专制本身跟儒家思想是格格不入的，从早期儒家所阐述的基本价值中可以很明显地看到这一点。谭嗣同在《仁学》

中曾有一段评价中国传统政治与学术的著名论述。

> 故常以为二千年来之政，秦政也，皆大盗也；二千年来之学，荀学也，皆乡愿也。惟大盗利用乡愿；惟乡愿工媚大盗。二者交相资，而罔不托之于孔。被托者之大盗乡愿，而责所托之孔，又乌能知孔哉？

我们都知道，秦政建立在法家的基础之上，而谭嗣同将荀学与秦政相提并论，则至少有两层含义。首先，秦政和荀学有着密切的关系，即法家与荀子儒学之间有密切联系（因为无论是韩非还是李斯，都是荀子的学生）；其次，秦政与法家之学有着深远的影响力（在谭嗣同看来，这两者是中国社会之所以落后的根本原因所在，姑且不论这个评价是否公允）。这两层含义，一层基于理论，一层基于现实，即便不能无可争辩地表明中国历史上法家及其思想所具有的重要性，至少也提醒我们重视法家及其思想。

一、法家的早期传统

虽然法家兴盛的时代早至战国时期，但是法家思想观念的发展是一个漫长的过程。同时，作为一种政治行为，法家的观念在历史上源远流长。因为政治家的现实政治实践，在很大程度上都具有法家的特质，所以考察法家思想的渊源，很多时候就是考察中国传统政治实践的历史。从这个角度出发，法家思想的先驱可以上溯到春秋时期的管仲、子产、邓析、郭偃和范宣子等。从散见的古籍中可以看到他们的思想要求与后来的法家主张具有某些方面的一致性，但是从政治架构本质来说，他们与后来的法家还是有着明显的差异的。法家在战国前期的代表人物有商鞅、李悝、吴起、慎到、申不害等。

商鞅（约前390—前338年），姓公孙，名鞅，卫国人，因此又名卫鞅，曾辅佐秦孝公变法，使秦国迅速强盛起来，著有《商君书》。商鞅变法的主要内容是“开阡陌”的“耕”和奖励军功的“战”，变法的理论依据是历史进步论。“治世不一道，便国不必法古。汤武之王也，不修古而兴；殷夏之灭也，不易礼而亡。然则反古者未必可非，循礼者未足多是也。”（《商君书·更法》）商鞅把西周以来的历史分为三个时期：“上世亲亲而爱私”的西周血缘宗法社会、“中世尚贤而悦仁”的春秋时期，以及“下世贵贵而尊官”的战国时代。根据古今时代变化，商鞅提出“世事变而行道异”（《商君书·开塞》）的观点，要求在治理国家的方式上与上古、中古时期有所不同，“各当时而立法，因事而治礼”（《商君书·更法》），把法与礼对举，把法律和制度与西周以来长期实行的礼制共同视为治理国家的措施，体现了适应新的历史形势的法家要求。

李悝，生卒年不详，为魏文侯（前446—前396年在位）相，在魏国“尽地力之教”“富国强兵”，并“撰次诸国法，着《法经》”（《史记·孟子荀卿列传》）。

慎到（约前390—前315），赵国人，长期在齐国的稷下学宫讲学，著有《慎子》一书。《汉书·艺文志》说《慎子》四十二篇，今存五篇残篇。慎到重“势”，认为权力、权势或权威必须由君主独操而不可假借于人。“在贤而屈于不肖者，权轻也；不肖而服于贤者，位尊也。尧为匹夫，不能其邻家；至南面而王，则令行禁止。由此观之，贤不足以服不肖，而势位足以屈贤矣。”（《慎子·威德》）按慎到的说法，没有“势”，天子就不成其为天子，贤者也不能服不肖者。“势”是保证天子权威、令行禁止的必要前提。

申不害，生卒年不详，韩国人，《史记·老子韩非列传》说他“学术以干韩昭侯，昭侯用为相，内修政教，外应诸侯。十五年，终申子之身，国治兵强，无侵韩者。申子之学，本于黄老而主刑名，著书二篇，号曰《申子》”。申不害凭借他所学的“术”做了韩国的相，他的“术”主要讲“为主之道”，主要内容围绕为君者如何驾驭、控制臣下展开。申不害称：“善为主者，倚于愚，立于不中盈，设于不敢，藏于无事，窜端匿疏，示天下无为。”（《群书治要》引《申子·大体》）这是说，君主要深藏不露，然后对臣下以“名实”考虑、驾驭之，“为人臣者，操契以责其名。名者，天地之纲，圣人之符。张天地之纲，用圣人之符，则万物之情无所逃之矣”（同上）。用名实是否相符去考核臣子的行迹，就得到万物之情实，天下也就大治了。

二、韩非：矛盾的终结者

在先秦的学术思潮中，韩非始终是一个非常有趣的人物。从他的身上我们可以发现很多有意义的东西，不仅仅是他的思想观念本身。从先秦学术的潮流来说，韩非是一个终结者，先秦百家争鸣的历史到韩非这里戛然而止。作为先秦子学思潮的终结者，韩非为百家争鸣所画上的这个句号是那样的特别。

首先，先秦诸子都是以雄辩的口才而立足于当时、享誉于后世，可是，韩非却是“为人口吃，不能道说”（《史记·老子韩非列传》）。但是他善于著书，当我们对先秦诸子的一些作品的真伪抱有怀疑时，《韩非子》似乎并不存在这样的问题，因为它从头到尾都是韩非自己写成的。韩非的作品也曾深深打动了秦王嬴政，以致后者以为这是古人之作，由此颇多感慨。然而，当口吃的韩非出现在嬴政面前的时候，多少让这位王者有些失落。这就是韩非，先秦诸子雄辩的思潮就在这样一个有口吃的韩非手里终结了。这个句号虽然画得不那么完美，但却是强有力的，以至于这样的盛况在中国传统的历史上再也未曾出现。

其次，韩非，包括其他先秦诸子都曾得益于兴起的私学。如前文所述，私学的兴起是学术繁荣、思想自由的关键因素。韩非的成就自然也离不开私学：如果没有私学，他就不可能师事荀子；如果没有荀子的启发，韩非也不能完成今天我们所见的理论建树。私学的广泛兴起，使韩非和其他先秦诸子得以接受更为广泛、自由的思想。但是韩非在其著作中却明确表达了禁止私学的主张，认为私学是二心之学，“而士有二心私学，岩居穴处，托伏深虑，大者非世，细者惑下”（《韩非子·诡使》）。他认为私学对于现实的统治是没有任何好处的。这样的主张，后来被秦的统治者所完全接纳。“古者天下散乱，莫之能一，是以诸侯并作，语皆道古而害今，饰虚言以乱实，人善其所私学，以非上之所建立。皇帝并有天下，别黑白而定一尊。私学而相与非法之教，人闻令下，则各以其学议之，入则心非，出则巷议，夸主以为名，异取以为高，率群下以造谤，如此弗禁，则主势降乎上，党与成乎下”（《史记·秦始皇本纪》），李斯的这段话也成了秦政的基本立场，私学由此被禁。一个得益于私学的思想者，最后主张严厉禁止、取缔私学，这除了表明他太在意现实的政治构建，很难有其他的解释。然而取缔私学的影响是深远的，由于私学传统的禁弃，学术的繁荣和自由成为历史。

最后，韩非本身的命运也是一个悲剧。生于战国末期，睿智如韩非，自然对时事有清楚的判断——秦早晚会迎来它的统一。在这样的背景下，对于一个极度关注现实政治构建的学者来说，秦国无疑是他最好的选择，因为在那里他才有可能实现毕生的抱负。然而，韩非没得选择，因为他是韩国的公子，效忠韩国是他的宿命。于是，才智不如韩非的李斯入秦了，并且得到了秦王的重用。而韩非则始终纠结在秦与韩之间，他的悲剧命运最终以他的死亡而结束。韩非之死，不管是不是李斯所为，从当时的情境来说，他也没有其他更好的选择。而韩非死后，秦国的具体政治构建，则是完全按照韩非生前的设想来进行的。这对于韩非来说，不知道是安慰，还是遗憾？

客观地说，韩非为君主提供了一套切实可行的统治策略，而学术思想的自由之门，也就此被韩非掩上了。至此，从对儒学的现实批判出发，韩非在功利主义的基础上完成了对现实政治的基本构建，也标志着先秦学术思潮的终结。

三、人性自私自利

前文曾经说过，人性论实际上乃是中国思想家进行政治设计的基础，无论是对于孟子还是荀子来说都是如此，韩非也不例外。众所周知，韩非是荀子的学生，这里就出现了一个非常有趣的问题，那就是韩非从儒家到法家的转变，其内在的逻辑在哪里？换言之，从荀子到韩非的转变是不是必然的？

荀子的思想体系和韩非的思想体系有非常多的相似之处，这些相似点主要表现在现实的政治建构上。从儒学的脉络来说，荀子的出现是儒学现实化的一个重要转折。荀子对于礼的强调，对于礼法并用的主张，都在一定程度上促使了儒学的道德价值向现实实现。儒学与现实政治的紧密结合，源于荀子的努力。这实际上和荀子生活的时代有关系，那是一个完全强调现实效用的时代，在那样的背景下，如果不在现实功用方面有所努力的话，儒学基本上也就不会为君主所采用，儒家道德政治的理想就永远不可能实现。而且，荀子在他所生活的年代亲眼看到了法治的成功，作为一个集大成的、学术视野异常开阔的思想者，他自然而然地吸收了各种有益的思想资源。但是荀子心中最高的价值系统还是圣人，还是伦理道德，这也从根本上决定了荀子的儒家归属。

但是韩非不一样，撇开道德层面的因素，韩非对现实政治的设定与荀子基本类似，只不过韩非更强调法的一面，强调以法、术、势统一的形式来加强现实政治的构建。与荀子相比，韩非在现实效用的程度上更进一步，这与韩非的基本理论立场有着密切的关系。韩非最重视的就是现实效用，这是他的理论根据所在，在韩非看来，所谓的真实就是功利、实效。价值如果不能在现实中体现出来，就毫无意义。功利是人世间一切考虑的基本出发点，这是一种必然之道，父母与子女、君臣的关系莫不如此，“安利者就之，危害者去之，此人之情也”（《韩非子·二柄》）。这样一来，人与人之间的所有关系，在韩非子这里都可以被化为利益关系。韩非的这种理解当然与荀子的性恶论有密切的关系，只是性恶论在韩非这里被现实化，并且被推到了极致。这一点与马基雅维利在《君主论》中的讨论有一定的相似性，但是韩非提出这一想法的时间远早于马基雅维利。他们很少从抽象的角度去阐析理论，更多地基于人的外在行为特征做一些经验判断。

韩非通过观察人性的外在表现，指出“夫民之性，恶劳而乐佚”

（《韩非子·心度》）、“利之所在，则忘其所恶”（《韩非子·内储说上》）、“好利恶害，夫人之所有也”（《韩非子·难二》）、“夫安利者就之，危害者去之，此人之情也”（《韩非子·二柄》）等，这都说明趋利避害是人的本性。韩非由此推断，每个人天生“皆挟自为之心”，即人人都以计算之心相待，即使是父母与子女之间也是如此。父母对子女，生下男孩就相互庆贺，生下女孩就把她杀掉。之所以如此，主要是基于孩子长大后的一种利益考虑。父母、子女之间尚且以计算之心相待，何况其他？马基雅维利对人性也有类似的看法。他认为人性是恶劣的、易变的、趋利避害的。在他看来，客观事物不断变化，所在的利益关系也随之变化。而人又总是以自我为中心，趋利避害，人的好恶情感也在不断变化，容易忘恩负义，所以民众的“爱戴”是靠不住的。基于对人性自私自利的认识，韩非得出了一个结论：治理国家千万不能指望民众去做什么好事，而只能用法律禁止他们干坏事。也就是说，必须靠法律来管理和控制臣民。显然，在韩非和马基雅维利那里，人的这种自私、好利本性是很难改造或改造不了的。韩非甚至认为这根本无须改造，倒是需要利用人的这种好利本性而进行统治。

在这个意义上，我们可以发现，韩非不接受道德仁义这样的设定，甚至持反对态度。从韩非的论述角度出发，人与人之间只有利益的交换，所谓的道德仁义当然也就失去了存在的意义和可能，这与韩非批判儒学的基本立场是一致的。而对儒学最彻底的批判，就是通过取消道德的根据，从而使得儒学的基础变得不可靠。对于儒学的批判，既是韩非思想的出发点，也是其法治思想发展的必然。

从荀子到韩非的转变看上去非常重大，事实上也可以从荀子的逻辑中推演出来。换言之，韩非的出现是荀子理论发展的必然。当韩非怀疑道德仁义、将自私自利设定为人之本性的时候，荀子思想系统中道德仁义的价值显然被利益代替了。这样的代替，不仅是一种理论上的可能，在当时尔虞我诈的社会现实中，也得到了非常强有力的支撑。所以说韩非是一个彻底的现实主义者，他所关注的是现实功利本身。正是因为从现实功利的角度出发，韩非才能完成他自身的理论构建。

四、“君不仁，臣不忠，则可以霸王矣”

韩非思想最大的特点，就是把道德彻底排除于政治的领域，因为对于韩非来说，道德显然是不可靠的。韩非出于儒家，儒家对政治的基本设定是以道德为基础的。在道德设计的背景下，对尧、舜般的圣王的推崇是必然的，而对桀、纣般的君主的警示也是必需的，因为一切都是从道德立场出发的。可是韩非却直接指出，“且夫尧、舜、桀、纣千世而一出，是比肩随踵而生也。世之治者不绝于中，无所以为言势者，中也。中者，上不及尧舜，而下亦不为桀纣”（《韩非子·难势》），意思就是说，无论是尧、舜这样的圣人还是桀、纣这样的暴君，其实都是千年一见的。在现实中，大多数的人都是普普通通的人，即“中”人，不像尧、舜这么有贤能，也不像桀、纣这般恶劣。对于普通人来说，应该如何有效地进行统治呢？

在韩非看来，普通人要进行有效的统治，就必须依靠制度本身的力量，而非道德的力量。韩非的制度设计，就叫作法、术、势一体。这实际上就是把之前的法家传统做了一个有效的综合，并使之成为有机的、高效率的统一体。韩非总结前期法家思想后认为，法、术、势三者缺一不可，以往法家只强调三者之一而不能综合运用，所以效果有限。商鞅重法但不注重术，虽然实现了富国强兵，但秦国还是不能统一天下；申不害知道术却忽视法，在韩国经营了几十年也不能使韩国成就霸业。要有强大的制度力量（或者说建立高效率的国家机器），就必须把三者结合在一起。当然，在韩非所设定的法、术、势一体的结构中，三者的地位和作用是不一样的。法主要是指由官府制定、明确书诸图籍的成文法典、法律或法制，内容侧重于刑法，必须是百姓普遍知晓、共同遵守的行为规范。韩非强调以法治国，社会生活一切依照法，一切由法裁断。运用法就能实现治，没有法就要乱，这也是先秦法家的基本观点。术具有隐秘性，是君主所掌握的驾驭官员的一种秘术、权术，因此“法莫如显，而术不欲见”（《韩非子·难三》）。术与法都是君主掌握以控制天下的手段，但法是“着之图籍，布之百姓”的普遍而公开的内容，而术则是隐藏于君主内心，用以“潜御群臣”，不能为外人道也的东西。而势，实际上就是权势、权威，在韩非的制度设计中，君主具有极其强大的权威，这是整个国家机器保持有效运作的基础。君主的权威从哪里来？韩非虽然也不否认“自然之势”（君主之位本身所具有的权威），但是更强调“抱法处势”（《韩非子·难势》），即基于法令而获得的权威（这主要通过掌握赏罚的权力而达到）。

在法、术、势一体的格局中，君主具有无上的权威，由此可以进行有效的统治。所以，从本质上来说，这是一种高效率国家机器的建构，君主的专制实际上是这个系统有效运作的基本保证，自然就不需要有道德的参与了。韩非甚至非常直接地强调，“君不仁，臣不忠，则可以霸王矣”（《韩非子·六反》），因为政治无关于道德。韩非认为君臣关系本质上就是一种利益交换的关系，所以，“霸王者，人主之大利也；富贵者，人臣之大利也”（《韩非子·六反》）。君主或者臣子，并不用以道德为己任，而要清楚地知道彼此的利益所在，然后就可以进行有效的交换。政治无道德的意义，被非常清晰地表达了出来。

五、国家有五种蛀虫

在韩非对国家政治的建构中，道德是被排除在外的。在韩非看来，这是历史发展的必然趋势。这在中国传统中也是一种非常独特的史观。中国古代的史观大体上皆为退化史观，即认为历史上最佳的状态大概都是在以前的圣王时代，而后来是不断退步的，所以对于圣人之治的推崇也是必然的。这在儒道两家中尤为明显。而法家的立场，大概均为进化的立场，主张今必胜古，这也是一个值得重视的观念。这样的观念实际上是为其变法服务的。“上古竞于道德，中世逐于智谋，当今争于气力”（《韩非子·五蠹》），时代变了，如果一味地按照古代的做法，岂不可笑？“今有构木钻燧于夏后氏之世者，必为鲧、禹笑矣；有决渎于殷、周之世者，必为汤、武笑矣。然则今有美尧、舜、鲧、禹、汤、武之道于当今之世者，必为新圣笑矣。”（《韩非子·五蠹》）守株待兔的故事就是韩非由此而创作的，我们从中可以非常直观地感受到韩非对于“圣人不期修古，不法常可，论世之事，因为之备”（《韩非子·五蠹》）的重视。所以，韩非将变法视作当今之世必须采取的一种方式，也是必然的。而当今最为有效的政治形式，就是推行法令，但是在推行法令过程中，社会上有些人必然会破坏这一结果，这些人被韩非称为“五蠹”。在《五蠹》篇中，韩非彻底否定了这五种人。

> 是故乱国之俗：其学者，则称先王之道以籍仁义，盛容服而饰辩说，以疑当世之法，而贰人主之心。其言谈者，为设诈称，借于外力，以成其私，而遗社稷之利。其带剑者，聚徒属，立节操，以显其名，而犯五官之禁。其患御者，积于私门，尽货赂，而用重人之谒，退汗马之劳。其商工之民，修治苦窳之器，聚沸靡之财，蓄积待时，而侔农夫之利。此五者，邦之蠹也。人主不除此五蠹之民，不养耿介之士，则海内虽有破亡之国，削灭之朝，亦勿怪矣。（《韩非子·五蠹》）

韩非所说的五蠹，是指学者、言谈者、带剑者、患御者和商工之民。学者，指宣扬仁义道德思想、抨击依法治国思想的儒生。按照前文所述，这些儒生的基本立场是以道德为基础的，而且在韩非看来，他们总是以先王之法来批评现实、否定现实，对人主的思想造成了严重的惑乱。言谈者，指游说于诸侯之间，分裂国家、破坏国家统一的人，也就是纵横家。这是战国时代的一个典型的现象。但是韩非认为这些人弄虚作假、招摇撞骗，借助外在势力达到私人目的，进而放弃了国家利益。带剑者，指的是游侠。在韩非看来，这些人聚集党徒、标榜气节，以图显身扬名，结果往往会触犯国家禁令。患御者，指那些逃避兵役的人。韩非认为他们依附权臣贵族、肆意行贿，而借助于重臣的请托，逃避从军作战的劳苦，对于国家而言这些人也是非常严重的蛀虫。最后，工商之民，指社会上投机钻营的工商业者。这些人制造粗劣器具，积累奢侈资财，囤积居奇，待机出售，希图从农民身上牟取暴利。在韩非看来，这五种人就是国家的五大蛀虫，他们的存在是对国家利益和法度的破坏，要有效治理国家，就必须清除这五种蛀虫。而耕战之民，才是对这个国家真正有益的。

从韩非对五蠹的论述中，我们可以很清楚地感受到，其基本立场就是国家制度的强化与国家实力的强大。这五种人的存在实际上削弱了国家机器的力量和效率，损害了国家利益，所以必须根除。从本质上来说，韩非的立足点还是如何形成一个高效的国家机器，凡与此相悖的，都必须摒弃。相传秦王嬴政阅此文后，极为赞叹："嗟乎！寡人得见此人，与之游，死不恨矣。"（《史记·老子韩非列传》）这说明，韩非所言，正合秦王之意。

六、法家的共同特点

战国是一个非常特殊的时代，这一时期法家人才辈出。法家思想主张被当时各诸侯普遍接受，是一个值得思考的问题。从思想根源来说，法家主张以"法"治国，反对儒家强调的仁义道德；强调明刑尚法、信赏必罚；主张发展经济、富国强兵；主张君主专制、尊主卑臣。从思想倾向上来考察就不难发现，这样的思想形态与儒家的价值观念有明显的差异。简单地说，法家思想在一定意义上完全取消了超越的价值关怀，而代之以完全现实的论述。这样的观念受到了当时诸侯的普遍拥护，这表明历史发展在战国时期开始发生重要的改变。其中最关键的改变是：经过多年的诸侯混战，到战国之际，诸侯国数量不断减少，社会统一的趋势逐渐显现。在这样的背景下，问鼎中原、统一诸侯，成了当时战国诸雄最关注的问题。而法家提倡的中央集权、加强最高统治者权力等主张，从现实的角度出发，适应了现实的政治需求，因而获得了诸侯们的广泛认同。从经济上说，法家主张“重农”，要求打击五蠹，也就是学者、言谈者、带剑者、患御者和工商之民五种不直接从事生产的人，并通过奖励开垦土地等方式发展农业生产。思想上，法家顺应统一的历史趋势，排斥各种相互矛盾、彼此抵触的学说，建立统一的意识形态。在统一的大趋势下，法家获得了前所未有的发展。在这个时期，变法成了流行的、普遍的选择。

说到法家，我们通常都会把它与法律联系在一起。这种观念既正确，又不完全正确。说其正确，是因为法家的人物确实都和法律相关，都强调以法律来治理国家。不正确的地方在于，如果从现代的法律视角去考察，与其说法家与法律的关系紧密，倒不如说它与政治的关系更为密切。传统法家所进行的工作，实际上是对国家政治制度的建设和完善，不仅包括以法治国这一基本的观念，同样包括政治制度和意识形态的完善。在传统中国社会中，法家的地位更类似于政治家，或者更为准确地说是政治实践家。因为法家对抽象的理论缺乏兴趣，只关注现实的政治实践。也正是从这个角度上来说，法家与中国传统政治有着密切的联系。

然而，法家在传统中国的历史命运却是一个值得深思玩味的问题。从历史发展的基本事实来说，战国之际的变法，使社会统一的趋势越来越明显。而最终，秦国也是在法家的帮助下统一了六国，中国第一个中央集权的政治制度由此确立，结束了数百年来的割据与战乱。法家之于秦，在某种程度上是一个悖论，从历史的脉络来考察，这个悖论十分清晰。秦之起家是以法家为基础的，其政治制度完全建立在法家的思想上，“以吏为师，以法为教”（《史记·李斯列传》）的说法，表明其政权与法家之间的事实关系。然而也正是因为法家的刻薄寡恩、严峻暴虐，秦二世而亡，这也使得后世学者和政治家在总结秦的历史教训时，都归罪于法家，认为秦朝统治者奉行法家思想是最重要的致败之因。后人在讨论国家治理理念和方式的时候，都对法家思想抱有警惕和排斥的态度。"法术"在两汉以后的政治语境中（尤其是在理论的层面），基本都含有贬义的色彩。但是在实际的政治生活中，统治者似乎又离不开法家那一套。汉宣帝教训太子时说："汉家自有制度，本以霸王道杂之。奈何纯任德教，用周政乎！"（《汉书·元帝纪》）"以霸王道杂之"的不仅是汉家制度，也是历代统治者的一贯手法。两千年间，法家一直处于这样的境地：理论上被批判，实践上却从没有被放弃。这也无怪乎谭嗣同会感慨："幸而中国之兵不强也。"

从法家命运的历史逻辑中可以看到两个基本的结论。第一，法家的观念是一种非常有效的现实政治手段，这从战国诸雄（尤其是秦国）的强大中可以很清楚地看到。第二，这种刻薄寡恩的高度集权的统治形式，去除了人与人之间的温情，导致期望的现实效果无法长久维持。这一点，当年荀子入秦的时候就已经评价过，认为秦是治之至，但是因为缺乏儒家的教化，所以这样的统治不会长久。荀子的话在秦的发展历史中得到了非常有效的验证。这又提醒我们回头考察一下《汉书·艺文志》中对于法家的基本界说。

> 法家者流，盖出于理官，信赏必罚，以辅礼制。《易》曰"先王以明罚饬法"，此其所长也。及刻者为之，则无教化，去仁爱，专任刑法而欲以致治，至于残害至亲，伤恩薄厚。

班固的这段描述，其实也明确揭示了法家思想的内在逻辑。这样一来，我们就可以对法家思想在中国历史中的命运（尤其是中国传统政治上的命运）有一个非常深刻的理解。首先，法家的思想是不可能被完全抛弃的。这是因为对于中央集权的政权来说，唯有法家才真正合乎他们的现实需求。其次，法家思想是不太可能得到公开阐扬的。这不仅与它的历史“污点”（秦政）有关，也与它悖于儒家伦理教化的基本事实密切相关。统治者一方面需要对国家进行有效的统治，另一方面需要文饰其统治（即需要有温情脉脉的一面），所以“以霸王道杂之”就成为了他们的不二选择。

第十二讲

帝制时代总设计师：董仲舒

秦统一六国，传统中国社会进入了帝制时代。这对于中国政治、中国社会以及中国哲学的发展来说，都是一个极为重大的事件。就中国政治以及中国社会层面来说，我们都非常清楚地看到了这一事件的重要影响，这个方面的讨论也非常充分了。

但是在哲学层面的讨论，相对来说还是比较缺乏的，甚至在很大程度上，这部分讨论很少给予秦汉时代的哲学积极的定位。因为在一般人看来，相对于先秦或者之后的宋明时期来说，秦汉时期哲学思想的深度以及活跃度，都有明显的不足。百家争鸣的自由思想传统到此戛然而止，也是很多人批评或忽视秦汉思想的原因所在。从整个中国哲学史的研究来说，秦汉哲学研究无论成果还是参与的研究者，都是非常少的。而事实上，考虑到秦汉（尤其是汉代）对于中国社会所具有的重要影响力，这样的研究和定位都是存在问题的。

秦汉（尤其是汉代）的哲学，实际上同汉代的制度和社会一样，对于整个中国社会都具有根本性的意义。这种根本性的意义表现在，这个时代所形成的哲学观念成了两千年中国帝制时期的思想基础。如果从这样的定位来说，我们对于秦汉时期哲学的重视程度跟它所具有的地位明显是不匹配的。换言之，秦汉时期的哲学是被严重低估的。

一、帝制时代的基本问题

秦汉以来的第一个重大的变化，就是社会形态发生了根本的改变。公元前221年，在秦统一六国的前夕，秦王嬴政与群臣有过一次非常直接且重要的讨论。

> 丞相绾等言："诸侯初破，燕、齐、荆地远，不为置王，毋以填之。请立诸子，唯上幸许。"始皇下其议于群臣，群臣皆以为便。廷尉李斯议曰："周文武所封子弟同姓甚众，然后属疏远，相攻击如仇雠，诸侯更相诛伐，周天子弗能禁止。今海内赖陛下神灵一统，皆为郡县，诸子功臣以公赋税重赏赐之，甚足易制。天下无异意，则安宁之术也。置诸侯不便。"始皇曰："天下共苦战斗不休，以有侯王。赖宗庙，天下初定，又复立国，是树兵也，而求其宁息，岂不难哉！廷尉议是。"（《史记·秦始皇本纪》）

这是发生在重大社会变革前夕的一个重要事件，围绕的问题是天下统一之后应该延续分封制，还是采取郡县制。从分封制到郡县制的变化，其中的利弊这里不展开讨论，但毫无疑问的是，这是一个发生在秦统一以来的重大社会变革。分封制退出历史舞台，郡县制成为主导，是历史发展的基本脉络。这个脉络表明郡县制成为帝制时代中国的主要政治结构形式。分封制被郡县制取代，实际上的意义是贵族逐渐退出历史舞台，去贵族化是自春秋战国至秦汉之际中国社会的一个主旋律。这里丞相王绾提议的是分封制，而廷尉李斯强调的是郡县制，最终秦始皇采纳的也是郡县制，这是一个基本的历史事实。我们需要注意的是，李斯在描述郡县制的优势时所采取的一个具有重大影响力的说法，所谓“天下无异意，则安宁之术也”。简单地说，这就是帝制时代对于思想的一个重大规定：统一的大帝国需要有统一的思想基础。李斯所强调的“天下无异意”就是思想上的统一性；“安宁之术”的说法则表达出帝制时代所追求的重要目标，所谓“安宁”是就政治统治而言，是对于政权的稳定性的要求，这是帝制时代的关键性问题之一。“术”的说法同样重要，这里需要注意的是，它不是强调“学”，“学”与“术”有着根本的差别。“学”重视的是思想层面，强调的是自由和深度；“术”重视的是现实运用，强调的是现实效果。简单梳理后我们可以很清楚地看到这场讨论对帝制时代中国思想所产生的深远影响。

在我看来，这场讨论意味着在思想层面将要发生重要的变革，其影响不仅是在政治的层面。帝制时代对思想也提出了非常不一般的要求，这个时代问题也成了秦汉时期的重大思想问题，其解决对于整个帝制时代构成了基础性的影响。也就是说，在秦汉之际，最重要的任务是为大一统的帝国寻求思想基础。关于这一点，我们从秦汉之际的两段表述中，就可以清楚地看到。

始皇置酒咸阳宫，博士七十人前为寿。仆射周青臣进颂曰：“他时秦地不过千里，赖陛下神灵明圣，平定海内，放逐蛮夷，日月所照，莫不宾服。以诸侯为郡县，人人自安乐，无战争之患，传之万世。自上古不及陛下威德。”始皇悦。博士齐人淳于越进曰：“臣闻殷周之王千余岁，封子弟功臣，自为枝辅。今陛下有海内，而子弟为匹夫，卒有田常、六卿之臣，无辅拂，何以相救哉？事不师古而能长久者，非所闻也。今青臣又面谀以重陛下之过，非忠臣。”始皇下其议。丞相李斯曰：“五帝不相复，三代不相袭，各以治，非其相反，时变异也。今陛下创大业，建万世之功，固非愚儒所知。且越言乃三代之事，何足法也？异时诸侯并争，厚招游学。今天下已定，法令出一，百姓当家则力农工，士则学习法令辟禁。今诸生不师今而学古，以非当世，惑乱黔首。丞相臣斯昧死言：古者天下散乱，莫之能一，是以诸侯并作，语皆道古以害今，饰虚言以乱实，人善其所私学，以非上之所建立。今皇帝并有天下，别黑白而定一尊。私学而相与非法教，人闻令下，则各以其学议之，入则心非，出则巷议，夸主以为名，异取以为高，率群下以造谤。如此弗禁，则主势降乎上，党与成乎下。禁之便。臣请史官非秦记皆烧之。非博士官所职，天下敢有藏诗、书、百家语者，悉诣守、尉杂烧之。有敢偶语诗书者弃市。以古非今者族。吏见知不举者与同罪。令下三十日不烧，黥为城旦。所不去者，医药卜筮种树之书。若欲有学法令，以吏为师。”制曰：“可。”（《史记·秦始皇本纪》）

《春秋》大一统者，天地之常经，古今之通谊也。今师异道，人异论，百家殊方，指意不同，是以上亡以持一统；法制数变，下不知所守。臣愚以为诸不在六艺之科孔子之术

者，皆绝其道，勿使并进。邪辟之说灭息，然后统纪可一而法度可明，民知所从矣。（《汉书·董仲舒传》）

前一段材料是公元前213年关于“焚书”的讨论，后一段材料是董仲舒在《天人三策》中对汉武帝关于“《春秋》大一统”的建议。这两个事件之间虽然有八十年左右的时间距离，但讨论的问题本质上是一致的，即如何有效统一思想。

焚书事件是秦统一中国之后一个重要的事件。我们常说“焚书坑儒”，需要说明一下的是，焚书事件的发生是有确切证据的（当然，焚书的范围是有明确限制的，即博士官可以藏书，民间不能藏书），而坑儒事件坑的到底是儒家还是方术之士，是有待辨析的。回到焚书事件，我们需要重点关注的是丞相李斯的提法。按照李斯的说法，读书人“不师今而学古，以非当世”，这种行为是极其可怕的，所以必须强化对思想的统一，所谓“别黑白而定一尊”。李斯也明确强调了这种统一的基本方案：历史著作，非秦国的，都必须烧掉；除了博士官，天下不能私藏《诗》《书》以及百家语，必须烧掉；如果有敢谈论《诗》《书》的人，弃市；如有以古非今者，灭族；官吏见到这些情况不举报的，与之同罪；焚书令三十日不烧书的，黥为城旦。当然，在所有书籍中有一类是不烧的，就是医药、卜筮、种树之类的书籍。这个建议非常详细，意图也很明确，那就是要强化思想控制，以吏为师、以法为教，这是法家治国的明确原则。因此，从李斯的建议中，我们也可以直观地感受到大一统帝国对于思想统一的迫切程度。

董仲舒的《天人三策》其实有同样的诉求，他的建议从本质上来说，也是出于为汉武帝构建大一统思想基础的需要。所谓“今师异道，人异论，百家殊方，指意不同”，说明当时存在相对多元的思想，这就会产生混乱。这种混乱对于思想本身来说，可能是一种常态，但是对于大一统的帝国来说，却是不能被允许的。所以董仲舒建议说，“臣愚以为诸不在六艺之科孔子之术者，皆绝其道，勿使并进”，后来被概括为“罢黜百家，独尊儒术”（这个提法实际上是民国时期易白沙在《新青年》上提出来的，并非当时董仲舒的提法）。这个策略毫无疑问是以儒家思想为基础的，或者说是以儒家作为大一统帝国的思想基础来进行帝制时代的政治建构的。

秦代和汉代关于思想基础的选择存在差异，但是为大一统帝国寻求思想基础这一点是相同的。秦汉时代，其实就是追求大一统思想的时代，这一目标最终是以汉代确立儒家在政治结构中的基础地位来实现的。这也就是我们在后来的传统中所看到的基本事实，即儒家在整个中国社会中占据主导地位。

二、“天人三策”在说什么

“天人三策”应该是了解董仲舒思想最为重要的文献之一。前文把“天人三策”置于秦汉中国社会转型的脉络中分析，也是这一文献的特殊所在。关于“天人三策”存在诸多复杂的争议。首先，历史上是否曾经发生过董仲舒上“天人三策”这一事件？目前我们所看到的“天人三策”文献来自班固的《汉书》，然而司马迁的《史记》却只字未提。司马迁是生活于汉武帝时代的人，并且与董仲舒可能存在师承关系（董仲舒为司马迁之师）。在这样的前提下，何以司马迁对此事只字未提？其次，上“天人三策”是哪一年发生的事情？目前有建元元年（前140）、元光元年（前134）以及元光五年（前130）等几种说法，莫衷一是。但我倾向于认为上“天人三策”是确实发生过的事情，此事发生的年代应该是在元光元年。这一年，窦太后去世，汉武帝迎来真正意义上的亲政，这对于汉武帝来说是真正施展抱负的开始。至于司马迁未提及此事，可以从情感和事实两个方面进行解释。从情感上来说，司马迁不太能接受董仲舒对于儒家思想的这种调整；从事实上来说，《史记》的成书存在重新整理的问题，个别内容可能亡佚。因此，以《汉书·董仲舒传》所保留的“天人三策”作为对董仲舒思想考察的重要文献，也是没有问题的。

汉初，朝廷选拔官员的一种重要形式就是举贤良方正（即是品德和能力突出的人）。所谓“举”，就是推举，根据朝廷的需要进行推荐选拔。这是在儒家经典被立为学官之前，即以经典考试形式来选拔官员的制度（后世的科举制）确立之前，朝廷选拔官员的一种非常重要的形式。元光元年，汉武帝迎来了自己真正意义上的亲政，终于可以大展宏图。在这个背景下，举贤良方正也是顺理成章的。董仲舒就是在这次举贤良方正中参加了策问。策问实际上就是天子面试、天子出题，参与者根据天子所出题目进行回答。在这次的策问中，汉武帝总共提了三个问题，董仲舒围绕着这三个问题进行回答。董仲舒的回答，是以天人感应作为基础的，所以这次的策试被称为“举贤良对策”，又称“天人三策”。

从《汉书·董仲舒传》来看，汉武帝的提问主要关心三个方面的问题。首先，政治统治的根本道理是什么？在汉武帝看来，“改制”（制度改革）和“作乐”是政治统治的两种基本形式。可是几百年来，统治之道不断被破坏，很多人力图改变现状，然而收效甚微。那么所谓的天道究竟何在？其次，历史上有些君主统治期间非常忙碌，有些君主非常悠闲，有些君主用刑罚统治，有些君主用仁德统治，究竟什么样的方式才是有效的统治方式？最后，在政治中应该如何具体实现天人感应？从总体上来说，汉武帝的提问关心的是政权建构的基本问题，是极具远见和重要性的问题。“何行而可以彰先帝之洪业，上参尧舜，下配三王？”（《汉书·武帝纪》）这才是汉武帝这位有雄才大略的君主真正关心的，他所关心的并非权宜之策，而是对国家、社会有根本性意义的解决之道。

董仲舒的回应也具有重大意义。董仲舒的回答，主要涉及四个方面的内容。首先是天人感应、君权神授。这是对政治统治基础的阐释，也是汉武帝极为关心的问题。董仲舒的解释，实际上为两千年的政治制度奠定了基石。其次，改正朔、易服色。这是针对汉代统治的具体要求，也是天人相应的具体表现。这就是所谓的新王改制，这种改制具有非常重要的象征性意义，代表一个新王朝的开始。再次，“兴太学，举贤良”。这是从具体制度上满足了政治统治的人才需要，因为人才是一个政权进行有效统治的基础，也是维系有效统治的必然要求。最后，推明孔氏，春秋大一统。这是董仲舒建议中最为关键的一个基本原则，以儒家来实现大一统，所谓“诸不在六艺之科孔子之术者，皆绝其道，勿使并进”（《汉书·董仲舒传》），而这个原则也是汉武帝所认可的。经由董仲舒的阐发，儒家思想对于汉武帝的政权来说就有了基础性的意义，而这样的形式，也成为帝制时代政治的基本运行方式。

汉武帝对董仲舒的对策应该很满意，这从后来汉武帝所采取的措施中就可以看出。在汉武帝的重要措施中，跟这次策问有密切关系的主要有以下两个。首先是设立五经博士。儒家经典被立为学官，使得经学这一传统时代的学问形式得以确立。这是从太学教育的角度出发的，也是对董仲舒推明孔子、立太学的积极回应。其次是设立五经博士弟子员。所谓“弟子员”就是招生的名额，五经博士均可在太学招收一定数量的弟子员，这些弟子员经过经学的学习和考核，合格即可以授予官职。这对于儒家来说是具有重大影响的事件，儒家由此掌握了候补文官的教育，从而奠定了其在传统社会的影响力。

三、天人感应的神学架构

天人感应是董仲舒思想中最核心的观念，也是他在“天人三策”中论说的一个基础。天人关系，是中国哲学中一个最为基本的问题。我们常说中国人强调天人合一，这就是天人关系的一种非常直接的表达。在中国哲学中，天大概有四种含义：自然之天（比如荀子所主要强调的）、道德之天（孟子所主张的）、意志之天以及境界之天。这些对于天的不同理解，透露出来的就是关于天人关系的不同阐释方式。从先秦阶段中国哲学的演变来看，以孔子为代表的儒家对天人关系的阐释做出了一个非常重大的改变，那就是把作为意志的天给消解了，代之以道德的天。这种变化的路径，实际上是要把宗教（或者说神学）的维度取消掉，从而确立人在其中的决定性意义，突出人之为人的价值。这是中国哲学精神发展的一个基本面向，也是我们前面所说理性早熟的一个表现。而董仲舒的天人感应，从本质上来说，就是对意志之天的回归。这种回归在理论上显然是一种倒退，但是在现实中这种回归是必需的。

从理论本身来说，董仲舒关于天人感应的建构并不复杂。整个“天人感应”的理论基础，是通过天、地、人相统一的思维模式来实现的。董仲舒对先秦儒学的改造，最大的特点在于大量地引进了阴阳家的观念，以阴阳五行的思想作为其论述的基本框架。《春秋繁露》中的《阳尊阴卑》《阴阳位》《阴阳终始》《阴阳义》《阴阳出入上下》《天地阴阳》等篇章都是专门论述阴阳五行的，阴阳二分和五行相生相克的系统，成了董仲舒思想的基石。在阴阳之说的基础上，董仲舒提出了著名的“天人感应”观念。“天人感应”的理论基础，是通过天、地、人相统一的思维模式所建构的天人同构论。在董仲舒看来，“天”与“人”、自然界与人类，在结构上是相同的。一方面，人在形体上与自然界有共同的数量关系：人有小骨节三百六十六块，对应一年的天数；人有大骨节十二块，对应一年的月数；内有五脏，对应五行数；外有四肢，对应四时数。这就是所谓的“人副天数”。另一方面，人的精神现象也与自然变化在类型上相对应：人有好恶，天有暖冷；人有喜怒，天有寒暑；人间有上下，天地有尊卑。这就是所谓的“以类合之，天人一也”（《春秋繁露·阴阳义》）。董仲舒认为，既然天与人同构，那么在“天”与“人”、自然与社会之间就可以进行无限制的模拟推理，以获得关于天人问题的新知识。在这种无限制的模拟推理中，他一方面把自然现象拟人化，赋予自然现象以社会的属性，从而塑造出了一个人格神的“天”；另一方面又把社会关系神秘化，以人格神的“天”作为社会关系的根据，认为封建社会的各种等级名分和隶属关系都符合“天”的规律。所以，在董仲舒看来，天实际上是一个人格神，“天者，百神之大君”（《春秋繁露·郊义》），而人间社会是模拟、仿造天的规律而来的，所以一切必然也是效法“天”而建立起来的，“君臣、父子、夫妇之道，皆取诸阴阳之道”（《春秋繁露·基义》）。社会的等级次序，也由这种阴阳的差异而得以确立，“君为阳，臣为阴；父为阳，子为阴；夫为阳，妻为阴”（《春秋繁露·基义》）。为阳者贵，为阴者贱；为阳者居于支配、主宰地位，为阴者处于服从、辅助的地位。对于这些传统社会的关系，东汉时的《白虎通义》经典地概括为“君为臣纲，父为子纲，夫为妻纲”。董仲舒说：“王道之三纲，可求于天。”（《春秋繁露·基义》）“天”的法则是人间社会关系的基础，人们的社会关系都是由“天”所授予的，即所谓“受命于天”，“天子受命于天，诸侯受命于天子，子受命于父，臣妾受命于君，妻受命于夫，诸所受命者，其尊皆天也”（《春秋繁露·顺命》）。根据这种自然关系的拟人化和社会关系的神秘化结果，董仲舒提出：“天人之际，合而为一。”（《春秋繁露·深察名号》）并进而认为，在“天”与“人”之间存在着一种神秘的感应关系。他认为，“人”的活动必然会得到“天”的反映。如果君主按照“天”的意志办事，天下大治，国泰民安，“天”就会降下“符瑞”，表示肯定；如果君主违背了“天意”，影响到大一统封建国家的稳定和巩固，“天”就会降下灾异警告，董仲舒尤其看重这一点：“灾者，天之谴也。异者，天之威也。谴之而不知，乃畏之以威。凡灾异之本，尽生于国家之失。”（《春秋繁露·必仁且智》）

至此，天人感应的体系已经建构起来，在体系中，君主的权威和天的权威同时都被确立起来。按照董仲舒的说法，这就是“屈民以伸君，屈君以伸天”（《春秋繁露·玉杯》）。在这样的理论诠释下，大一统的思想观念由此确立。董仲舒对于儒学的改造可以说与先秦儒学的旨趣已经大不相同，但正是这种经过改造的儒学成了大一统政治的思想基础。

很显然，董仲舒从作为人格神意义的“天”出发，对天人关系进行了重构，从而为人间的合法性找到根据，这实际上也就是君权神授的含义。在这样的背景之下，天人关系以及人间的各种社会关系，都有了一种神秘化（或者说神学化）的倾向。从具体的内容上来说，除了儒家的基本立场，董仲舒还将阴阳五行等观念引入了他的系统之中。我们前面说过，从理论的逻辑上来说，董仲舒的这一改造，体现了先秦儒学的倒退。但是从现实的角度来说，这个倒退又是可以理解的。简而言之，如果思想必须面向现实的话，在董仲舒时代最大的现实就是大一统帝国的建立，大一统帝国需要神学作为基础。这是董仲舒哲学横空出世的内在逻辑。

四、天人感应与民众生活

天人感应本质是一种政治神学，它的主要贡献在于为大一统的帝国提供了神学基础，这是传统时代以及传统社会的一个关键基石。中国传统社会的特殊性，即政治在整个社会生活中居于主导地位，使得天人感应不仅深刻地影响了传统中国的政治生活，也与民众的日常生活有着紧密的关联。

首先，这种天人感应的思维方式，也是民众生活的基本预设。中国传统的民众生活是一种农耕生活，农耕的本质就是靠天吃饭。中国文化中常会强调，“夫阴阳四时、八位[1]、十二度[2]、二十四节各有教令，顺之者昌，逆之者不死则亡，未必然也，故曰‘使人拘而多畏’。夫春生夏长，秋收冬藏，此天道之大经也，弗顺则无以为天下纲纪，故曰‘四时之大顺，不可失也’”（《史记·太史公自

1　八卦之位，实际上就是东、南、西、北、东南、西南、东北、西北。

2　古代为观测日、月、五星的位置和运动，把黄赤道带自西向东划分为十二个部分，称为十二度，也称十二次。

序》）。这实际上就是对天人之际的一种认识。在司马迁看来，四时、八位、十二度、二十四节气各有适宜和禁忌的种种规定，顺之者昌，逆之者亡，这未必是对的。所以说：“使人感到拘束而畏惧颇多。”可是，春天生，夏天长，秋天收，冬天藏，这是自然运行的大规律，若不顺从它，则再也没有什么东西可充当天的秩序和法纪了。所以说：“四时运行的大顺序，是不可能遗弃丢失的。”这段话的信息极为丰富，它可以概括为两个基本内容。首先是古人从四时、八位、十二度、二十四节气的观察中，得到了关于生活方式的基本指导。以二十四节气为例，在传统时代，它对民众生活有基本的指导意义，也可以说是古人生活智慧的反映。其次，这些从天地之道观察而来的生活智慧，是古人生活的最高原则，无法回避。而这些对于天道认识，实际上就是为了解决民众日常生活的需要，为民众的生活提供依据。天人感应的基本方式，在这种农耕的生活形式中，得到直接的表达。

这种基本生活形式，也形成了中国民众的基本精神世界。农耕时代的生活方式中，有两个非常重要的关于民众精神世界的表达，即敬天和顺天。敬天，即对于天的敬畏感。这一点其实在民众生活中是非常普遍的。道理也极为简单：“老天爷”是我们所有意义的来源，是生命的基本依靠，它具有无上的权威，因此必须敬畏天。在传统时代，敬天也就意味着敬畏自然。这也使得我们可以看到传统时代中国人与自然之间的和谐关系。顺天，就是按照天的意志来生活，天道决定人事。对于普通民众来说，这就意味着所有活动都必须归依天意，无论是春生夏长、秋收冬藏，还是“日出而作，日落而息”，都是顺天而生活的真实写照。即便是在今天，这种对于天的特殊重视，在中国民众的生活世界中也有比较多的表达，比如俗语所说的“人在做，天在看”，就很明显地反映出天在民众的精神世界中所具有的特殊意义。

由此，我们可以很清楚地看到，在天人感应观念的作用下，民众的日常生活也受到了深刻的影响。这种天人感应的基本逻辑，构成了传统时代民众生活的基本事实。

五、如何评价董仲舒

对于董仲舒，很多人的评价都不是特别高。如前所言，从理论层次来说，董仲舒的思想确实存在着某种程度的退转。而论者又常常以秦汉以后中国思想的“僵化”为理由，来批评董仲舒对于中国哲学所产生的负面影响。和先秦、宋明在思想上的创造力和活跃度的差异，都使得这样的批评在一定程度上是成立的。那么，我们究竟该如何评价董仲舒及其思想呢？

董仲舒本人在汉代受到了极高的评价，这也是一个基本的事实。司马迁虽然不能接受董仲舒的部分思想，但曾非常直接地称赞其人。“董仲舒，广川人也。以治春秋，孝景时为博士。下帷讲诵，弟子传以久次相受业，或莫见其面，盖三年董仲舒不观于舍园，其精如此。进退容止，非礼不行，学士皆师尊之。”（《史记・儒林列传》）从这段描述来说，董仲舒就是一个非常纯粹的学者。班固对此的记载几乎一模一样：“董仲舒，广川人也。少治《春秋》，孝景时为博士。下帷讲诵，弟子传以久次相授业，或莫见其面。盖三年不窥园，其精如此。进退容止，非礼不行，学士皆师尊之。”（《汉书・董仲舒传》）“三年不窥园”表明无论是就学问还是就为人来说，董仲舒在当时都受到了极高的推崇。正是因为如此，他甚至不止一次被班固奉为“儒宗”，“董仲舒始推阴阳，为儒者宗”（《汉书·礼乐志》），“仲舒为世儒宗，定议有益天下”（《汉书·楚元王传》）。

无论是就个人还是就学问来说，传统时代对于董仲舒的定位——一代儒宗——都是毋庸置疑的。如果从今天的角度出发，我们又当如何看待董仲舒及其思想呢？

首先，就儒学思想的历史脉络而言，董仲舒的思想是对荀子儒学的有效继承。关于这一点，我们在前文谈到荀子的时候已经提出，生活在战国中期的荀子已然感觉到搭建现实的政治架构，是儒学面对这个世界局势所要做的最大努力。这是在一个新的形势（即统一的大帝国即将来临）下，儒学需要做出的适当的调整，以真正适应时代的需要。而这种转向现实政治建构的理论，最终是在董仲舒那里被确立的。这是儒学为帝制时代所提供的思想基础，对于儒学来说，也是一种新的发展契机。总体来说，这个时代需要进行思想的整合和调整以适应新的政治形势的需要，而董仲舒的儒学应运而生，成为大一统帝国时代的思想基础，也是水到渠成的事情。从这个角度来说，开始于荀子、完成于董仲舒的对于儒家思想的现实效用的改造，使得儒家思想跟政治结合在一起，从而成为整个传统时代的主导思想。虽然我们很难用好或者不好来评价这个选择，但是董仲舒在其中所做出的关于理论改造的努力还是非常明显的，这也是董仲舒为了适应时代的要求而做出的选择。如果说所有的哲学思想都是时代精神的精华，那么在当时那个背景下，董仲舒对于儒学的调整是必要的也是成功的。

其次，更为重要的是，董仲舒对于儒学的改造形塑了两千年的帝制中国。这个问题其实在前面已经提到，汉代设立五经博士以及弟子员制度，儒家经典成为经学，这是两千年帝制时代中国学问的基本形式，也是一种官方思想形态的象征。而儒学与太学教育结合，从而通过掌握教育而掌握了候补文官制度，这在两千年的中国封建社会也是具有极大影响力的事件，读儒家的经典成了整个社会的基本共识。从这个角度来说，董仲舒毫无疑问是中国帝制时代的总设计师。

最后，从天人关系的设定来说，董仲舒的思想相对于孔子以及孟子的儒学思想有一定程度的倒退，但是这种倒退实际上是为了更好地解决现实的问题。大一统时代对现实问题的要求跟先秦时期相比有了重要的变化，这就要求思想上必须有所调整。如果从当时的情境出发来说，董仲舒的政治化、神学化的改造，是恰逢其时的。这样的改造是为了解决当时的重要问题，从这个角度来说，批评董仲舒思想是倒退的也并不妥当。而且，对于儒学获得社会认同从而成为传统中国社会思想基础来说，这一改造无疑是具有积极作用的。当然，我们习惯从神学政治的角度来理解董仲舒的儒学，其实很多时候这样的立场也是存在局限的。比如，在董仲舒的论述中对于“心”同样给予了极高的重视，而且也非常明显地论及了“天理”，这都表明虽然董仲舒的儒学是以天人感应的政治建构为基础的，但这并非董仲舒儒学的全部。董仲舒的儒学思想有着更为包容和深厚的内涵，我们不能仅仅因为神学化这样一种现实的建构，而忽视了其思想的丰富性。

第十三讲

被高估的王充

有汉一代思想学术，自董仲舒倡言天人感应而确定“儒术独尊”的地位。这种独尊之后的儒学并不是对先秦孔孟儒学的回归，实际上是儒学与黄老、阴阳家之学杂糅的产物。援天道以论人事，以天人感应为其理论的基本宗旨，此说经董仲舒的阐发而为汉武帝所接受，并最终取代黄老之术而成为社会统治的思想基础，西汉经学的统治地位因此确定。由此而来的天人感应和谶纬神学，成了笼罩整个汉代思想界的迷雾。

这样的描述，总体上来说无误，也大概可以看出汉代思想的基本特色。如前文所言，汉代思想更加重视在政治建构上的努力。以今天的话来说，政治哲学是这一时期哲学的主导话语。这一路径是从荀子开始彰显的，到董仲舒方才真正实现儒家对于现实政治哲学的基本设定。从汉代到唐代，也就是通常所称的汉唐经学时代，儒家思想主要就是围绕着现实政治的设计而展开的。这一时期也可以说是政治儒学的建构时期，而这种情形的出现，跟整个社会的现实需求存在密切关系。这种情形，也基本上塑造了汉代哲学的基本面貌。

但是，由于目前学术界关于汉代思想细节的研究并不是特别多，我们很难清晰地说明汉代思想的具体面貌。尤其汉代就制度层面来说，深刻影响了中国传统社会，形成了所谓的“汉家制度”。由此可见，汉代思想的研究仍有巨大的空间。

一、两汉思想迷雾中的清醒者

在汉代哲学中，王充是一个极为特殊的人物。如果我们只是简单地介绍汉代思想，一般都会提到董仲舒和王充两人。董仲舒作为汉代思想传统的确立者，是典型的正面人物。而王充一般被视为对两汉之际的谶纬神学氛围的批判者，这种氛围很大程度上源自董仲舒的思想，因此，王充便成了两汉思想的反叛者。这种对于汉代思想的极简化认识方式，实际上并不妥帖。

王充的思想史地位，是近代才构建起来的，且受到近代学者极大的推崇。章太炎先生称：“董仲舒以阴阳定法令，垂则博士，神人大巫也。使学者人人碎义逃难，苟得利禄，而不识远略。……（王充）作为《论衡》，趣以正虚妄，审乡背。怀疑之论，分析百端。有所发擿，不避上圣。汉得一人焉，足以振耻。至于今，亦鲜有能逮者也。”（《检论》）胡适则更是视王充为“中国古代最伟大的哲学家之一”，并且认为，“到了一世纪下半，出了一个伟大的思想家王充（生于27年，死于约100年）。他不但是一个第一流的哲学家，他在文学史上也该占一个地位。……我们总看中古时期的散文的文学，不能不对王充表示特别的敬礼了”（《白话文学史》）。此后，在中国传统的诠释中，无论是哲学史、思想史还是文学史，王充似乎都是一个绕不开的人物。钱穆先生在《中国思想史》中，对王充及其思想有如下评述。

> 两汉思想，董仲舒是正面，王充是反面，只此两人，已足代表。董仲舒上承邹衍，王充则下开魏晋。魏晋人在中国思想史上之贡献，正为能继王充，对邹、董一派天人相应，五行生尅，及神化圣人等迹近宗教的思想，再加以一番彻底的澄清。

王充由此在中国哲学史上具有了极高的地位，这一地位也逐渐得到公认。作为浙江人，在浙江思想史领域，王充更是被视为浙学的开创者。[1]

自章太炎、胡适始，对于王充的高度评价逐渐被广泛接受，王充也因其对汉代思想的批判而获得了极高的思想史地位，成为两汉思想迷雾中的“清醒者”。但是，在传统社会中，王充的地位显然没有近代以来那么崇高。《四库全书总目提要》中曾经用一个比较折中的方式来评价王充及其《论衡》，称“谈助之言，可以了此书矣。其论可云允惬。此所以攻之者众，而好之者终不绝欤”。对于王充的批评，历来也是不绝的，比较有名的当数清代乾隆帝的《御制读王充论衡》。

> 向偶翻阅诸书，见有王充《论衡》，喜其识博而言辩，

1 参见董平：《浙江思想学术史——从王充到王国维》，中国社会科学出版社，2005年，第5页。董平以王充作为浙江思想学术史的开端，并冠之以“浙江之学祖”之誉。

颇具出俗之识，其全书则未之览也。兹因校《四库全书》，始得其全卷而读之，乃知其为背经离道、好奇立异之人，而欲以言传者也。不衷于圣贤，未有能传者也。孔、孟为千古圣贤，孟或可问而不可刺，充则刺孟，而且问孔矣。此与明末李贽之邪说何异？夫时命坎坷，当悔其所以自致坎坷耳，不宜怨天尤人，诬及圣贤。为激语以自表则已已，犯非圣无法之诛，即有韪其言者，亦不过同其乱世惑民之流耳，君子必不为也。且其《死伪篇》以杜伯之鬼为无，而《言毒篇》又以杜伯之鬼为有。似此矛盾处，不可屈指数，予故辟而诃之。读《论衡》者，效其博辩、取其轶才则可，效其非圣灭道，以为正人笃论则不可。

按照乾隆的看法，王充就是“背经离道、好奇立异之人”。这样的人从儒家传统来看，自然是无法被接受的，然而王充的标新立异、才华出众是有目共睹的。而且在乾隆看来，《论衡》的论说，也是为身世遭遇所激，并不能算是一种纯粹的学术思想著作。大体而言，乾隆认可了王充的才华，否定了王充的价值立场和学术内涵。

那么，就浙江学术传统而言，王充是否可以承担“学祖”的地位？他是否可以被认为是浙学的开端呢？这也是一个值得质疑的问题，比如，作为清代浙江学术传统中流砥柱的章学诚就直接批判王充：

王充《论衡》，则效诸《难》之文而为之。效其文者，非由其学也，乃亦标儒者而诘难之。且其所诘，传记错杂，亦不尽出儒者也。强坐儒说，而为志射之的焉，王充与儒何仇乎？且其《问孔》《刺孟》诸篇之辨难，以为儒说之非也，其文有似韩非矣。韩非绌儒，将以申刑名也。王充之意，将亦何申乎？观其深斥韩非鹿马之喻以尊儒，且其自叙，辨别流俗传讹，欲正人心风俗，此则儒者之宗旨也。然则王充以儒者而拒儒者乎？韩非宗旨，固有在矣。其文之隽，不在能斥儒也。王充泥于其文，以为不斥儒，则文不隽乎？凡人相诟，多反其言以诟之，情也。斥名而诟，则反诟者必易其名，势也。今王充之斥儒，是彼斥反诟，而仍用己之名也。（《文史通义·匡谬》）

章学诚对王充作品的写作方式、价值立场以及思想内涵都提出了质疑（或者说否定）。在他看来，王充不足以成为浙学传统的开端和浙学精神的象征。王充作为浙学开端的地位，跟历史的事实可能不甚吻合。由此可见，至少在传统时代，王充并没有获得突出的地位，甚至还是一个充满争议的人物。从思想史演变的事实来说，王充的地位可能被高估了，那么，如章太炎和胡适等近代学者，为何会如此重视王充呢？他的这种地位，可能来自近代对批判意识和批判立场的重视。对于近代学者来说，批判传统是一个基调，在这个基调下，王充对于汉代（包括先秦诸子）的批评成为一个亮点，从而在思想史的意义上获得了高度认可。

王充作为汉代思想的清醒者的角色是被过度解释的，事实上，在两汉之际批判社会思潮的人还有很多。桓谭、扬雄、王符、仲长统等，都曾经直接批判谶纬神学，其影响力至少不在王充之下。

二、特立独行的王充

王充虽然在思想史上的意义并不那么突出，但是既然在近代有被重新诠释的可能性，就表明他身上还是有非常独特的东西。王充独特的才华以及性格特征，在前文所引的《四库全书总目提要》以及乾隆的《御制读王充论衡》中，都有非常直接的说明。这说明，王充大体上是一个特立独行的人。

王充（27—约97），字仲任，会稽上虞（今浙江上虞）人。据《论衡·自纪篇》的记载，其祖籍本属魏郡元城（今河北大名），先祖因从军有功而封会稽阳亭，但仅一年即失爵，遂定居于此，世代以农桑为业。王充的先祖具有勇武的性格，仗义任侠，曾经“横道伤杀，怨仇众多”（《论衡·自纪篇》）。因为怕人寻仇报复，其祖父时即迁居钱塘县，以做买卖为生。王充的父亲王诵，继承其祖任侠之风，时以勇力欺人，遂结怨豪家，故又迁居上虞。王充在《自纪篇》中对父亲、祖父的记叙方式颇为独特。这一点也使得王充在传统社会受到颇多的批判，毕竟孝道伦理才是广为接受的社会观念。

王充自幼聪颖，六岁开始读书时，即有“恭愿仁顺，礼敬具备，矜庄寂寥”之性情，与其先祖迥异，且“有巨人之志”；“八岁出于书馆”“辞师，受《论语》《尚书》，日讽千字，经明德就”（《论衡·自纪篇》）。《后汉书》关于他的记载如下。

> 王充字仲任，会稽上虞人也，其先自魏郡元城徙焉。充少孤，乡里称孝。后到京师，受业太学，师事扶风班彪。好博览而不守章句。家贫无书，常游洛阳市肆，阅所卖书，一见辄能诵忆，遂博通众流百家之言。后归乡里，屏居教授。

仕郡为功曹，以数谏争不合去。

充好论说，始若诡异，终有理实。以为俗儒守文，多失其真，乃闭门潜思，绝庆吊之礼，户牖墙壁各置刀笔。著《论衡》八十五篇，二十余万言，释物类同异，正时俗嫌疑。

刺史董勤辟为从事，转治中，自免还家。友人同郡谢夷吾上书荐充才学，肃宗特诏公车征，病不行。年渐七十，志力衰耗，乃造《养性书》十六篇，裁节嗜欲，颐神自守。永元中，病卒于家。（《后汉书·王充传》）

王充曾游学京师洛阳，受业于太学，师事当时著名的学者班彪。王充之为学，好博览群书，通百家众流之言，因此不像当时普通的士人，汲汲于章句训诂之学。这为他后来对汉代的主流学术进行批判，提供了一种更为广阔的知识背景和客观、敏锐的立场。因个人性情，王充的仕途，除了短暂的幕僚小吏经历，几无可言之处。但是，当时的人对于王充的评价是相当高的。“充之天才，非学所加，虽前世孟轲、孙卿，近汉扬雄、刘向、司马迁，不能过也”（李贤注范晔《后汉书》引谢承《后汉书》），“王景兴以渊妙之才，超迁临郡，思贤嘉善，乐采名俊，问功曹虞翻曰：‘曾闻士人叹美贵邦旧多英俊，功曹好古，宁识其人邪？’翻对曰：‘有道山阴赵晔，征士上虞王充，各洪才渊懿，学究道源，著书垂藻，络绎百篇，释经传之宿疑，解当世之槃结，或上穷阴阳之奥秘，下据人情之归极’”（裴松之《三国志》注引《会稽典录》），“谢尧卿东南书士说王充，以为一代英伟，汉兴以来，未有充比。若所著文，时有小疵，犹邓林之枯枝，又若沧海之流芥，未易贬者也”（《全晋文》卷一百十七）。这些都表明，王充的才学在当时已得到认可，当然，他一生中的大部分时间，都居家从事著述、研究。虽家贫无依，凄凉潦倒，但他“外逸乐而欲不放，居贫苦而志不倦。淫读古文，甘闻异言”，对于现实中的种种不合理的、虚妄的现象，其批判的基本态度丝毫未变，“世书俗说，多所不安，幽处独居，考论虚实”（《论衡·自纪篇》）。王充的著述，最早的是《讥俗节义》十二篇，后又有《政务》之作，晚年有《养性》十六篇，今皆亡佚。其著述流传至今者，唯《论衡》一书。《论衡》有八十五篇（《招致篇》有目而无文，实存八十四篇），充分地体现了王充基本的思想旨趣和学术批判的精神，是我们了解和研究王充思想的文本依据。

从上述描述中，我们大概可以看到这样一个充满矛盾的王充形象：一个出身卑微但是充满才华的有志青年、一个刻苦勤奋但是不能获得认可的忧懑青年、一个有抱负但是性格孤异的愤世之才。这样的矛盾综合体，可能也导致了王充思想的复杂性，使得王充能以一种愤世嫉俗的批判视角来看待周遭的世界（无论是现实层面还是精神层面），也由此确定了他特立独行的形象。

三、如何评价元气自然说

基于独特的个性，王充的思想是有其特别之处的。王充立论的根基，是气一元论。气即元气，是中国传统哲学中用以表达物质存在的基本范畴，在传统观念中，气是产生天地万物的根据，故而王充称“元气，天地之精微也”（《论衡·四讳篇》）。这种至精至微的气，是世间一切现象存在的根据，在逻辑上先于一切具体事物而存在。那么，气又是如何产生万物呢？“天地合气，万物自生”（《论衡·自然篇》），“夫天覆于上，地偃于下；下气蒸上，上气降下，万物自生其间矣”（《论衡·自然篇》）。气是运动的，盈于天地之间。天有天之气，地有地之气，即阴阳二气。在气的运动过程中，万物也就产生了。“天之行也施气，自然也。施气则物自生，非故施气以生物也。不动，气不施；气不施，物不生；与人行异。日月五星之行，皆施气焉。”（《论衡·说日篇》）在王充的解释中，物之生，源于气之施，即气之动。气的运动成为解释万物生成的根据，但气的运动并非出于某种特定的目的，这就取消了天或者神等意志在万物产生过程中的作用，而将万物的产生归结为一个自然的过程，所谓“天动不欲生物而物自生，此则自然也。施气不欲为物而物自为，此则无为也。谓天自然无为者何？气也，恬澹无欲，无为无事者也”（《论衡·自然篇》）。以“自然”和“无为”来限定万物产生之过程，即取消了意志性、目的性的因素在万物产生过程中的作用，万物的产生因此被描述为基于气之运动的自然过程，这是王充气一元论思想的基本内涵。同时，我们也可以很明显地看到道家思想对其的影响，王充本人也明确地承认自己的论述“虽违儒家之说，合黄老之义”（《论衡·自然篇》）。当然，这里需要指出，王充对于“自然”讨论的最大特色，就是把“自然”和“无为”联系在一起，这是之前思想中从未出现过的。

气既为万物之根据，人自然也不例外。故而王充对于人性论的讨论，就是从气的角度出发的。对于人性的问题，历史上有诸多的解释，王充从人禀气而来这一基本前提出发，认为人既然是因气而生的，气是有厚薄的差异的，那么人性就必然是有善有恶的，所谓“禀气有厚薄，故性有善恶也……是故酒之泊厚，同一曲蘖；人之善恶，共一元气；气有多少，故性有贤愚”（《论衡·率性篇》）。因此，在王充这里，人之善恶，取决于人所禀受之气的厚薄，所谓“用气为性”（《论衡·无形篇》），气成了决定人性善恶的关键。现实中的人，其性之善恶，就取决于他们所禀受之气。就逻辑推论来说，气的厚薄不同，自然就决定了在现实的人性中有善、恶、有善有恶三种不同的可能性。王充以此来评价孟子以下至刘向的曾在历史上出现过的各种人性学说。“余固以孟轲言人性善者，中人以上者也；孙卿言人性恶者，中人以下者也；扬雄言人性善恶混者，中人也”（《论衡·本性篇》），中人是有善有恶的，其上为善，其下为恶，这是由于气禀的厚薄不同。显然，这一论述也表明王充对于人性问题的看法，与董仲舒的性三品之说，实殊途同归。如果单从气一元论的逻辑来说，这种推论是顺理成章的，但是问题在于气本身是否具有善恶之属性。王充本人对此的看法是矛盾的，他既言“人禀天地之性，怀五常之气”（《论衡·本性篇》），又说“气也，恬澹无欲，无为无事者也”（《论衡·自然篇》）。这种矛盾说明王充的理论本身存在着一些缺陷，王充自己也说过“若反经合道，则可以为教；尽性之理，则未也”（《论衡·本性篇》）。而对于王充来说，重要的是“若反经合道，则可以为教”，即从人性出发，强调教化的作用。“论人之性，定有善有恶。其善者，固自善矣；其恶者，故可教告率勉，使之为善”（《论衡·率性篇》）。这在某种意义上与荀子的人性观念，有着相同的旨趣。

气禀不仅赋人以性，同样也赋人以命，而且这一过程是同时发生的，没有先后的差异。所谓“命，谓初所禀得而生也。人生受性，则受命矣。性命俱禀，同时并得；非先禀性，后乃受命也”（《论衡·初禀篇》）。命运，在中国传统中也是一个非常重要的概念，王充对于命的理解源于《白虎通德论》。按照《白虎通德论》的解释，命有三种，所谓“命有三科以记验。有寿命以保度，有遭命以遇暴，有随命以应行”（《白虎通德论·寿命》）。作为经学法典，《白虎通德论》的观念具有普遍权威性，王充对于命的观念以《白虎通德论》为来源，也是情理中的事情。不过，王充只接受寿命（正命）和遭命的观念，而坚决反对随命。何谓随命？即基于人的现实行为所产生的福祸结果，而王充认为这二者之间是没有直接联系的，“性自有善恶，命自有吉凶。使吉命之人，虽不行善，未必无福；凶命之人，虽勉操行，未必无祸”（《论衡·命义篇》）。换言之，随命问题考虑的是人的行为是否可以改变命运，而这在王充看来是不可能的。在《幸偶篇》和《逢遇篇》中，王充通过对人生的经验考察，认为决定人生真实境遇的就是命，而命是不可以改变的，它与主体行为之善恶本身无必然之关系。所以，王充认为人的命运是确定的，自人禀气而生开始就已被确定，所谓“用气成性，性成命定”（《论衡·无形篇》）。当人禀气而生之际，人生的富贵夭寿就已经决定了，人不可以通过自身的行为来改变命运，而只能通过“骨相”“天象”来预知。这样的观念显然与王充的批判精神截然不同，王充在历史上自然受到了批判。当然，与其说这种命定论的思想与王充的批判精神是矛盾的，倒不如说这与王充自身的现实遭遇有很大的关系，其背后是一种无奈的情绪。

无论是对于气、性还是命的阐释，王充的论述都有一个基本的出发点，那就是经验。《实知篇》《知实篇》的名称，就很明确地表明了这种倾向。在王充的学术体系中，非常强调经验的重要性，认识的有效性是建立在经验的基础之上的，所谓“事莫明于有效，论莫定于有证。空言虚语，虽得道心，人犹不信”（《论衡·薄葬篇》）。“有效”“有证”强调的即是在现实中能够得到验证，唯其如此，才能说是正确的，否则就是“空言虚语”。但经验事实并不是唯一可靠的标准，因为经验事实本身具有复杂性，单靠经验，难免会出现谬误，所以在强调经验的同时，也应当重视人的理性思维，“论则考之以心，效之以事，浮虚之事，辄立证验”（《论衡·对作篇》）。所以，对于王充来说，经验事实是判断人认识的真伪的首要根据，同时，亦需要以人的理性思维来考订人的认识。唯其如此，才能真正达到验证认识的有效性的目的。

在元气自然的思路中，王充思想具有独特的意义。在汉代那种特殊的思想氛围下，重视独立思考的能力是值得肯定的。可能也正是因为如此，如章太炎等近代学者才给了王充独特的尊崇。

四、“疾虚妄”的批判哲学

批判是王充哲学的一个重要支点，也是具有特立独行之个性的王充在那个时代所具有的冷峻的反省精神的表现。

王充主要活动于汉明帝、章帝之际，这是东汉最为鼎盛的时期，同时也是谶纬迷信风行的时期，表现在思想观念领域，则是“浮华虚伪之语”充塞，“世俗之性，好奇怪之语，说虚妄之文”（《论衡·对作篇》）。“疾虚妄”也正是在此背景之下产生的。在《论衡》中，王充一再地强调其著书的目的就是针对种种虚妄的现象，“是故《论衡》之造也，起众书并失实，虚妄之言胜真美也。故虚妄之语不黜，则华文不见息；华文放流，则实事不见用。故《论衡》者，所以铨轻重之言，立真伪之平，非苟调文饰辞，为奇伟之观也。其本皆起人间有非，故尽思极心，以讥世俗”（《论衡·对作篇》）。虚妄的，就是假的、不真实的。因虚妄的流行会掩盖真实，所以必须对虚妄之事给予坚决的批判。王充也把这个作为自己立说的基本宗旨，“《诗》三百，一言以蔽之，曰‘思无邪’。《论衡》篇以十数，亦一言也，曰‘疾虚妄’”（《论衡·佚文篇》）。王充对于虚妄的批判，是以其对经验事实的强调为基本的立场，以“考之于心”“效之于事”作为标准的。在《论衡》之中，天人感应论、迷信观念、神话传说、神仙方术以及诸子百家，凡是不符合事实的、虚假的论说或者现象，都成了王充批判的对象。以下将选择几个主要的方面，略作分析，以见其批判之一斑。

首先是对天人感应观念的批判。天人感应之观念，经董仲舒之阐释，而成为两汉思想界之主流地位的意识形态，影响深远。董氏的观念，是从天人相类角度出发的，认为“人副天数”。因为天和人同类，所以二者之间是可以相互感应的。并且，天是人间一切（包括理性）的根据，人世间的一切是天的意志的体现。考董氏天人感应之说，其根本点在于将天视为意志之天，而人世间的一切均是出于其意志的、合目的的安排。故若要对其理论进行反驳，必须要取消天的这种性质。如前所述，王充以气一元论为其理论的基础，认为天地万物均是由气而来的，是自然的、自生的，因此，这个过程不存在天的意志和目的。换言之，天地万物乃是一个自然的气化系统，而非如董氏所言，建立在天之意志之上。天在王充这里无疑是自然的，这种自然的特性在经验中也是可以得到说明的。“何以天之自然也？以天无口目也。案有为者，口目之类也。口欲食而目欲视，有嗜欲于内，发之与外，口目求之，得以为利欲之为也。今无口目之欲，于物无所求索，夫何为乎？”（《论衡·自然篇》）人有口目，故有欲望；天无口目，故无欲望。也就是说，天是自然的、无为的，天人是不同的，“天动不欲以生物，而物自生，此则自然也。施气不欲为物，而物自为，此则无为也”（《论衡·自然篇》）。因此，认为天是有意志、有目的的观点，是不能成立的。既然董氏立论之基础都被否定了，那么随之而来的灾异谴告之说，也就显得荒谬不经。

其次是对人死为鬼观念的批判。王充对人死为鬼的坚决批判，同样也是以气化自然作为基础的。因为人和万物一样，均是禀气而生的，那么，“物死不为鬼，人死何能独为鬼？”（《论衡·论死篇》）都是气化运动的结果，怎么可能只有人死为鬼而其他万物不为鬼呢？王充进一步从气一元论的立场，对人的生命过程做了描述：“人之所以生者，精气也；死而精气灭。能为精气者，血脉也。人死血脉竭，竭而精气灭，灭而形体朽，朽而成灰土，何用为鬼？”（《论衡·论死篇》）从气化流变的历程来看，人之生建立在精气的基础上，精气以血脉为其生理基础，“骨肉精神，合错相持，故能常见而不灭也”（《论衡·订鬼篇》）；人死则血脉枯竭，精气无存，精神亦不能独立存在于世间。既然生命只是一个气化的过程，人死不能为鬼，那么为什么人会有鬼的观念呢？“凡天地之间有鬼，非人死精神为之也，皆人思念存想所致也。致之何由？由于疾病。人病则忧惧，忧惧见鬼出。凡人不病则不畏惧。故得病寝衽，畏惧鬼至。畏惧则存想，存想则目虚见。”（《论衡·订鬼篇》）在这里，王充将鬼的观念的产生归结于人的疾病。在人生病之际，由于恐惧而胡思乱想，从而产生鬼这样的观念，这样的讨论，也是颇为深刻的。无鬼也是基于气化流行的一种必然结果，但对于王充来说，比证明无鬼更重要的是将这种观念直接作用于现实，即支持薄葬、反对厚葬，进而严厉批判当时的厚葬之风。

最后，我们再来看一下王充对先秦诸子的批判。对先秦诸子的反思、批判是王充《论衡》的重要内容。就内容而言，儒、墨、道、法、阴阳、刑名等诸家，都在王充的批判视野之内。王充认为，通常情况下我们都会接受古圣先贤的观念而不加反思、责问，以为那些观念都是正确无疑的。而事实上，即便是圣贤，其论述中也存在很多漏洞和错谬，应当以一种求是的、问难的态度，从具体的事实情境出发，来考论先贤论述的合理性，而不能“信师而是古”。用今天的话来说，正确的态度应当是批判地接受。《论衡》中的《问孔篇》《刺孟篇》《本性篇》对儒家的圣贤孔子、孟子的观点进行批判与责难，《非韩篇》主要从儒家的观念对韩非子进行批判，《薄葬篇》《案书篇》则涉及对墨家明鬼观念的批判。王充对诸子的评判虽然切入点不同，但是强调以事实为根据的基点是相同的。从这些批判中可以明显看出王充实事求是的态度，以及不迷信圣贤的精神。这种独立的批判精神，在两汉之际，尤为难能可贵。

五、王充和蔡邕

客观地说，王充在死后的近百年内影响不大。这主要是因为王充居于江南，并且身为一介寒士，其“异端”思想，想要影响当时的主流思想界实属难事。因此，很长一段时间里，《论衡》也只是在江南民间流传。直到东汉末年著名学者蔡邕避难江南十二年，才发现了《论衡》之妙。经由蔡邕的推介，《论衡》逐渐在思想界流通起来，人们开始逐渐了解这位批判者的精神内涵。

充所作《论衡》，中土未有传者。蔡邕入吴始得之，恒秘玩以为谈助。其后王朗为会稽太守，又得其书，及还许下，时人称其才进。或曰：“不见异人，当得异书。”问之，果以《论衡》之益。由是遂见传焉。（李贤注范晔《后汉书》引袁山松《后汉书》）

王充所著《论衡》，北方都未有得之者。蔡伯喈常到江东得之，叹其文高，度越诸子。及还中国，诸儒觉其谈论更远，嫌得异书。或搜求至隐处，果得《论衡》，捉取数卷持去，伯喈曰：“惟吾与汝共之，弗广也。”（《北堂书钞》卷九十八引《抱朴子》遗文）

袁山松的记述和《抱朴子》遗文的描述基本相似。这表明在《论衡》的传播过程中，蔡邕起到了至为关键的作用，而且蔡邕本人对于《论衡》一书十分满意，中原士人知道《论衡》，完全是由于蔡邕的推荐。作为东汉末年士林的领袖级人物，蔡邕的影响力是毋庸置疑的。因此，当蔡邕把《论衡》带到洛阳，这本书的命运就有所不同了，其对于士林的影响也是极其明显的。其实，如果深究起来，这些记述中还是存在问题的。既然蔡邕到江南可以得到《论衡》，那么就意味着至少在江南区域内，《论衡》是流行的，否则多年以后此书仍然存在就很值得怀疑了。而且，按照袁山松的记载，会稽太守王朗也得到了此书，并将其带到中原。由此上推至王充所生活的年代，在这百余年的时间内，《论衡》也不至于沦落到无人知晓的地步。唯一合理的解释，大概就是王充在《论衡》中对于当时社会的批判，乃是灼见先发，当时的社会政治文化氛围并不允许这样的观念流传。而百年之后，汉朝本身处于崩盘的状态，这样的限制已不复存在。所以，无论是蔡邕还是王朗，都可以从《论衡》中汲取某些精彩的论说，以助其在士人间流传。

六、如何评价王充

作为东汉初期的重要思想家，从《论衡》文本来说，王充确实具有一定的独立思考和反省能力。这在当时的思想氛围之下是难能可贵的。但是，他的思想在当时究竟有多大的影响力，是值得存疑的。这表明，王充的思想在产生的那一刻，对于知识界并没有产生事实上积极的作用。王充的作品进入思想界，要等到差不多一百年以后的东汉末年。客观地说，当时社会对于王充作品的接受，也并非来自纯粹思想的角度，而是因为认为他的作品是“神奇的”、有助于清谈的。王充在《论衡》中体现的独立思考能力以及观点，在当时受到了一定的重视，而这些并非王充思想本身。

如果把王充的思想放到两汉和魏晋的历史进程来考察，单纯从思想演进的角度来说，《论衡》表达的思想，确实有转折性意义。其对谶纬神学的批判，标志着以天人感应为基础的谶纬神学理论的终结，从而直接开启了魏晋玄学时代。王充之所以在中国思想史上有如此重要之影响，主要是因为两个方面：第一是注重经验和事实，强调思想的现实效用；第二是其“疾虚妄”的批判精神，以及在此基础上所表现出来的独立思考的理性精神。当然，如果进一步从思想的细节中去考察的话，其对于元气自然以及无为等观念的强调，确实跟汉代思想的风格迥异，同魏晋新道家之间，倒是有着非常直接的相似性。但是，这并不能说明王充在汉魏思想转折中起到了积极的作用。因为前面提到过王充在《论衡》中的描述，事实上对当时思想界的真实影响是有限的。我们至多可以说，王充的思想阐释，跟后来思想界的走向大体一致，而这个思想的转折很大程度上是由思想自身发展的内在逻辑决定的。在汉魏变革之际，有很多思想家的描述，实际上也呈现出这样的趋势，比如严遵的《老子指归》、河上公的《道德经注》、张道陵[1]的《老子想尔注》以及王弼的《老子道德经注》等，都清晰地呈现出汉魏之间学术风格的变化。但是，王充这种随独立思考而产生的敏锐性，同样是值得认可的。

王充对于浙江思想史的影响，也有类似的作用。如果从后来浙江思想的精神价值，比如重视现实效用、强调独立思考和批判精神等方面来说，王充的思想毫无疑问是符合这些特点的。很多人之所以把王充视为浙学的源头，大体上也是因为这种精神的一致性。但是这种一致性并不等于学术思想上的继承性。尤其是浙学传统内部对于王充思想的接纳程度事实上也是相当有限的，比如前文所引的章学诚，其对于王充的批判是很直接的，这里并没有一种思想上认同的倾向。所以，作为浙学源头的王充，事实上也是一种被解释出来的结果。

1　一说张道陵之孙张鲁。

第十四讲

作为时代风向标的曹操

儒学在汉代获得独尊的地位，是一个具有两面性的事件。首先，就积极的意义来说，它很好地实现了儒学与政治的结合，从而使儒家思想成为中国帝制时代的主导思想形式，儒家对于中国社会的影响力由此得以彰显。就消极的意义来说，这种结合限制了儒学思想的活力，尤其是汉代经学，其对思想界的禁锢也是显而易见的。

总体上来说，由于儒学被确立为官学是直接和利益相关的，所以在经学制度下，容易产生两种后果。一则基于经学的贵族诞生。汉代的经学非常讲究师法（一般是源于立于官学的经学大师）和家法（同一师法下有不同流派），极其讲究传承。在这种背景之下，经学世家便产生了，魏晋时期的名士家族大体上都是由经学世家演化而来的，这可以视为魏晋社会门阀政治的源头。二则在学问的形式上，汉代的经学是章句训诂（侧重对经典中文字的考证、释义）之学。对师法、家法的坚守，会导致学术的烦琐和僵化。比如当时有一个非常经典的例子："曰若稽古"是《尚书·尧典》的首句，也就是考察古代的道理的意思，然而在当时的背景下，"秦近君能说《尧典》，篇目两字之说至十余万言，但说‘曰若稽古’三万言”（桓谭《新论》）。可见当时思想的僵化程度。

物极必反，可以说是最为普遍的规律。两汉的这种学问，在其开始之际未必是没有积极意义的，但是，这种烦琐的倾向显然不是一种正常的形式。因此，从思想内在的逻辑来说，由繁而简，也是一个非常自然的结果。这种转折就是从东汉末开始发生的，至魏晋时代，最终成为一种具有独特意义和价值的思想形态。

一、被思想史忽视的曹操

一般在讲魏晋之际的时候，都会从东汉末开始，因为东汉末的混乱，历史才进入了魏晋。而当我们去看东汉末的历史的时候，曹操应当是一个无法回避的人物。

说到东汉末的情形，我们一定得注意《后汉书》中的描述，据此才能真切感知整个东汉社会究竟在何处发生了严重的撕裂。范晔在《后汉书·党锢列传》中有直接论述：

> 逮桓、灵之间，主荒政缪，国命委于阉寺，士子羞与为伍，故匹夫抗愤，处士横议，遂乃激扬名声，互相题拂，品核公卿，裁量执政，婞直之风，于斯行矣。夫上好则下必甚，矫枉故直必过，其理然矣。若范滂、张俭之徒，清心忌恶，终陷党议，不其然乎？

汉桓帝和汉灵帝统治的时代，通常被视为东汉政治最为混乱的时代，也可以说是东汉走向毁灭的关键时期。诸葛亮在《出师表》中亦有类似的表述，所谓“亲贤臣，远小人，此先汉所以兴隆也；亲小人，远贤臣，此后汉所以倾颓也。先帝在时，每与臣论此事，未尝不叹息痛恨于桓、灵也”。这个时期的混乱主要来自宦官专权。东汉自和帝开始基本是小皇帝执政：和帝十岁继位，殇帝不满百日继位，安帝十三岁，少帝未满周岁，顺帝十岁，冲帝一岁，质帝七岁，桓帝十四岁，灵帝十岁……似乎东汉的皇帝都在比谁继位时的年纪更小。清一色的小皇帝对东汉的政治产生了破坏性的影响，宦官和外戚轮流专权的局面成为东汉政治的基本事实。

这种专权，尤其是宦官的专政，对于读书人来说，是一件极为羞耻的事情，由此，才导致了“匹夫抗愤，处士横议”的局面。当时士人集团主要以太学生和在朝官吏为主，太学当时有学生三万余人，学生领袖郭泰、贾彪与朝中大臣李膺、陈蕃、王畅等交往，相互敬重、赞赏。当时太学里流行一种说法：“天下楷模李元礼，不畏强御陈仲举，天下俊秀王叔茂。”与此同时，读书人对朝中大臣、地方官员及社会名流进行画像与归类，“三君”“八俊”“八顾”“八及”“八厨”等称号在社会上广为传颂。也就是说，以道德为己任的读书人，羞于与宦官为伍，开始站在道德立场上极力抨击宦官专政。而宦官集团则将读书人视为党人，进行攻击和打压，由此产生了两次党锢之祸。这对东汉社会来说，是一个极大的创伤。

第一次党锢之祸，发生在汉桓帝延熹九年（166），起因是赵津、侯览等宦官与张泛、徐宣等人为非作歹，并故意在大赦之前犯罪，希望借此逃脱惩罚，而官员成瑨、翟超、刘质、黄浮等不畏权贵，在大赦以后仍然按律处置了这些人。由此，宦官集团在桓帝的支持下，从重处罚了很多官员，并且将李膺等人关入北寺狱，把杜密、范滂和陈寔等被划为“党人”的两百多人下狱。虽然在延熹十年（167）六月，汉桓帝大赦，释放了党人，但将他们的名字造册登记，终身不许为官。第一次党锢虽然形式上以党人的失败而告终，但是，从某种意义上来说，读书人也赢得了美名。建宁元年（168）汉灵帝继位，窦皇后被尊为皇太后。窦武因身为皇太后父亲而被任命为大将军，陈蕃再度被任命为太尉，两人与司徒胡广一起主持朝政。名士李膺、杜密等重新被起用，对于读书人来说，这是一个非常积极的信号，但是对于宦官集团来说，这是无法容忍的。窦武和党人们密谋趁机铲除宦官，但是计划泄露了，宦官势力连夜假传诏令，追捕窦武、陈蕃等人。结果陈蕃、窦武遇害，李膺、杜密、翟超、刘儒、荀翌、范滂、虞放等百余人，被下狱处死，宦官集团在各地陆续逮捕、杀死、流徙、囚禁的士人达到六七百名。八年之后的熹平五年（176），灵帝又下诏书，凡是党人门生、故吏、父子、兄弟中任官的，一律罢免，禁锢终身，并牵连五族。

两次党锢之乱（尤其是第二次），是东汉社会分崩离析的根源。宦官的问题是这个事件的起因。后来何进担任大将军，并且与士大夫（袁绍）联手对抗宦官。虽然袁绍冲进宫中把宦官铲除殆尽，但是何进却被宦官杀害，而且还引来了董卓入京。由此，东汉的瓦解也是自然而然的结果了。

曹操就是在这个时期崭露头角的，但是他的身份极为尴尬。虽然他一直试图跟读书人（名士）交好，但是由于他与宦官集团关系复杂，因此并不受名士的待见。曹操的父亲曹嵩，曾任三公之一的太尉，位高权重，之所以得以如此，也和宦官有关。曹嵩本姓夏侯，但却是纵横四朝的宦官曹腾的养子。在这样的背景之下，曹操虽然与宦官集团关系密切，但是就立场的选择来说，他却选择了一条与宦官集团相反的道路，与袁绍等人一起试图铲除宦官集团。这样的选择可能是出于曹操对天下形势的基本判断，这为后来曹操在混乱中崛起，奠定了一定的基础。

当然，曹操自身所具有的能力也是毋庸置疑的。尤其是在后来讨伐董卓、黄巾军的战斗中，他表现得非常突出，由此，成为汉末割据的群雄之一，并且深刻地影响了东汉末天下形势的走向。但是，这样一个具有重要历史影响力的人物，在思想史上几乎是空白的。除了其文学上的造诣被略微提及，客观地说，曹操是被思想史遗忘的重要人物。

二、崛起的“英雄”概念

读过《三国演义》的人都知道一个经典的片段，就是曹操与刘备煮酒论英雄，一句“今天下英雄，唯使君与操耳！”毫无疑问展示出曹操对当时形势的分析与判断。“英雄”大概是曹操特别喜欢的一个词，在《世说新语》中也有一段非常经典的描述。

> 曹公少时见乔玄。玄谓曰：“天下方乱，群雄虎争。拨而理之，非君乎？然君实是乱世之英雄，治世之奸贼。恨吾老矣，不见君富贵，当以子孙相累。”（《世说新语·识鉴》）

在品评人物极为流行的时代，乔玄对于曹操的评价是极高的。由于当时曹操还未出名，乔玄还建议曹操找许劭点评一下自己，这样可以在汉末的形势中，取得更有利的位置和更大的影响力。许劭是当时著名的品评人物的专家，他和他哥哥许靖举办的“汝南月旦评”，是当时极为知名的点评人物的活动。当时的人只要经过许劭兄弟点评，都会扬名天下。但是，曹操找许劭点评的过程并非一帆风顺。

> 曹操微时，常卑辞厚礼，求为己目。劭鄙其人而不肯对，操乃伺隙胁劭，劭不得已，曰：“君清平之奸贼，乱世之英雄。”操大悦而去。（《后汉书·许劭传》）

如果从道德的角度来评价，许劭称曹操为“奸贼”，显然并不是一种积极的肯定，但是，曹操对许劭的评价极为满意。首先，许劭愿意评价，这为曹操被当时士人所认识和接纳提供了很好的前提；其次，如前文煮酒论英雄所言，曹操非常认同“英雄”的提法。

在《三国演义》中，曹操对英雄有过论断——“夫英雄者，胸怀大志，腹有良谋，有包藏宇宙之机，吞吐天地之志者也”。简单地说，具有非凡能力、有远大抱负的人，方可称为英雄。毫无疑问，曹操是以英雄来自我定位的。在当时的人看来，割据一方的人物大概都是英雄，比如刘备在煮酒论英雄时所列举的种种人物。这大概是当时人的普遍想法。而王粲的《汉末英雄记》（即《英雄记》），即是以这一时期割据群雄为中心的。虽然此书已经亡佚，但是这个名称的提法告诉我们，在当时“英雄”是一个极为流行的词。而跟王粲差不多同一时期的刘劭，在其《人物志》中，专辟一章，谈论英雄。

> 夫草之精秀者为英，兽之特群者为雄；故人之文武茂异，取名于此。是故，聪明秀出，谓之英；胆力过人，谓之

雄。此其大体之别名也。

若校其分数，则互相须，各以二分，取彼一分，然后乃成。何以论其然？夫聪明者，英之分也，不得雄之胆，则说不行；胆力者，雄之分也，不得英之智，则事不立。是以，英以其聪谋始，以其明见机，待雄之胆行之；雄以其力服众，以其勇排难，待英之智成之；然后乃能各济其所长也。

若聪能谋始，而明不见机，乃可以坐论，而不可以处事。聪能谋始，明能见机，而勇不能行，可以循常，而不可以虑变。若力能过人，而勇不能行，可以为力人，未可以为先登。力能过人，勇能行之，而智不能断事，可以为先登，未足以为将帅。必聪能谋始，明能见机，胆能决之，然后可以为英：张良是也。气力过人，勇能行之，智足断事，乃可以为雄：韩信是也。体分不同，以多为目，故英雄异名。然皆偏至之材，人臣之任也。故英可以为相，雄可以为将。若一人之身，兼有英雄，则能长世；高祖、项羽是也。

然英之分以多于雄，而英不可以少也。英分少，则智者去之，故项羽气力盖世，明能合变，而不能听采奇异，有一范增不用，是以陈平之徒，皆亡归高祖。高祖英分多，故群雄服之，英才归之，两得其用，故能吞秦破楚，宅有天下。然则英雄多少，能自胜之数也。徒英而不雄，则雄材不服也；徒雄而不英，则智者不归往也。故雄能得雄，不能得英；英能得英，不能得雄。故一人之身，兼有英雄，乃能役英与雄。能役英与雄，故能成大业也。（《人物志·英雄第八》）

这段话从理论上来谈论“英雄”，在中国传统中，尚属首次。事实上在这个时代之前，比如说两汉，“英雄”这个词尚且不是一个正面的、肯定的用语，而这个时代把“英雄”作为一个极为重要的语词并加以肯定，是非常特别的。刘劭从理论角度讨论英雄，这说明在现实中，英雄已经成为一个普遍的共识。草木中的菁华称为“英”，禽兽中能统领群体的称为“雄”；因此在人群中，文才武功都出类拔萃的人，可以用“英雄”命名。当然，要成为一个英雄是极不容易的，因为英和雄这两种能力的作用以及在每个人身上的占比是不同的。在刘劭看来，二者必须相辅相成，各占一半，才能真正成为英雄。为什么？因为聪慧明智的人，是“英”的分量重，如果没有“雄”的胆识，其意愿就无法实现；而有胆识力量的人，是“雄”的分量重，如果没有“英”的智慧，同样无法成就大事。所以“英”出谋划策，然后靠“雄”的胆识来实现；“雄”以其力量使众人服从，然后靠“英”的智慧来成就事业。这样“英”和“雄”的特长都能充分发挥，才是真正的英雄，才可成就伟大的事业。

显然，在曹操的时代，“英雄”不是一个道德评价的词，而更侧重于对能力的认可。而对于这个时代来说，或者对于曹操来说，什么最为重要？显然是能力！因为前面在谈论党锢之祸的时候，曾提到道德在整个东汉社会中被虚化（即道德得不到政权的认可，而只是成了读书人的自我立场），而当时的社会极为混乱，这就需要有突出能力的英雄来改变局势，也就是我们后来所说的“乱世出英雄”。所以，“英雄”这一表征能力的词受到极大关注，表明整个社会风向在向注重个体能力转变。

三、唯才是举与曹操的转折性意义

曹操无疑是对这种注重能力的社会风向有极其敏锐的感知能力和推动作用的人物。时人以“英雄”来评论他的时候，即使不是从道德的意义上来说的，也肯定了他极为突出的个人能力，而这恰恰是当时环境最为需要的。

所有的竞争，从本质上来说，大概都是人才的竞争，所以，历代以来对于人才都是颇为重视的，这也是一个极为悠久的传统。建安八年（203），在官渡之战后，曹操颁布《论吏士行能令》（亦称《庚申令》），针对有人议论“军吏虽有功能，德行不足堪任郡国之选”的说法，鲜明地表明其立场：“所谓‘可与适道，未可与权’。管仲曰：‘使贤者食于能则上尊，斗士食于功则卒轻死，二者设于国则天下治。’未闻无能之人、不斗之士，并受禄赏，而可以立功兴国者也。故明君不官无功之臣，不赏不战之士；治平尚德行，有事赏功能。”（《三国志·魏书·武帝纪》注引《魏书》）这里对“治平尚德行，有事赏功能”的强调，更是突出了曹操对个人的能力的重视。

建安十五年（210），曹操颁布《求贤令》，称“自古受命及中兴之君，曷尝不得贤人君子与之共治天下者乎！及其得贤也，曾不出闾巷，岂幸相遇哉？上之人不求之耳。今天下尚未定，此特求贤之急时也。‘孟公绰为赵、魏老则优，不可以为滕、薛大夫。’若必廉士而后可用，则齐桓其何以霸世？今天下得无有被褐怀玉而钓于渭滨者乎？又得无有盗嫂受金而未遇无知者乎？二三子其佐我明扬仄陋，唯才是举，吾得而用之”（《三国志·魏书·武帝纪》）。这表明了他“唯才是举”的立场，也就是说，在曹操的考量中，才干、能力才是最为重要的因素，而非道德立场。

四年之后，建安十九年（214），曹操又颁布了《敕有司取士勿废偏短令》（亦称《举士令》），强调“夫有行之士，未必能进取；进取之士，未必能有行也。陈平岂笃行、苏秦岂守信邪？而陈平定汉业苏秦济弱燕。由此言之，士有偏短，庸可废乎？有司明思此义，则士无遗滞、官无废业矣”（《三国志·魏书·武帝纪》）。这里同样提到了陈平和苏秦的例子，无论是陈平还是苏秦，在道德的标准面前，都不具备积极意义，但是他们的能力是毋庸置疑的。

两年之后，建安二十二年（216），曹操颁布《举贤勿拘品行令》（亦称《求逸才令》），称“昔伊挚、傅说出于贱人；管仲，桓公贼也，皆用之以兴。萧何、曹参，县吏也，韩信、陈平负污辱之名，有见笑之耻，卒能成就王业，声著千载。吴起贪将，杀妻自信，散金求官，母死不归，然在魏，秦人不敢东向，在楚则三晋不敢南谋。今天下得无有至德之人放在民间，及果勇不顾，临敌力战，若文俗之吏，高才异质，或堪为将守；负污辱之名，见笑之行，或不仁不孝而有治国用兵之术：其各举所知，勿有所遗”（《三国志·魏书·武帝纪》）。在这里，曹操的立场与之前一致。他以古代的众多人物为例，指出他们或出身低贱，或被人轻视，但最终都很有作为，名留千古。因此，他认为只要有文武才略，即使名声不好也可以被推举。

虽然上述的诏令是曹操在不同时期、应对不同情形而下达的，但是他的基本立场是没有改变的，即对于人才的选拔和评价，强调的是能力优先，而非道德优先。这样的情形，至少可以作为一种风向标，或者说，将会对社会产生一种导向性的影响。这种影响在于将人们关注的重点从道德上转移开来，而侧重于关注个人的能力。而对于个人能力的关注，则自然会导向对于个体的重视。如果我们说，魏晋时代是个人自我精神觉醒的时代的话，那么，这里的转折无疑就是非常重要的先导。

所以，对于曹操在汉末魏晋之间的转折性意义，还应当在思想史上给予一定的重视。虽然他可能在思想性的作品上表达得非常有限，但是，作为一个重要的政治人物，他在当时形势下的一些策略和决定，的确起到了引导社会风气的作用。从这个角度上来说，曹操对于个体能力的重视，实际上也就开了魏晋重视个人的先河。宗白华先生在《论〈世说新语〉和晋人的美》一文中曾经有过一个判断，他认为："魏晋人生活上、人格上的自然主义和个性主义，解脱了汉代儒教统治下的礼法束缚，在政治上先已表现于曹操那种超道德观念的用人标准。一般知识分子多半超脱礼法观点直接欣赏人格个性之美，尊重个性价值。"这里，很显然也强调了曹操对于魏晋时代所具有的特殊意义。

对于曹操这种独特性，当时人——有着"曹操第一谋臣"之称的、来自颍川荀氏的翘楚荀彧——曾经有过非常深刻的评价：

> 绍貌外宽而内忌，任人而疑其心，公（曹操）明达不拘，唯才所宜……绍凭世资，从容饰智，以收名誉，故士之寡能好问者多归之。公以至仁待人，推诚心不为虚美，行己克俭，而与有功者无所吝惜，故天下忠正效实之士咸愿为用。（《三国志·魏书·荀彧传》）

曹操与袁绍，都是那个时代的代表，但是，在荀彧看来，曹操的意义无疑更为突出。做一个不恰当的比喻，袁绍就相当于是行将就木的旧时代，而曹操代表着一个新时代的开始。

第十五讲

与死亡共舞的魏晋名士

如果说两汉之际因为过于注重政治建构，导致中国哲学的精神向外游离的话，那么魏晋之际，则是中国哲学精神向内回归的重要时刻，这种回归以成就自己为首要目标。宗白华先生认为“晋人向外发现了自然，向内发现了自己的深情”（《论〈世说新语〉和晋人的美》），发现了自己的深情，实际上就是对自我的确认（或者说自觉）。对于魏晋人来说，最为重要的事情是成为自己，所以才有了殷浩那句著名的“我与我周旋久，宁作我”（《世说新语·品藻》）。这与其说是殷浩的自我表彰，毋宁说是魏晋名士的共同心声。我们也正是在此基础上，看到了一个个特立独行的名士形象。如果翻开被鲁迅称作“名士教科书”的《世说新语》，就会发现众多这样的人物形象跃然纸上。

王子猷居山阴。夜大雪，眠觉，开室，命酌酒，四望皎然。因起彷徨，咏左思《招隐》诗。忽忆戴安道。时戴在剡，即便夜乘小船就之。经宿方至，造门不前而返。人

问其故，王曰："吾本乘兴而行，兴尽而返，何必见戴？"（《世说新语·任诞》）

嵇康与吕安善，每一相思，千里命驾。安后来，值康不在，喜出户延之，不入。题门上作"凤"字而去。（《世说新语·简傲》）

阮籍常率意独驾，不由路径，车迹所穷，辄痛哭而反。（《世说新语·栖逸》注引《魏氏春秋》）

顾彦先平生好琴，及丧，家人常以琴置灵床上，张季鹰往哭之，不胜其恸，遂径上床，鼓琴，作数曲竟，抚琴曰："顾彦先颇复赏此否？"因又大恸，遂不执孝子手而出。（《世说新语·伤逝》）

这些独具个性的人物，大概是魏晋时期留给人类精神的宝贵的财富吧。自我的觉醒，使得魏晋人有了做自己的自觉，最终成就了一个个无可取代的自己。

生活在现代的人，很多时候都有无限的痛苦，因为我们很少有机会做自己，从本质上来说，我们一直生活在"别人家的孩子"的阴影之中。就此而言，魏晋时代的精神对于我们有着更为深刻和更为现实的意义。

一、死亡恐惧与魏晋名士的生存选择

魏晋名士最大的特点就是个性鲜明，这个特点对礼法产生了直接的破坏，比如阮籍曾言“礼岂为我辈设也”（《世说新语·伤逝》），嵇康直言“非汤武而薄周孔”（《与山巨源绝交书》）。对于这些行为，不同的人有不同的看法。而魏晋人的一些独特的行为，比如饮酒、服药、以白为美等，也有不少人觉得难以理解，或者难以接受。那么我们究竟该如何理解魏晋这个时代以及这些人物呢？

魏晋是一个怎样的时代？我曾经用四个形容词来描述这个时代：短暂的、混乱的、贵族的和死亡的。首先是短暂的。如果从曹魏建立（220）来算，到东晋结束（420），魏晋无非两百年时间，再加上南北朝，也就差不多三百六十年，这跟历史上很多时代相比而言是短暂的。但是这个时代虽然短暂，却是极为丰富和精彩的，无论是从思想史、政治史还是社会史来说，这一阶段都呈现出极为重要的意义。其次是混乱的。这三四百年的时间里，几乎很少有安宁之时，从东汉末的群雄割据到三国鼎立，再到八王之乱、南北对峙等，整个社会几乎都被政治斗争或者战争所笼罩，政治也呈现出极为混乱的状态。再次是贵族的。魏晋是承汉代而来的，我们通常说魏晋的政治是门阀政治，有着士族和寒门的显著区分，而这种贵族大体上就是从汉代的经学世家转变而来的，所以是极有文化内涵的贵族。我们在魏晋的舞台上所看到的名士，大概都是这样的贵族，比如东晋的王、谢、桓、庾等。最后是死亡的。魏晋人的生活实际上面临着极为严重的死亡恐惧，政治混乱、长期征战、自然灾害以及瘟疫等，都在这个时期集中出现，曹操曾赋诗云：“白骨露于野，千里无鸡鸣。生民百遗一，念之断人肠。”（《蒿里行》）死亡对于魏晋人来说可能是随时要面对的事情。

在这样的时代中生活的人，也自然是极为特殊的一群人。尤其是上述所言的死亡恐惧，对于魏晋人的思维方式和行为方式产生了根本的影响。死亡意味着对生存的否定，这本身就是极为残忍的事情，而魏晋人所面临的是转瞬即至的死亡，这对于魏晋人的生命和精神自然会有极大的冲击。整个汉末魏晋时期，其实就是围绕着死亡恐惧所展开的生存选择的过程，换言之，生活在这个时期的人所面临的问题在一定程度上可以被归结为：假如死亡马上就要到来，你会怎么做？两汉乐府诗中有很多包含着面对死亡恐惧而及时行乐的选择，这一点在被认为是魏晋时期作品的《列子·杨朱》中也有着非常明显的表现；建安时期的名士们，则是积极努力建功立业，试图以不朽的功业来超越死亡；正始时期以及中朝的名士们，则试图以奢华的生活享受来逃避死亡；佛教和道教在这个时期兴起，也为应对死亡提供了一种可能的选项；而饮酒、服药以及沉醉于山水之中，无疑也是一种常见的选择。无论是积极的还是消极的，是宗教的还是世俗的，只要我们能够设想到的应对方式，魏晋人无不做了亲身的实践。可见，所谓的魏晋名士就是一群面对死亡而翩翩起舞的人，虽然步伐和身形未必相同，但是在死亡恐惧面前尽量实现自我的价值，从而真正成就自己，这大概是所有魏晋名士的人生底色。王羲之的《兰亭集序》便有一段相关描述。

> 夫人之相与，俯仰一世。或取诸怀抱，悟言一室之内；或因寄所托，放浪形骸之外。虽趣舍万殊，静躁不同，当其欣于所遇，暂得于己，快然自足，不知老之将至；及其所之既倦，情随事迁，感慨系之矣。向之所欣，俯仰之间，已为陈迹，犹不能不以之兴怀，况修短随化，终期于尽！古人

云："死生亦大矣。"岂不痛哉！

我们印象中的曲水流觞是一种浪漫和美妙的活动，可是从王羲之上述的说法来看，这一活动也存在死亡的恐惧。

因此，如果我们不了解魏晋人所面临的死亡恐惧，就无法理解魏晋人的行为方式，自然也就无法真正进入魏晋人的精神世界。

二、建功立业的建安名士

对于汉末魏晋时期的人物来说，英雄和名士，大概是两种基本的存在形式。当然，因为英雄的要求较高，不仅要有突出的能力，还要有变革现实的志向与功业，所以真正能够称得上英雄的人其实少之又少。除了以曹操为代表的汉末割据群雄、西晋的王敦以及东晋的桓温这些极少数者，大多数人是以名士来成就自己的，这样的人物在汉末魏晋比比皆是。

建安时期，是我们将要见到的灿若星辰的魏晋人物的开端。汉献帝统治的建安尚处东汉末期，实际掌握政权的人是曹操，所以，建安时期有着浓厚的曹操的印记，这一时期的名士们身上所展现出来的特点也是如此。无论是小说、戏剧还是电视剧，或许都向我们展示了曹操奸诈、多疑、阴险、为达目的不择手段的负面形象。但是，从客观角度来说，曹操应当是一个有着强烈建功立业抱负的人，这个时代也给了他这样独特的舞台。《短歌行》中的"周公吐哺，天下归心"，将其内心的追求表露无遗。"老骥伏枥，志在千里。烈士暮年，壮心不已"（《龟虽寿》），体现的是一个渴望建功立业的奋斗者形象。

奋斗者形象，是这一时期名士的重要特点之一。或许是时势造英雄吧，建安时代的名士便是以曹氏父子（曹操、曹丕以及曹植）为中心，以“建安七子”最为典型。当然这只是一个简要的概括，这一时期的奋斗者，自然也是数不胜数的，比如颍川荀氏、清河崔氏、弘农杨氏（杨修）等。曹氏父子中，我们比较熟悉的大概是曹操和曹植，其实这对于曹丕来说是不公平的。相对于曹植来说，曹丕的综合实力更强，也可以说是一时人物的翘楚。他的政治能力，自不待言，否则他也不可能在与曹植的争储中胜出，建立魏国。他的思想境界与情怀也是非同一般的，在《与王朗书》中，曹丕直言：

> 生有七尺之形，死唯一棺之土，唯立德扬名可以不朽，其次莫如著篇籍。疫疠数起，士人雕落，余独何人，能全其寿？（《三国志·魏书·文帝纪》）

很明显，曹丕也面临着死亡恐惧，而且他认为超越死亡的最佳途径就是立德扬名，这可以说是这一个时代的呼声，也是后英雄时代的最强音。曹丕的这番言论，足以让他成为这个时代的代言者。若将曹丕放在整个魏晋名士的行列中，其独特性亦无法被掩盖。《世说新语》中有一个关于曹丕的非常经典的故事。

> 王仲宣好驴鸣。既葬，文帝临其丧，顾语同游曰：“王好驴鸣，可各作一声以送之。”赴客皆一作驴鸣。（《世说新语·伤逝》）

王仲宣就是王粲，建安七子之一，其因文采斐然，为七子之冠冕。王粲有一个特殊的爱好，就是喜欢听驴鸣。汉末魏晋之际，喜欢听驴鸣的并非王粲一人，前有东汉的戴良，后有西晋的孙楚。为什么这些人喜欢听驴鸣？相关的研究有不少，启功先生有个非常有意思的说法，他认为这跟音律有关。在魏晋南北朝时期，四声声律逐渐明确，驴叫是“嗯啊嗯啊”，“嗯”是平声，“啊”是上声，长嘶是去声，打响鼻是入声，完美融合了声律，所以这些社会名流才喜欢听驴叫、学驴叫。这个观点倒也颇为有趣，但是未必合理。在我看来，听驴鸣是一种特立独行的行为方式。驴鸣的特点在于有一种慷慨悲凉的感觉，也可能是因为如此，无论是戴良还是王粲，抑或孙楚，他们和驴鸣相关的记载，都或多或少与死亡有关。在王粲的葬礼上，魏文帝曹丕跟王粲的那些旧友们说：“王仲宣活着的时候就喜欢听驴叫，现在我们一起学一声驴叫来送别他吧！”于是在魏文帝的带领下，大家一一学起了驴鸣，可以说是一场别开生面且绝无仅有的葬礼。曹丕在这里表现出来的那种名士的风范，也是不言而喻的。

以王粲为代表的建安七子，诗文成就自不待言，他们的作品中，多有建功立业的想法，这是这个独特的时代所决定的，也成就了一种独特的风骨。我一直认为建安风骨，就是对建功立业有着强烈的意识，这也是建安文人超越死亡的一种独特形式，这在魏晋时期来说，是颇为少见的。当然，建安时期整体具有这样的风格特色，这并不意味着建安时期的名士们均是如此。比如建安七子中，孔融就完全跟其他六人不一样，我以前曾经把孔融、祢衡以及杨修三人戏称为“愤青三人组”。相比于建安七子中的其他六人，孔融跟曹氏的关系并非那么紧密，他的精神可能属于上一个时代。

三、追求浮华的正始名士

历史上的正始时期通常指齐王曹芳统治的时代（240—249），人物的存在是一个过程，我们所说的正始名士实际上就是主要活跃在曹魏正始时期的那一批人物，比如何晏和王弼，他们毫无疑问是这一时期的杰出代表。单从这两个名字来看，这个时期跟我们通常所谈论的魏晋玄学、魏晋人物有着极为密切关系。不管你想以何种方式来言说魏晋，何晏和王弼都是无法回避的。何晏在魏晋人的行为（魏晋风度）上具有典范性的意义，而王弼大体上就是玄学的代名词。由此，可以说这一阶段对于魏晋时期风格的确立有着根本性的意义。

所以，要考察正始名士，必须从魏明帝曹叡时期开始。曹叡是曹魏第二代皇帝，也是在位时间最长的皇帝，共13年之久，比他父亲曹丕还要多6年。曹叡在位期间对名士群体产生过重要影响的事情，就是禁浮华。细考“浮华”一词，它在汉晋之间出现的频率还是非常高的，内涵也颇为复杂，有生活上的含义（指奢华）、有学术上的含义（与经学务实不同的学问方式）、有政治上的含义（指朋党）。我认为，在魏晋时期的“浮华”的政治含义相对来说较少，它主要指的是名士之间相互题表的清谈行为。当然，魏明帝对“浮华”的禁止，是出于政治层面的考虑，此事在《三国志》中有明确的论述。

昭上疏陈末流之弊曰：“凡有天下者，莫不贵尚敦朴忠信之士，深疾虚伪不真之人者，以其毁教乱治，败俗伤化也。近魏讽则伏诛建安之末，曹伟则斩戮黄初之始。伏惟前后圣诏，深疾浮伪，欲以破散邪党，常用切齿；而执法之吏皆畏其权势，莫能纠擿，毁坏风俗，侵欲滋甚。窃见当今年少，不复以学问为本，专更以交游为业；国士不以孝悌清修为首，乃以趋势游利为先。合党连群，互相褒叹，以毁訾为罚戮，用党誉为爵赏，附己者则叹之盈言，不附者则为作瑕衅。至乃相谓‘今世何忧不度邪，但求人道不勤，罗之不博耳；又何患其不知己矣，但当吞之以药而柔调耳’。又闻或有使奴客名作在职家人，冒之出入，往来禁奥，交通书疏，有所探问。凡此诸事，皆法之所不取，刑之所不赦，虽讽、伟之罪，无以加也。”帝于是发切诏，斥免诸葛诞、邓飏等。（《三国志·魏书·董昭传》）

这一事件发生在太和六年（232），所以又称“太和浮华案”。董昭的叙述主要针对“合党连群，互相褒叹”的行为，从政治的角度来阐述朋党之患，而这一建议也得到了曹叡的大力支持。

我们需要追问的是：此一事件究竟涉及了哪些人？《三国志》中，《董昭传》里提到了诸葛诞、邓飏等，而在《诸葛诞传》中有更为详细的记载。

（诞）累迁御史中丞尚书，与夏侯玄、邓飏等相善，收名朝廷，京都翕然。言事者以诞、飏等修浮华，合虚誉，渐不可长。明帝恶之，免诞官。（《三国志·魏书·诸葛诞传》）

这段跟前文相比多了夏侯玄，而裴松之在注引中对此做了更为详细的描述。

是时，当世俊士散骑常侍夏侯玄、尚书诸葛诞、邓飏之徒，共相题表，以玄、畴四人为四聪，诞、备八人为八达，中书监刘放子熙、孙资子密、吏部尚书卫臻子烈三人，咸不及比，以父居势位，容之为三豫，凡十五人。帝以构长浮华，皆免官废锢。（《三国志》注引《魏晋世语》）

虽然上述提到了“四聪”“八达”“三豫”合计十五人，但是要一一对应起来，存在着一定的困难。目前基本可以确认的名单为何晏、丁谧、邓飏、毕轨、李胜、夏侯玄、诸葛诞、司马师、刘熙、孙密、卫烈十一人。而这些人物对于这一阶段来说，都有着非常重要的影响。何晏本为何进的孙子，在东汉末的混乱中，曹操抢了何进的儿媳妇，于是乎何晏也就来到了曹家，成为曹操的“假子”。可能因为他特别聪明，所以曹操也特别喜欢何晏，以至于何晏在当时所享受的待遇甚至要高于曹丕，这对于何晏来说未必是好事。何晏对于这个时代的标志性意义，主要表现在两个方面。首先是引领新思潮。

魏正始中，何晏、王弼等祖述《老》《庄》，立论以为：“天地万物皆以无为本。无也者，开物成务，无往不存者也。阴阳恃以化生，万物恃以成形，贤者恃以成德，不肖恃以免身。故无之为用，无爵而贵矣。”衍甚重之。（《晋书·王衍传》）

我们通常所理解的魏晋玄学是以何晏和王弼的贵无论为开端的。虽然理论上王弼的贡献高于何晏，但是何晏的社会影响力更大，因此对整个魏晋时期思想潮流的形成来说，何晏具有根本性的影响。后来的名士们，比如这里提到的王衍，对于这种思潮的响应也非常积极。

其次，何晏在行为方式上对魏晋时期有典范性的影响，从而形成魏晋风度。比如魏晋名士的服药（五石散）的风气即是源于何晏的。“何平叔云：‘服五石散，非唯治病，亦觉神明开朗。’”（《世说新语·言语》）五石散据《抱朴子》记载为丹砂、雄黄、白矾、曾青、磁石五种矿物材料炼制而成，因服此方后身体发热，喜好凉物，又称“寒食散”，本为治病之用，由于何晏称服用之后“神明开朗”，故而服药成为魏晋时期的时髦之举。除了服药，何晏还深刻地影响了魏晋人的审美。

> 何平叔美姿仪，面至白；魏明帝疑其傅粉。正夏月，与热汤饼。既啖，大汗出，以朱衣自拭，色转皎然。（《世说新语·容止》）

何晏毫无疑问是美男子，面容极白，白到什么程度呢？魏明帝就怀疑他不是天生的白，而是擦粉擦出来的。魏明帝为了证实自己的想法，做了一件看上去有些无厘头的事情——在大夏天正热的时候，给何晏吃热乎乎的汤面。这个意思很明显，要是傅粉的话，他就会露馅。然而何晏吃到大汗淋漓，用自己的大红衣服擦汗，脸色却更白了。可见他是天生丽质，不靠后天傅粉。后来也因此有了“傅粉何郎”的典故，指的就是何晏。魏晋人以白为美的风尚，就源于何晏，并且在这股强大的潮流之下，产生了一大批光芒四溢的美男子，比如卫玠、潘安。

回到浮华案本身来说，撇开政治上的各种因素，实际上它也体现了当时士风的变化。不同于建安时期的建功立业，对于这一时期的名士来说，可能奢华的生活以及清谈，成了他们的唯一选择。

四、退隐山林的竹林名士

正始十年（249）正月，少帝曹芳拜谒位于高平陵的魏明帝之墓，曹爽兄弟及其亲信们皆随同前往，而司马懿趁机发动政变，史称“高平陵政变”。通过这次政变，司马懿成功消除了以曹爽为代表的曹氏宗室在朝中的势力，曹氏宗室力量日渐薄弱，司马氏控制了曹魏朝政，为日后司马炎代魏立晋奠定了基础。政治的巨变，就意味着死亡，按照史书的记载，高平陵政变的结果是，司马懿“于是收爽、羲、训、晏、飏、谧、轨、胜、范、当等，皆伏诛，夷三族”（《三国志·魏书·诸夏侯曹传》）。这对于当时的士人来说，是极大的打击，比如阮籍，“籍本有济世志，属魏、晋之际，天下多故，名士少有全者，籍由是不与世事，遂酣饮为常”（《晋书·阮籍传》）。这种政局变革所带来的政治高压，在当时人看来导致天下名士减半，对名士而言毫无疑问是一种巨大的生存压力！

曹氏与司马氏的权力消长充满变数，而死亡的威胁也是无处不在的。这个时候，对于名士们来说，归隐山林、静观其变，大概是面对死亡恐惧最直接的方案了，于是乎，中国历史上就有了著名的“竹林七贤”。

> 陈留阮籍、谯国嵇康、河内山涛，三人年皆相比，康年少亚之。预此契者：沛国刘伶、陈留阮咸、河内向秀、琅邪王戎。七人常集于竹林之下，肆意酣畅，故世谓竹林七贤。

（《世说新语·任诞》）

“竹林七贤”是中国人极为熟悉的文化符号，阮籍、嵇康、山涛、刘伶、阮咸、向秀以及王戎的名字由此也得以流传。作为一个文化和思想的符号，它代表了那个时代的精神和价值。虽然陈寅恪等学者对竹林七贤提出过异议，但我认为这些异议只具有学术讨论的价值，而非一种思想史的事实。在当时的政治形势之下，竹林之游是士人必然的选择。

关于竹林七贤其实有很多有趣的问题可以进一步思考，比如竹林七贤的核心人物究竟是谁？或许阮籍和嵇康是后来公认的竹林时期的领袖人物，但是，竹林之游作为一种事实的存在，并非因为嵇康、阮籍，而是因为山涛。竹林之游是围绕山涛展开的，而当山涛离开竹林的时候，也宣告了竹林时期的结束。所以，竹林时期真正的核心人物应该是山涛。

在竹林时期，饮酒是名士的重要爱好，是当时竹林名士的主要生活和行为方式，其中最出名的好饮酒者，当数刘伶和阮咸。刘伶是纯粹和酒融为一体的人，当然，这种融合背后是否有极强烈的痛苦，只有他自己知道。不过，至少在刘伶看来，饮酒不仅仅是一种形式，更是一种精神生活的象征，喝酒可以让人进入极高的精神境界，其在《酒德颂》中揭示了这一点。

刘伶病酒，渴甚，从妇求酒。妇捐酒毁器，涕泣谏曰：“君饮太过，非摄生之道，必宜断之！”伶曰：“甚善。我不能自禁，唯当祝鬼神自誓断之耳。便可具酒肉。”妇曰：“敬闻命。”供酒肉于神前，请伶祝誓。伶跪而祝曰："天生刘伶，以酒为名；一饮一斛，五斗解酲。妇人之言，慎不可听。"便引酒进肉，隗然已醉矣。

…………

刘伶恒纵酒放达，或脱衣裸形在屋中，人见讥之。伶曰："我以天地为栋宇，屋室为裈衣，诸君何为入我裈中！"（《世说新语·任诞》）

这两个故事在中国几乎是家喻户晓的，刘伶的形象由此也变成了一个酒鬼。史书中刘伶的形象非常生动，"常乘鹿车，携一壶酒，使人荷锸而随之，谓曰：'死便埋我。'其遗形骸如此"（《晋书·刘伶传》）。

再说阮咸，其特殊之处大概就是喝酒不拘小节。

诸阮皆能饮酒，仲容至宗人间共集，不复用常杯斟酌，以大瓮盛酒，围坐相向大酌。时有群猪来饮，直接去上，便共饮之。（《世说新语·任诞》）

与猪同饮，确实是一时之佳兴。从严格的道德立场来说，这显然是无法被接受的，但在当时人看来，未必不是一种风度的体现。竹林名士均善饮酒，由此在中国文化史上也留下了佳话，成为后人仿效的对象。在竹林名士看来，喝酒是精神生活的象征和寄托，他们正是在饮酒之中，发现了真正的自我精神。

还有一个比较有意思的问题，从后世对竹林时期的推崇来说，嵇康和阮籍无疑都是中心，那么他们的形象有什么不同？嵇康的文章极佳，不但思路清晰，而且论点鲜明，比如《声无哀乐论》就是这样一篇佳作。而阮籍的文章总体上没有太多的特点。如果我们想要真正了解阮籍，最好的方式不是读阮籍的文章，而是关注其诗作《咏怀诗八十二首》，这才是最能反映阮籍内心精神世界的作品。事实上，嵇康和阮籍的形象有根本上的差异。当时人评价嵇康是一个神仙，嵇康的死也极为高亢，一句"《广陵散》于今绝矣"，在中国思想史上画出了一道无人企及的优美弧线！而我始终觉得，阮籍的形象更为深刻。阮籍不似嵇康，他始终是一个普通人，而在那个时代，普通人想要生活下去是极为艰辛的，"时率意独驾，不由径路，车迹所穷，辄恸哭而反"（《晋书·阮籍传》）。这样的深沉哀伤，只有在阮籍的身上才能深切感受到。

竹林时期，是一个特殊又短暂的时期。这是当时复杂的政治形势造成的，在政治形势明朗（即西晋建立）之后，竹林时期也就烟消云散了。但魏晋名士无疑在竹林时期为他们的精神世界树立了一座丰碑，这个时代与前一个时代最大的差异在于：正始时期相对稳定的政治状态催生了浮华和清谈，使得那个时代的名士高亢有余而深沉不足；而竹林时期，则是名士们在极度无奈的政治氛围中的一次华丽转身。从思想的底色来说，前一个时期是以《老子》为基础的，而这一时期是以《庄子》为根基的。更为重要的是，在竹林时期，《庄子》的思想更多地被视作一种生活方式，而非一种理论兴趣。

五、放浪形骸的中朝名士

随着司马氏逐渐掌握实权，政治上的混乱暂时趋于平缓。如果说竹林时期是短暂的政治观望期的话，那么这个时期名士们必须做出一个选择，这是政治立场的问题。竹林之游也由此偃旗息鼓，无论是否自愿，走出竹林成了士人的一种基本共识。竹林的精神核心人物山涛进入仕途，并施展才华。跟嵇康有着极其相似精神气质的向秀，也选择走出竹林。

> 嵇中散既被诛，向子期举郡计入洛，文王引进，问曰："闻君有箕山之志，何以在此？"对曰："巢、许狷介之士，不足多慕。"王大咨嗟。（《世说新语·言语》）

所谓箕山之志，就是隐逸山林，传说当年巢父、许由就是隐居于此。嵇康被杀之后，向秀被郡守举荐呈送郡国账簿到京都洛阳去，司马师召见了他，问他说："听说您有意隐居不出，为什么今天会在这里呢？"这个问题多少令人有些尴尬，也略有挑衅的意味。向秀回应说："巢父、许由只是孤傲之士罢了，不值得过于称赞羡慕的。"这个回答让司马师非常满意。从道理上来说，像巢父、许由般隐逸山林，更符合向秀内心的理想。但是，在当时的情形之下，即便心中无奈，也必须走出竹林。鲁迅先生在《为了忘却的记念》中有一段话："年青时读向子期《思旧赋》，很怪他为什么只有寥寥的几行，刚开头却又煞了尾。然而，现在我懂得了。"向秀当年离开竹林的时候，写了《思旧赋》，回忆了跟嵇康和吕安在竹林度日的经历，可见他对那段生活有着深刻的情感。而这个时候，向秀必须离开竹林，否则可能也只有死亡一途了，向秀对这种事实是无奈的，世间竟已无法容下一片竹林了！

司马氏最终取代曹氏并建立西晋，这也是自然而然的结果，由此而来的政治上的短暂平稳和统一，对于名士们来说，也是一种新的生活空间。当然，基于此前政治斗争的阴影，远离政治成为多数名士的内心默契，放纵自我和追求奢侈在这个时期，成了名士生活方式的选择。提及这一时期，放达大概是基本的特征。章太炎先生在论及这一时期时也说，“盖放荡之至，竟似习与性成矣”（《太炎文录·卷一》）。我们从当时史书的记载中，也可以非常直接地感知这种情形。

惠帝元康中，贵游子弟相与为散发倮身之饮，对弄婢妾，逆之者伤好，非之者负讥，希世之士耻不与焉。盖貌之不恭，胡狄侵中国之萌也。其后遂有五胡之乱，此又失在狂也。（《晋书·五行志》）

魏末阮籍嗜酒荒放，露头散发，裸袒箕踞。其后贵游子弟阮瞻、王澄、谢鲲、胡毋辅之之徒皆祖述于籍，谓得大道之本。故去巾帻，脱衣服，露丑恶，同禽兽。甚者名之为通，次者名之为达也。（《世说新语·德行》注引王隐《晋书》）

辅之少擅高名，有知人之鉴。性嗜酒，任纵不拘小节。与王澄、王敦、庾敳俱为太尉王衍所昵，号曰四友。……与郡人光逸昼夜酣饮，不视郡事。成都王颖为太弟，召为中庶子，遂与谢鲲、王澄、阮修、王尼、毕卓俱为放达。（《晋书·胡毋辅之传》）

寻以世难，避乱渡江，复依辅之。初至，属辅之与谢鲲、阮放、毕卓、羊曼、桓彝、阮孚散发裸裎，闭室酣饮已累日。逸将排户入，守者不听，逸便于户外脱衣露头于狗窦中窥之而大叫。辅之惊曰："他人决不能尔，必我孟祖也。"遽呼入，遂与饮，不舍昼夜。时人谓之八达。（《晋书·光逸传》）

上述的记载，大致发生在晋惠帝元康时期至永嘉年间。以王衍"四友"（胡毋辅之、王澄、王敦、庾敳）和"八达"（胡毋辅之、谢鲲、阮放、毕卓、羊曼、桓彝、阮孚、光逸）为中心的名士群体，就是所谓的中朝名士，而放达是他们基本的行为特征。这种特征源于对以阮籍为代表的竹林名士行为的效仿，但事实上已经远远超出了竹林时期放达的限度。简单而言，竹林时期的放达，虽然明显地表现了对礼法制度的破坏，但是按照鲁迅先生的说法，那些破坏礼法的人，事实上是最相信礼法的人，他们破坏的是那些虚伪的礼法，所谓的"越名教而任自然"就是这么产生的，在竹林七贤放达的背后还有对价值的关注。但是，中朝时期的这种放达，事实上已经完全与现实政治无关，只是一种形式上的放达，称之为放浪形骸也是非常恰当的，具体行为有散发裸袒、闭室酣饮甚或对弄婢妾等。这种情形的出现和当时的政治环境有着密切的关系。在司马氏建立西晋之后，政局暂时稳定。在士族政治环境下，上层士族拥有种种特权，甚至不需要通过处理具体政治事务而获得地位。对于他们来说，放达成为提升自己声望的一种非常重要的途径，由此，清谈和放达的氛围结合在一起，构成了中朝名士生活的基本特征。

当然，这一时期的名士们并非均是以放浪形骸的形象出现的，比如郭象、乐广、裴頠等，尤其是裴頠，他非常直接地批评了这种放达状况。

> 颜深患时俗放荡，不尊儒术，何晏、阮籍素有高名于世，口谈浮虚，不遵礼法，尸禄耽宠，仕不事事；至王衍之徒，声誉太盛，位高势重，不以物务自婴，遂相放效，风教陵迟，乃著崇有之论以释其蔽。（《晋书·裴颜传》）

裴颜从社会良性运作的角度出发，批判了这种放达之风。他认为这样的风气对于整个社会的有效运转来说，并非好事。而后来西晋灭亡，至少在一定程度上与"清谈误国"有关，《晋书》对此也有非常明确的评价。

> 有晋始自中朝，迄于江左，莫不崇饰华竞，祖述虚玄，摈阙里之典经，习正始之余论，指礼法为流俗，目纵诞以清高，遂使宪章弛废，名教颓毁，五胡乘间而竞逐，二京继踵以沦胥，运极道消，可为长叹息者矣。（《晋书·儒林传》）

六、徜徉山水的东晋名士

永嘉治乱，衣冠南渡，一大批名士从北方来到了江南。不同的生活环境，对于名士的生存来说，也产生了极为重要的影响。如果说前一阶段名士们活动的中心在洛阳，那么这一阶段的中心则是会稽，也就是以绍兴为中心的浙东地区。山水是这一区域自然环境最为重要的特点，而名士们对此也有诸多感受。

> 顾长康从会稽还，人问山川之美。顾云：“千岩竞秀，万壑争流，草木蒙笼其上，若云兴霞蔚。”
>
> …………
>
> 王子敬云：“从山阴道上行，山川自相映发，使人应接不暇。若秋冬之际，尤难为怀。”（《世说新语·言语》）

顾恺之也好，王献之也罢，均是当时第一流的名士，这也是他们对会稽山水的直接称赞。作为名士之冠的王羲之亦表达过对于会稽山水的喜爱。

> 羲之雅好服食养性，不乐在京师，初渡浙江，便有终焉之志。会稽有佳山水，名士多居之，谢安未仕时亦居焉。孙绰、李充、许询、支遁等皆以文义冠世，并筑室东土，与羲之同好。（《晋书·王羲之传》）

“会稽有佳山水，名士多居之”，这毫无疑问是一个具有影响力的口号。尤其是在谢安、王羲之的带领下，名士们将会稽作为活动的中心，也是自然而然的。徜徉在山水之间，成了东晋名士一种极为普遍的生活方式，比如王羲之的兰亭集会。

> 永和九年，岁在癸丑，暮春之初，会于会稽山阴之兰亭，修禊事也。群贤毕至，少长咸集。此地有崇山峻岭，茂林修竹，又有清流激湍，映带左右，引以为流觞曲水，列坐

其次。虽无丝竹管弦之盛，一觞一咏，亦足以畅叙幽情。（《兰亭集序》）

名士兰亭雅集发生在永和九年（353）的三月初三上巳节集会，这无疑是中国文化史上的一件大事。当时参加兰亭雅集聚会的有四十二人，可谓是盛况空前！而且，我们也可以很明显地感受到，他们与此前的中朝名士有着本质上的差异，对精神境界的追求重新成为名士们关注的重点。在会稽的山水之中，名士们找到了精神寄托的对象，他们的生命与这种自然的灵性融合在了一起！

虽然后来很多人都说兰亭雅集是模仿西晋石崇的金谷园集会，但王羲之自己对此倒是非常满意，“王右军得人以《兰亭集序》方《金谷诗序》，又以己敌石崇，甚有欣色”（《世说新语·企羡》）。从后来的影响力来说，兰亭之会甚至要高于金谷园集会。更为重要的是，兰亭之会是在山水之间进行的，这是东晋人独特的生活方式。而这种生活方式的转换，对于中国文化史的影响是极为重大的，宗白华先生曾经评价道：

晋人向外发现了自然，向内发现了自己的深情。山水虚灵化了，也情致化了。陶渊明、谢灵运这般人的山水诗那样的好，是由于他们对于自然有那一股新鲜发现时身入化境浓酣忘我的趣味；他们随手写来，都成妙谛，境与神会，真气扑人。谢灵运的“池塘生春草”也只是新鲜自然而已。然而扩而大之，体而深之，就能构成一种泛神论宇宙观，作为艺术文学的基础。孙绰《天台山赋》云：“恣语乐以终日，等寂默于不言，浑万象以冥观，兀同体于自然。”又云：“游览既周，体静心闲，害马已去，世事都捐，投刃皆虚，目牛无全，凝想幽岩，朗咏长川。”在这种深厚的自然体验下，产生了王羲之的《兰亭序》，鲍照《登大雷岸寄妹书》，陶宏景、吴均的《叙景短札》，郦道元的《水经注》；这些都是最优美的写景文学。（《论〈世说新语〉和晋人的美》）

山水诗以及山水画，都是在这个时期产生的，这显然跟名士们南迁这一事实有直接的联系。正是因为名士们进入了会稽的山水之中，才有了山水诗和山水画等中国文化史上的重要成就。名士们在会稽山水之中找到了一种非常雅致、悠远的精神境界，山水对于他们来说，不只是一种自然存在物，还是一种情感的投射。

第十六讲

玄学与清谈

对于中国哲学精神的发展来说，魏晋之际毫无疑问是一个重要的阶段。如果说，因为现实政治的需要，两汉之际中国哲学的精神迷失在了向外的追求之中，那么，由于魏晋之际时代和社会状况的特殊性，中国哲学的精神又重新返回自身，这种返回所依赖的形式，是道家的哲学。道家哲学的本质是关注人类的自由心灵，这在庄子的思想中尤其明显。而这种自由心灵，则可以视为魏晋哲学的基本精神。宗白华先生说，魏晋人向外发现了自然，向内发现了自我。所谓发现自我，在我看来，就是对自由心灵的回归。

但是，这里需要指出的是，魏晋哲学虽然以道家哲学作为重要的基础，但本质上并不是道家哲学，魏晋哲学家们依旧是以儒家思想为其最终归宿。魏晋玄学是一种道家哲学的说法，实际上源于冯友兰先生，但是这种说法是不够妥帖的。南怀瑾先生曾有一个用来评价儒家和道家思想的比喻，他认为儒家思想是粮食，而道家思想是药。这个比喻还是有一定道理的，因为道家哲学很多时候是站在批判的立场的，批判的立场所指向的就是现实中存在的问题，针对的就是现实的病症。我也一直认为，儒家思想从本质上来说是对现实的建构，需要形成一整套解决现实问题的积极方案；而相反，道家则是一种解构性的思想，需要消解掉现实中不合理的部分。而中国思想的平衡，就是在这种建构与解构的互动中实现的。

一、三玄还是四玄

我们通常称魏晋时期的哲学为玄学，这个名称的由来基于魏晋人极为重视的“三玄”。所谓“三玄”，就是《老子》《庄子》以及《周易》三个文本。关于玄学这个提法，还有一个非常神奇的传说。

> 初，云尝行，逗宿故人家，夜暗迷路，莫知所从。忽望草中有火光，于是趣之。至一家，便寄宿，见一年少，美风姿，共谈《老子》，辞致深远。向晓辞去，行十许里，至故人家，云此数十里中无人居，云意始悟。却寻昨宿处，乃王弼冢。云本无玄学，自此谈老殊进。（《晋书·陆云传》）

这是最早出现“玄学”一词的文献，讲的是西晋时期平原“二陆”中陆云的故事。陆云曾经出游，想寄宿在故人家里，不料夜黑迷了路。突然，他望见草丛中有灯光，于是就走过去。他走到一户人家那里想要借宿，只见这家有一少年，风姿优美。陆云和他谈《老子》，少年言辞深远，双方相谈甚欢。天快亮时，陆云就告辞离开，走了十几里路，到了故人家里，说起刚刚的经历，而故人却说这方圆几十里内并无人居住。回去找昨夜寄宿之地，竟发现那是王弼的坟墓！陆云原本不通玄学，可是经过这次奇遇之后，谈《老子》大有长进。我们前面提过王弼，他对玄学理论的形成具有奠基性的作用，是玄学的标志性人物。这里既出现了王弼，又出现了《老子》，可见玄学就是魏晋人的一种学问方式。

如果说玄学是以“三玄”为基础的，那么“三玄”作为三个不同的文本，对于魏晋人的意义是否一致呢？显然，“三玄”虽然是魏晋士人所普遍重视的经典文献，但是具体来说，它们所具有的意义还是不同的。《周易》是最早被作为玄学文本的经典，这要归因于王弼。我们通常认为，魏晋学术总体上是一种简约的风格，这是针对汉代的烦琐学风而言的。这种学风的改变始于王弼，准确地说始于王弼对《周易》文本的不同解释方式。汉代解释《周易》的模式以象数为基础，而王弼则是“扫象数归义理”，直接回归《易传》以义理谈《易》的传统，由此改变了整个魏晋学风。而王弼为何能用简约的方式来解释《周易》呢？这就跟《老子》有密切的关系，王弼是在对《老子》深刻理解的基础上，以老子的道家思想来重新解释《周易》，从而一改两汉的风气。由此，王弼奠定了他在玄学思潮中的核心地位，而《周易》和《老子》在玄学中的重要性也因此而体现。因此，就玄学理论的最初建构来说，《老子》和《周易》有直接影响，这是在玄学发展的初期就有所表现的。

“三玄”中另外一个文本《庄子》的登场则是在正始年间。与前两本书不同，《庄子》文本的登场并不是出于理论的需要，当时的名士实际上是把《庄子》作为一种生活的样式来发展的，庄子对于他们来说意味着一种生存的选择。

> 秀与嵇康、吕安为友，趣舍不同。嵇康傲世不羁，安放

逸迈俗，而秀雅好读书。二子颇以此嗤之。后秀将注《庄子》，先以告康、安，康、安咸曰：“此书讵复须注？徒弃人作乐事耳！”及成，以示二子。康曰：“尔故复胜不？”安乃惊曰：“庄周不死矣！”（《世说新语·文学》注引《向秀别传》）

从这段话来看，嵇康和吕安对于向秀注《庄子》一事是非常不认可的，认为这种注解是“徒弃人作乐事耳”。换言之，在嵇康他们看来，按照《庄子》去生活就够了，注解只会破坏生活境界和生活情致！嵇康和吕安之所以对《庄子》的生活方式更为推崇，其原因就在于庄子解决了生命中一个极为重要的问题，即人在混乱的社会中怎样生活。我们甚至可以说，《庄子》为他们营构了一个精神的世界。在这样的情形之下，《庄子》进入了名士们的生活世界，也受到了广泛的关注。

初，注《庄子》者数十家，莫能究其旨要。向秀于旧注外为解义，妙析奇致，大畅玄风。唯《秋水》《至乐》二篇未竟而秀卒。秀子幼，义遂零落，然犹有别本。郭象者，为人薄行，有俊才。见秀义不传于世，遂窃以为己注。乃自注《秋水》《至乐》二篇，又易《马蹄》一篇，其余众篇，或定点文句而已。后秀义别本出，故今有向、郭二庄，其义一也。（《世说新语·文学》）

这段描述中有两个非常重要的信息。首先，当时人对于《庄子》是极为推崇的，“注《庄子》者数十家”，而向秀的注是比较受人推崇的，在魏晋时期的影响也较大。其次，这里还涉及了一个公案，就是后来极为著名的郭象《庄子注》的问题。上述引文是站在鄙视郭象的立场上的，认为郭象人品有问题，他的《庄子注》实际上就是把向秀的占为己有。当然，其他的文献并非都是这个立场，由此就形成了《庄子注》的公案。

我个人认为，《庄子注》的归属问题虽然存在不可避免的争议，但就思想阐释的角度来说，还是应当归于郭象的名下。可以说，郭象通过有意误读（或者说曲解）《庄子》的形式进行注解，是为了消解当时士人生活中所面临的极为严峻的自然（道家的隐逸世界）和名教（现实的政治）的冲突，这种冲突给士人的生存带来了巨大压力。在郭象之前，士人们生活所面临的最大问题是：选择自然，还是选择名教？因为万一选择错误就会有性命之忧。郭象融合儒道两种价值，强调“夫圣人虽在庙堂之上，然其心无异于山林之中”（《庄子·齐物论注》），这实际上就是在调和两种价值所带来的现实冲突，从而形成了中国传统中所谓儒道互补的典型的士大夫人格形象。郭象借由《庄子》所实现的理论上的创造性是非常明显的，所以他才有“王弼之亚”的称号。

由此，我们可以看到，嵇康所代表的竹林时期，提倡把《庄子》作为应对（或者说反抗）现实的一种生活方式，而郭象的时期则以《庄子》来融合儒道，从而为士人提供一种圆融的生活方式和人格理想。虽然两者在表现形式上有差异，但是究其实质，《庄子》作为一种生活世界的精神源泉的作用是没有改变的。

以上是我们对“三玄”及其作用的考察，但是，如果从整个魏晋时期的思想事实来说，玄学就是“三玄”吗？我认为如果从魏晋时期的事实，尤其是东晋以后士人生活的基本面貌来说，般若学可以称为第四玄。关于般若学在魏晋清谈中起到的作用，学界有不少争议。《世说新语》等文本表明，起源于印度的佛教般若学思想进入中国之后，便以其特有的方式逐步进入中国思想的话语体系之中，成为不可分割的一部分。就文本而言，作为魏晋名士的重要讨论内容，般若学在魏晋清谈中所占的比重不亚于《老子》《庄子》《周易》。而义理上的“格义”（以儒道解佛）与“以佛解玄”的方式，不仅促使佛教思想在中国迅速传播，还为玄学的发展提供了新的路径。当时的名僧（比如支道林）积极融入士俗的清谈活动之中，名僧与名士之间密切的交流互动在魏晋清谈中占据着不可或缺的重要地位。因此，般若学不仅是魏晋清谈的重要内容，而且完全可以被视为继《老子》《庄子》《周易》之后的第四玄。

二、本无还是崇有

如前所言，在玄学的理论建构中，王弼毫无疑问是一个中流砥柱式的人物，尽管他只有二十四岁的生命长度，却有着一般人难以企及的思想高度，可以说他是一个天才的哲学家！在其短暂生命中，他完成了《老子道德经注》《周易注》《论语释疑》《老子指略》《周易略例》等具有重要影响力的作品，为魏晋玄学奠定了基础，也极大地彰显了中国哲学的思辨深度。

在谈及王弼哲学思想的时候，我们通常会将其概括为“本无”（以无为本），论者也通常会引用以下文字来说明。

魏正始中，何晏、王弼等祖述《老》《庄》，立论以为："天地万物皆以无为本。无也者，开物成务，无往不存者也。阴阳恃以化生，万物恃以成形，贤者恃以成德，不肖恃以免身。故无之为用，无爵而贵矣。"衍甚重之。（《晋书·王衍传》）

这是对本无的一个简要概括，当然，上述的讨论并非完全正确，主要在于王弼和何晏思想立场是有差异的，王弼主张本无，何晏主张贵无。当然二者的差异很精微，主张本无的人肯定认可贵无，而主张贵无的人，未必认可本无。王弼的哲学，按照汤用彤先生的说法，是一种形而上学，明显是以无为本的，"天下之物，皆以有为生。有之所始，以无为本。将欲全有，必反于无也"（《老子道德经注》第四十章）。将无作为天地万物的根据，就是一种本体论哲学。而何晏的思想，并不像王弼的本体论思维那样清晰，他采取的立场还是汉代的气化宇宙论，即万物是由元气逐步演化而来的，元气相当于是无的概念，所以"有之为有，恃'无'以生，事而为事，由'无'以成"（张湛注《列子·天瑞》引何晏《道论》），本质上来说还是一个宇宙论的立场。而魏晋玄学的主流立场，即是王弼开创的本体论的路径，所以我们也不难理解何晏在看到王弼所著《老子道德经注》时的反应。

何平叔注《老子》始成，诣王辅嗣，见王注精奇，乃神伏，曰："若斯人，可与论天人之际矣！"因以所注为《道》《德》二论。

…………

何晏注《老子》未毕，见王弼自说注《老子》旨，何意

多所短，不复得作声，但应诺诺，遂不复注，因作《道德》论。（《世说新语·文学》）

从《世说新语》的这两条记载可以看出何晏对王弼所注《老子》的推崇，而这种推崇产生的原因，显然是何晏从学理上发现了王弼致思的进路和自己的差异。因此，我认为以宇宙论的路径和本体论的路径来区分何晏和王弼的哲学立场，应该是准确的。何晏的思想总体上未跳出汉代人的窠臼，而王弼已然开启了一种新的思潮。

王弼的本无，应该是所有玄学家的基本共识，但是如前所言，这样的情形如果延伸到社会的领域，就会产生极为严重的后果。中朝名士裴頠就曾直接批判了由贵无而来的这种消极的社会影响，并由此提出了《崇有论》。相对于本无来说，《崇有论》的立场自然是以有为本，他强调"夫至无者无以能生，故始生者自生也。自生而必体有，则有遗而生亏矣。生以有为已分，则虚无是有之所谓遗者也"（《崇有论》）。在裴頠看来，万物是不可能从无中而来的。物都是自生的，既然是自生的，就意味着它是以有为体的，而所谓的无不过是缺乏有的状态而已，因此以无为本的观念是站不住脚的。如前所言，裴頠选择《崇有论》的立场，是为了批判贵无论导致的遗落世事的现实，其用意主要在于改变社会政治风气，并力图通过这样的方式，使现实的政治回归到正常的轨道。因此，《崇有论》的批判立场针对的主要是一种政治潮流，这种政治潮流是以王衍的"四友""八达"为中心的。《晋书》中很直接地称"至王衍之徒，声誉太盛，位高势重，不以物务自婴，遂相放效，风教陵迟"（《晋书·裴頠传》）。也就是说，他并非针对整个贵无的思潮，尤其并非着意于在理论上与贵无决裂，就《崇有论》本身来说，现实政治的意义远高于理论的意义。

事实上，作为名士，裴頠对于贵无论本身也是认可的，史称其曾“著崇有、贵无二论”（《三国志·魏志·裴潜传》注引《惠帝起居注》），至于他是否真的著有《贵无论》，目前已无可考。当然，很多人会觉得这样的描述是矛盾的，一个崇有论者为何同时也是贵无论的支持者？这个问题可以从两个方面来解释：首先，裴頠的《崇有论》是有针对性的，具有批判现实的重要意义；其次，从学理上来说，王弼的本无，虽然强调以无为本，但是对于“有”并非持一种否定的态度，而是强调“崇本举末”，即在以无为本的前提下，同样承认“有”具有极为重要的意义。由此，有无在王弼的系统中可以是一体的，既然有无是一体的，崇有之论也就可以顺理成章地呈现在本无的理论系统中了。

需要指出的是，裴頠的崇有观念虽然比较粗疏，但是这种思想在后来——尤其是在郭象那里——有了极为重要的发展。如果说裴頠只是从将“道”作为一个全体的、存在的角度来谈论崇有的话，那么这种“有”只能是抽象的。而郭象对此的讨论则更为直接和具体，他的独化论很明显是从具体的层面来谈论“有”的，这是郭象的思想具有理论创造性的地方。

三、有情还是无情

通常我们都会说，魏晋是一个个体自觉的时代，而对于个体情感的发现、认可以及推崇则是个体自觉的重要标志。毫无疑问，魏晋时代也是一个重视情感的时代，而情感也成了名士身份的基本内涵。

王戎丧儿万子，山简往省之，王悲不自胜。简曰：“孩抱中物，何至于此！”王曰：“圣人忘情，最下不及情；情之所钟，正在我辈。”简服其言，更为之恸。（《世说新语·伤逝》）

这是在魏晋时期所有情感推崇的故事中最为经典的一个。王戎的儿子王万子去世了，他悲痛欲绝，他的好友山简（山涛之子）去看望他，安慰他说：“孩子无非还是怀抱之中的婴儿，即使去世了，也不必如此悲伤嘛！”王戎答道：“圣人忘情，最下不及情。情之所钟，正在我辈！”这话让山简十分佩服，因而更加悲痛。当然根据《晋书·王衍传》的说法，丧子的应该是王衍，但不管是王戎还是王衍，“情之所钟，正在我辈”，作为一句名士宣言，本身就足够震撼人心了！也正是在这种背景之下，王廞在某次登茅山的时候，才会恸哭感慨：“琅琊王伯舆，终当为情死！”（《世说新语·任诞》）

中国哲学史对于情感的重视是一个不断变化和演进的过程，总体上对于发自人心的真情都是认可的，这在中国哲学开端的先秦时期即是如此。不过在汉代阴阳二分的思维范式下，性属于阳、属于善，情属于阴、属于恶，情感的地位遭到极大贬抑，甚至被直接否认。到了魏晋，人为什么会如此重视情感呢？这首先与魏晋人的生活氛围有关，如前所言，因为魏晋人总是活在死亡恐惧的阴影之下，所以他们对自我有更为清醒的认识，从而更珍视自身的情感。魏晋时期关于圣人是否有情的讨论，是魏晋人重视情感的理论前提。

何晏以为圣人无喜怒哀乐，其论甚精，钟会等述之。弼与不同，以为圣人茂于人者神明也，同于人者五情也，神明茂故能体冲和以通无，五情同故不能无哀乐以应物，然则圣人之情，应物而无累于物者也。今以其无累，便谓不复应物，失之多矣。（《三国志·魏书·钟会传》注引何劭《王弼传》）

这是发生在正始时期何晏和王弼之间的论辩，聚焦点在于圣人是否有情。何晏主张圣人无情，这个观念从本质上来说沿袭了汉代人的立场，因为圣人是纯粹至善的，而情属于恶的范畴，所以，圣人当然是不可能有情感属性的，这在汉代的宇宙论框架下是很好理解的。何晏的这种说法，也可以说是当时的共识，所以，钟会（亦为三国时期名士，与嵇康之死有直接联系）等人都认可何晏的说法。但是，作为玄学时代的理论开创者，王弼关于此问题的看法，跟何晏截然相反，他认为圣人毫无疑问是有情感的。从前引论述中可以看出，王弼的圣人有情论主要包括三个方面：第一，圣人有五情，这是圣人与普通人共通的本质；第二是圣人的喜怒哀乐之情也是用来处理和周遭事物的关系的，这也是普通人的基本行为方式，体现的是情感的作用；第三，圣人和普通人的差别在于，圣人应物而不累于物。从哲学史的角度来看，王弼的这番说法跟先秦儒家对于人之真情的肯定并无太大差异，之所以在这个时期会引起巨大的反响，主要是因为汉代对于情感的全面否定，由此，王弼的说法具有了转折性的意义。后来无论是嵇康（见《声无哀乐论》）还是郭象（见《庄子注》），都对情感问题做了深入的讨论，由此在理论上将情感从被限制的、负面的属性中分离了出来。这对于魏晋之际重情思潮的不断形成，有非常重要的意义。

当然，如果我们从上述何晏和王弼的讨论来说，他们关于有情还是无情的论辩都集中在圣人上，具体来说就是孔子是不是有情感属性的。从理论上来说，圣人是否具有情感并不是一个关键的问题，这个争论的重要意义在于，既然圣人是有情的，那么普通人的情感属性也是可以被认可的！换言之，圣人有情实际上是为普通人的情感找到了根据。当情感被确认为一种正面的价值的时候，其对于魏晋时期的影响也就可见一斑了。

四、孔子还是老子

魏晋名士以《老子》《庄子》以及《周易》作为自身的思想资源，他们虽然不一定秉持道家哲学的立场，但是对于道家的推崇是非常普遍的。翻开魏晋时期的史书，“好老庄”“性好老、庄”“雅好老、庄”等描述，在关于人物的记载中可谓比比皆是。嵇康在《与山巨源绝交书》中更是直言“老子、庄周，吾之师也”，自己则“非汤武而薄周孔”，这对魏晋人而言是一种具有典范性的言论。在这样的背景之下，对老庄的推崇，也是名士风度的一种非常重要的内涵。

由此，魏晋之所以为魏晋，名士之所以为名士，道家的内涵是必不可少的。那么，在魏晋名士看来，究竟是孔子厉害一些还是老子更厉害一些呢？这是一个颇为有趣的问题，如果用常识来判断，我们大概会觉得老子更具优势，但是事实却未必如此。

> 时裴徽为吏部郎，弼未弱冠，往造焉。徽一见而异之，问弼曰：“夫无者诚万物之所资也，然圣人莫肯致言，而老子申之无已者何？”弼曰：“圣人体无，无又不可以训，故

不说也。老子是有者也，故恒言无，所不足。”（《三国志·魏书·钟会传》注引何劭《王弼传》）

这是一个颇为有趣的故事，说的是王弼从小喜欢《老子》，在年少时，有一次去拜访名士裴徽，因为王弼主张本无，裴徽就问了一个非常有意思的问题：既然无是万物之本，为什么孔子不说无，而老子却一直在说无呢？这里潜藏的意思是：从以无为本的立场出发，究竟是老子比较厉害还是孔子比较厉害？在今天看来，这个问题的答案当然是多元的，可是放在当时的语境下就比较尴尬。因为自汉代以来，孔子就是圣人，现在如果强调以无为本，不就冲击了孔子的地位了吗？如果坚持孔子是圣人，其地位自然是不可否认的，那么本无的立场又该如何贯彻呢？王弼所采取的策略是在孔老优劣的比较上凸显孔子的地位。所以，王弼说孔子是圣人，他知道无是不可言说的，于是他就不说无；而相反，老子虽然一直讲无，但是，从本质上来说，他其实是“有者”，一直说无是他的不足之处，他的境界离孔子还有一段距离。

这样的处理反映出来的实际上是如何调和儒、道的问题，这也是个十分棘手的问题。王弼的解决方案实际上是非常有智慧的，即在认可并坚持儒家（孔子）地位的前提下，将道家哲学引入。我们后来所说的儒道融合或者儒道互补，实际上都是这样的策略，也正是基于此，将魏晋玄学称为新道家是不太妥当的。

魏晋时期还有一个非常著名的词——“将无同”，说的其实也是这样的问题。

阮宣子有令闻，太尉王夷甫见而问曰：“老、庄与圣教同异？”对曰：“将无同。”太尉善其言，辟之为掾，世谓“三语掾”。卫玠嘲之曰：“一言可辟，何假于三！”宣子曰：“苟是天下人望，亦可无言而辟，复何假一！”遂相与为友。（《世说新语·文学》）

“将无同”，就是差不多一样的意思。这里说的是名士阮瞻的故事：太尉王衍问阮瞻老庄与儒家有什么异同，阮瞻的回应是“将无同”。对于这一回应，王衍非常满意，因此就把他调过来做自己的下属。这就是“三语掾”的典故，即因为三个字的回答而获得官职。后面卫玠（魏晋一流名士，以美貌著称，有“看杀卫玠”之典）和阮瞻之间的对话，实际上反映的是魏晋名士追求言语简约的一种风格，也可以说是魏晋风度的一种表现。

五、何谓清谈

谈及魏晋，必然涉及清谈。从源头上来说，清谈源于汉代的清议。汉代的清议实际上就是对人物的评价，因为这种评价主要出于选拔官员的目的，所以清议是以道德为基础的。如前文所言，东汉末的政治形势，使知识分子不断从政权中分离出来，现实的政治压力也使对政治的褒贬变成一种忌讳。因此，在读书人的清议中，道德的因素逐渐退出，从而演变成一种脱离政治、无关道德的清谈形式。从本质的差异来说，清议是道德立场，关乎政治；而清谈，则是远离道德，无关政治。在魏晋时期，这种清谈更多的是以《老子》《庄子》《周易》等经典为基础文献展开的，可以说是当时名士之间一种普遍流行的思想讨论形式。鲁迅先生称《世说新语》是魏晋名士的教科书，陈寅恪先生则认为《世说新语》是名士清谈的全集。这两种说法都表明，《世说新语》保留了大量魏晋名士生活资料，如果我们要理解魏晋风度，就离不开《世说新语》。所谓的魏晋风度，包括清谈、饮酒、服药以及隐逸等形式，而和思想关系最密切的当数清谈。

虽然清谈涉及的内容多以“三玄”为基础，但是并不是完全限制于此，其中很多内容亦可以超出“三玄”之外，只要从玄学角度出发就可以。王衍等人在洛水之滨的一次清谈，即是如此。

> 诸名士共至洛水戏，还，乐令问王夷甫曰：“今日戏，乐乎？”王曰：“裴仆射善谈名理，混混有雅致；张茂先论《史》《汉》，靡靡可听；我与王安丰说延陵、子房，亦超超玄箸。”（《世说新语·言语》）

这次清谈的参与者有王衍、裴頠、张华、王戎等名士，所涉及的话题则有名理、《史记》《汉书》，也有历史人物季札、张良等。可见清谈的内容并不固定，实际上是随机的，而所谓的清谈所要达到的效果则是雅致、“超超玄箸”的。所谓玄学的立场，就是超脱于一般事务性的、琐屑的认识，以魏晋人的话来说，就是“玄远”之谈。所以，清谈毫无疑问跟玄学有着密切关联，而清谈的内容不限于“三玄”，可见“三玄”的思维方式和价值立场，构成了清谈的基本原则。

清谈的形式，类似于今天的辩论赛，参与清谈的人分为主、客两方（相当于正反方），双方围绕着清谈的主题，各抒己见。

孙安国往殷中军许共论，往反精苦，客主无间。左右进食，冷而复暖者数四。彼我奋掷麈尾，悉脱落，满餐饭中。宾主遂至莫忘食。殷乃语孙曰："卿莫作强口马，我当穿卿鼻！"孙曰："卿不见决鼻牛，人当穿卿颊！"（《世说新语·文学》）

这是孙安国和殷浩之间的一次清谈，从上述记载来看，主客双方彼此交锋，反复争辩，双方都没有间歇。以至于左右盛来饮食，冷了再温，温了又冷，如此数次；随着辩论深入进行，对谈的两人用劲挥动麈尾，麈尾毛脱落在食物中，两人却都忘记了吃饭这回事。在这个故事中，双方论辩的形式、论辩的内容以及作为道具的麈尾都有非常直观的表现，这就是魏晋人所津津乐道的清谈。

当然，顶尖的清谈局面，往往发生在主客双方辩论达到一定程度，无法再进一步对论题进行辨析的时候，相当于我们今日通过辩论赛达成了某种共识。此时出现的往往是清谈的高手了，王弼就是一个经典的例子。

何晏为吏部尚书，有位望；时谈客盈坐。王弼未弱冠，往见之。晏闻弼名，因条向者胜理语弼曰："此理仆以为极，可得复难不？"弼便作难。一坐人便以为屈。于是弼自为客主数番，皆一坐所不及。（《世说新语·文学》）

故事发生在何晏的家中，"谈客盈坐"说明当时谈风之盛，何晏引领清谈之风气的说法也由此得到证实。王弼出场的时候，大家关于论题的论辩已然非常透彻，在何晏看来也得到了精妙的结论，这个时候何晏给迟来的王弼提了一个问题："你还能不能继续进行这个辩题呢？"王弼清谈的兴致上来了，于是在别人觉得无话可说时，他还能自己跟自己辩论，这是何等的高手！这也成了后来对一流清谈高手的基本要求，即在别人无话可说的时候，清谈高手可以自为主客（自己既做正方又做反方），自己跟自己论辩数个乃至于数十个回合。这自然让参与者难以忘怀。王弼作为清谈界高手，也因此成为典范。

当然，清谈不仅是脑力运动，也是极耗费体力的运动。从前引殷浩和孙安国的清谈来说，一整天这么谈，对于体力的消耗是极大的。著名的清谈高手卫玠最后落得了"看杀卫玠"的结局，和清淡过多也不无关系。

谈及清谈，有一个问题也是不可回避的，就是所谓的"清谈误国"。清谈误国的说法源于王衍，据《晋书·王衍传》称，王衍为石勒所俘，临死前懊悔地说："呜呼！吾曹虽不如古人，向若不祖尚浮虚，勠力以匡天下，犹可不至今日。"东晋桓温也有过类似的说法。

> 桓公入洛，过淮泗，践北境，与诸僚属登平乘楼，眺瞩中原，慨然曰："遂使神州陆沉，百年丘虚，王夷甫诸人不得不任其责！"（《世说新语·轻诋》）

西晋的灭亡是否就是王衍的错，这是一个复杂的问题。西晋的覆亡跟清谈或许有关联，但是，如果说完全是清谈导致了西晋的灭亡，那也是过于夸张了。清谈作为一种思维运动的形式，并非导致亡国的唯一因素，清谈的人士也并非全然不顾世务。将西晋的灭亡归结于清谈，多少有些过度诠释的意味。王羲之和谢安的一段对话，大概可以说明这个问题。

王右军与谢太傅共登冶城。谢悠然远想，有高世之志。王谓谢曰：“夏禹勤王，手足胼胝；文王旰食，日不暇给。今四郊多垒，宜人人自效。而虚谈废务，浮文妨要，恐非当今所宜。”谢答曰：“秦任商鞅，二世而亡，岂清言致患邪？”（《世说新语·言语》）

这是谢安和王羲之的一次争执，简而言之，王羲之对清谈持否定态度（当然，这不代表王羲之不清谈，王羲之亦是清谈高手），而谢安对于清谈则持肯定的态度。事实上，清谈只是魏晋时期流行的一种表达思想（辩论）的方式而已，而误国则有更深刻且复杂的政治因素。

第十七讲

理学的兴起

魏晋南北朝近四百年的分裂，虽然造成了政治形势的混乱，但是对于思想和学术来说，这一时期却并非黑暗的中世纪。这个时期，中国哲学史的重要变化大概体现在以下三个方面。首先是玄学的出现。玄学是中国哲学史上一种极为精致的思辨形式，也是中国思想的第一次重要融合的产物。儒家哲学与道家哲学的有效结合，对中国哲学史的发展过程起到了很好的调节作用，改变了汉代烦琐、复杂的学问风格。其次是道教的兴起和发展。或许是出于死亡的恐惧、养生以及各种基于修养身体需要的实践（比如丹道），在这期间道教思想不断涌现，各种道教流派也逐渐形成并完备，从而成为中国思想传统中与儒家和佛教鼎立的重要思想资源。最后是佛教传入中国并且实现中国化发展。这一时期佛教完成了其中国化的制度和理论的双重建设，从而完美地融入中国文化主流。

对于隋唐时期的中国思想发展来说，儒家在形式上仍旧占据主导，但在事实上却影响甚微，尤其是在佛教和道教迅速发展的背景下。佛教和道教给儒家带来的挑战，不仅是理论上的，也是制度上的。隋唐时期，在佛教和道教的双重压力之下，儒家的发展空间被严重挤压，其社会影响更是无法和佛、道相比。这个阶段对于儒家的发展来说，可谓是一个黑暗期。直到中晚唐，一批有识之士开始对这种状况进行反思，并积极谋求改变。在这种情形之下，理学也就应运而生了。理学的出现是中国哲学思想第二次重大的融合，即儒家哲学通过融合佛教、道教思想资源，从而获得新的生命力，实现自身的新发展。

一、什么是理学

理学肇端于中晚唐，成型于宋代，是宋元明清时期的儒家哲学形态，也是儒家哲学最为精致的思辨形式。当然，这是广义的理学含义，狭义的理学指的是程朱理学。说到理学这个概念的时候，还有几个相关联的词我们需要注意，如“新儒学”“道学”“性理学”“宋学”。

新儒学是一个比较宽泛的概念，只要是先秦以后的儒学都可以称为新儒学，所以我们也可以说新儒学是一个动态的概念，是不同时代的儒家用儒学来解决当时问题的一种策略，比如汉代董仲舒的新儒学、宋明新儒学以及现代新儒学等。这也表明儒家思想的发展是一个动态的、不断生成的过程，这个过程也正是儒家思想具有强大生命力的表现。另外，在海外学者的用语中，New-Confucianism泛指新儒家，而Neo-Confucianism则特指宋明新儒家。

道学，这个名称在北宋就出现了，源于韩愈在《原道》中对于儒家道统的构建。在韩愈看来，儒家思想有一个流传的系统，从尧、舜、禹、汤、文、武、周公再到孔子，孔子传给孟子，孟子之后道统无传。北宋时，道学是一个相对宽泛的概念，它指的是对儒家三代之道的认可和推崇，是在儒学复兴过程中的一种基本的价值立场。而南宋时，道学的概念不断狭窄化，后来专指从二程到朱子的思想系统。这种状态的出现，跟“道统”这个词的排他性有关系的，即道统中的人物与非道统中的人物，是不可同日而语的，这是一个理论系统的建构和强化的结果。不过在“庆元党禁”（1195—1202）之后，因为朱子及其学派被指为伪学，遭到政治的压制，许多人被放逐，所以“道学”之名不便多用，一般乃改称为“理学”。另外，《宋史》专门列《道学传》，可见“道学”一词，在宋代有着极为普遍的影响。“理学”的定名是在南宋末年。1237年，蒙古开始采用中原的考试制度，为了跟蒙古进行文化上的竞争，南宋理宗皇帝亲自写了一篇《道统十三赞》，继承了韩愈关于孟子之后道统无传的说法，认为从北宋五子开始才真正恢复儒家的道统，而到了南宋，道统才发扬光大。这就从实际上认可了程朱的官学地位。但“道学”一词，因为党禁不便再用，所以“理学”成为“道学”的替代说法。由此，理学正式成为南宋主流学术思想的代称。

性理学，也就是狭义的理学，指的是程朱的理学系统，由“性即理”而来。当然，此概念亦可泛指宋代的理学，比如明代胡广等人编撰《性理大全》，此书为宋代理学著作与理学家言论的汇编，所采宋儒之说共一百二十家。另外，理学传入韩国，亦以“性理学”为名。

宋学，这个称呼是清代出现的。在明末清初的反理学思潮中，出于对所谓的空谈性命的宋代义理之学的反思，发展出了以章句训诂为基础的汉学（汉唐经学），由此，汉学和宋学开始作为一组对立概念出现。简而言之，汉学是章句训诂之学，宋学是义理诠释之学。由此，汉宋之争，也是清代学术的一个重要面向。

二、为什么会有理学

理学的兴起与唐代以来中国思想和社会的基本事实有密切关系。简而言之，儒学在汉代确立的独尊地位因魏晋南北朝以来的变革，已不复存在。佛、道两教（尤其是佛教），给儒学带来了非常大的冲击，这种冲击在北宋中期王安石的论述里有明显涉及。

> 荆公王安石问文定张方平曰："孔子去世百年而生孟子，后绝无人，或有之而非醇儒。"方平曰："岂为无人，亦有过孟子者。"安石曰："何人？"方平曰："马祖、汾阳、雪峰、岩头、丹霞、云门。"安石意未解。方平曰："儒门淡薄，收拾不住，皆归释氏。"安石欣然叹服，后以语张商英，抚几赏之曰："至哉，此论也！"（释志磐《佛祖统纪》）

王安石跟张方平说孟子之后就没有纯正的儒家了，张方平的回答非常有意思，他说孟子之后是有人的，而且这些人甚至是超过孟子的。王安石就马上问他说的是哪些人，而张方平回答的都是些中晚唐以来的禅宗高僧。为何如此？"儒门淡薄，收拾不住。"这是张方平给出的最有力也最直接的解释，这恰恰很好地描述了中晚唐社会儒门淡薄的基本状况。因为收拾不住人心，所以唐代出名的儒家人物很少，唐代名人不是佛教就是道家的。家喻户晓的李白是道家的，王维、白居易则信奉佛教，可见儒门的淡薄，确实是唐代的基本社会和思想状况中一个难以回避的事实。所以，从上面这段宋人的对话中，我们可以清楚地感受到，因为佛教的兴盛和强大，儒家丧失了此前的地位。这种状况引起了儒家学者的忧虑，于是就有了儒家的复兴运动。

所以，儒学复兴运动的诞生就是为了应对佛教的挑战，那么，佛教所带来的挑战有哪些方面？当时学者印象最深的首先是佛教极其完善的制度。

> 自佛行中国已来，国人为缁衣之学，多几于儒等。然其师弟子之礼，传为严专。到于今世，则儒道少衰，不能与之等矣。于其流亦有派别焉。为之师者，量其性之高下而有授说。（沈亚之《送洪逊师序》）

按照上述韩愈的弟子沈亚之的说法，佛教传入中国，之所以有极其迅速、强大的发展，并同时导致儒学衰落，一个重要的原因在于，“其师弟子之礼，传为严专”，即佛教有着严格的制度，其传承是十分严密的。佛教传承清晰，而且在传承过程中，非常有针对性，所以儒家是无法和佛教抗争的。这个观点还是比较中肯的，如果我们去考察佛教在当时，尤其是所谓的八大佛教宗派形成之后的传播，会发现它们内部的制度是非常完善的，有着严格的法脉传承制度，例如五祖弘忍传给六祖慧能（虽然有人说这种制度是慧能之后神会建立起来的）。佛教之人是有意识地在创造这种传法系统的，这种制度性保证的好处也是非常明显的，它既可以保证其所传的乃是正法（正统性、权威性），又可以形成不间断的传法系统（法脉）。所以在中国佛教的传统中（主要是禅宗的传统中），有很多灯录（比如《景德传灯录》）类型的关于法脉流传系统的作品，这些作品自然而然地建构出了一种具有正统性意义的法脉传承。

相对于佛教，儒家没有清晰的传承制度，汉代立学官制度也没有对整个儒学的传承系统进行梳理（这当然和儒家独尊的基本事实有关，在当时的情形之下，没有这个方面的需求）。没有传承的制度，就没有正统性和权威性，也没有义理的有效传承，由此佛教得以在制度上给儒家以极大的冲击。在这个背景下，我们就可以理解，宋明理学作为儒学的复兴，为什么必须讨论道统问题，为什么理学家会那么热衷于儒家道统的建构（虽然这并不是一种历史事实的真实再现）。

佛教带给儒学的刺激，除了制度性的层面，更为重要的乃是义理层面的挑战，唐代名僧圭峰宗密曾评论儒家的义理：

> 不知空界已前早经千千万万遍成住坏空，终而复始。故知佛教法中小乘浅浅之教，已超外典[1]深深之说。（《原人论》）

按照宗密的说法，小乘佛教所讲的义理都比儒家道家高明得多，“小乘浅浅之教，已超外典深深之说”表明，佛教在义理层面的完善和精细程度是儒家不能比拟的。这里涉及两个非常重要的问题。首

1　儒道二家之学。

先，就当时的思想实际来说，佛教的义理主要侧重点在哪里？其次，佛教在义理建构上的特点在哪里？前者关系到儒学复兴的基本内涵，后者关系到儒学复兴的方法。

就唐代来说，佛教义理的完善主要表现在心性上，这也是佛教在中国化过程中所表现出来的一个非常重要的理论倾向。就佛教的心性论而言，唐代佛教的心性论达到顶峰，当时具有代表性意义的几个佛教宗派对于心性问题都进行了非常具有创造性的理论论说，比如天台宗的“一念三千”和“性具善恶”说、华严宗的“真心”和“自性清净圆明体”、禅宗的“明心见性”等（在理学形成的义理框架中，深受禅宗、华严宗和天台宗义理系统的影响）。佛教有完善的本体论和宇宙论基础，佛教讲“缘起性空”，“缘”就是条件，世间一切存在都是有条件的存在，所以“空”就是非永恒存在而不是说不存在，是有条件的存在。佛教要破执着，理论依据是缘起，反过来看，中国传统讲的是元气说。阴阳二气，气还是“有”的东西，按照佛教讲，执着在气是不对的，因为气是假象，把一个本体的根据建立在一个不是超越的东西上是行不通的。当然，传统儒家讲仁义也有根据，但是没有建立起一套严格的、思辨的理论系统，来解决儒家哲学的本体论根据问题。儒家的义理在佛教传入之前是没有冲击和挑战的存在状态。但是佛教有精密的理论，所以相较之下，儒教和佛教差别很大。佛教在唐代完成了心性论的完善，心性论在佛教中是占主导地位的，由此可以理解为什么后来心性论在儒学复兴中也占主导地位。

从这个角度来说，佛教在义理层面为儒学的复兴提供了议题，那就是心性论。因为儒学复兴要针对佛教，就不能不回应佛教的心性论，就必须在完善儒学本体论、宇宙论的层面上来回应，所以，这个义理建构的方法也是佛教启示的。因此，儒学要复兴就一定要讲心性论，而心性论后来在一定程度上被视为中国传统的核心，其实都和佛教的刺激有关。

那么，在佛教心性论的冲击下，传统儒学何以来建构儒学的心性论系统呢？在先秦的儒学资源中，言心性最深的莫过于孟子，由此，从中晚唐到北宋，孟子的地位得到极大的提升。由此，在儒学复兴的经典系统中，四书取代五经成为必然，而孟子地位的提升也是自然而然的结果。

那么儒学应当如何复兴？事实上，中晚唐时期的韩愈、柳宗元和李翱已经揭示出了儒学复兴的三条可行道路。韩愈的方式代表着第一条道路，就是在彻底排佛的意义上复兴儒学之道，所谓“不塞不流，不止不行。人其人，火其书，庐其居”（《原道》）。这无疑是一种比较偏激的方式，从三教并存的社会事实来说，这种偏激的、彻底的清理行为是无法实现的。儒家出身的柳宗元，相对于韩愈来说，就温和得多。柳宗元承认三教并立的事实，有一定的融合的想法，但是总体上主张三教和平共处。而唯有李翱，非常明确地强调在融合佛、道的基础上复兴儒学，李翱以儒家为本体，吸收佛道来完善儒家。以仁义之道为本，坚持的是儒家的价值立场，这事实上也是后来宋明理学的基本立场和方法。从这个角度来说，李翱才是真正意义上的儒学复兴运动的先驱，韩愈的理论只是出于义愤，在学理的建构上贡献很少。

儒学的复兴之路由中晚唐开启，北宋庆历之际以孙复、石介、欧阳修、李觏等为代表；北宋熙宁、元丰前后以张载、程颢及程颐兄弟等为代表。这三阶段前后呼应，一脉相承。经过他们的努力，儒学转型的架构定型基本完成，由此奠定了理学的规模。自朱子出现，绍述程子，集理学之大成，在对抗佛老的过程之中，以理学的形式确定了儒学复兴的基本面貌。

三、理学的基本特质

佛道二教在心性论、宇宙论、本体论等方面的完善和精致，给儒家带来了极大的冲击和挑战。作为应对佛教和道教（尤其是佛教）的挑战而出现的新的儒学形式，理学实际上是在坚持儒家基本价值立场的基础上，在上述几个层面实现重构，从而赢得复兴发展。当然，不同的理学流派重构的思路和思想资源并不一致，由此呈现出宋代以来理学精彩纷呈的发展。

理学是一种思辨化的儒学，这是其理论形式的特征。前文我们曾论及宗密对儒家的批判，认为儒家的义理是十分粗糙的，甚至连小乘佛教的境界都达不到，这主要是从思辨层面对儒学提出的挑战。儒家作为中国自身的思想资源，从诞生开始，更多关注的是现实，强调在人的道德践履中完善自我人格，所以对于超越的“性与天道”的问题，孔子那里是很少涉及的。而汉代以来的儒学，尤其是在它成为官学之后，关注的更多的是如何作为一种完善的政治制度，更有效地推进社会教化，就理论而言，也没有关注形而上层面的动力。而在佛道挑战的面前，儒家思想的这种弊端就非常明显了，所以对于儒学复兴来说，如何对儒家思想进行形而上的重构就成为非常迫切的问题。无论是周敦颐的“无极而太极”还是张载的“太虚即气”，或者是二程兄弟自家体会出来的“天理”，从理论的实质上来说，都是为儒家道德实践找到形而上的根据。虽然不同的理学家对于儒家的本体论论述各有差异，但是，其问题意识还是非常清晰的，即儒家思想需要以形而上的方式来进行理论重构。这种理论的重构，简单地说，就是为人的道德行为找到形而上的根据。如前所言，对于道德行为的强调是儒家的基本立场，可是，道德的根源何在？这是一个形而上的问题。但是从总体上来说，解决这个问题的思路有两条，或者把根源归之于天，最具代表性的，就是程朱一系的“天理”说；或者将根源归之于人，即认为人心本来就是完善的，这就是心学立场。从宇宙论、本体论到心性论的重新梳理，就是一种非常明显的思辨哲学的特征。

理学是一种融合三教的儒学，这是其思想资源的层面所具有的特征。我们通常都说宋明理学的产生事实上是三教融合的产物，那么具体而言，儒释道三教的资源对于儒学的复兴运动有着怎样的作用呢？简单地说，宋明理学作为儒学的复兴，其所坚持的基本价值立场是儒家的，即仁义之道。从这个角度来说，儒学为宋明理学的复兴提供了最根本的价值立场。道家的意义在于为儒学的复兴提供本体论和宇宙论建构的具体方式，如前所言，佛教是建立在完善的本体论基础上的。但是，儒家不能接受佛教缘起性空的说法，因为儒家有必须解决现实问题的社会责任，必须立足在现实的人事之上。这个时候源于道家的魏晋玄学为儒学的复兴提供了重要的资源。从历史上来看，魏晋玄学的重要品格离不开世间，是儒道融合的一种非常有效的方式。宋明理学家在其对本体的具体讨论中都涉及有无、动静等问题。这些讨论，事实上和王弼在建构玄学系统时的论说方式是非常相似的。因此，新儒学本体论建构资源最大的提供者应当是玄学，玄学在新儒学本体论建构中起到了至为关键的作用。很显然，道家比佛教更适合中国传统的基本性格，缘起性空是最后否定现实价值的，而这是儒家不能接受的。儒家（或者中国传统）强调的是“体用一源，显微无间”，这套思路在玄学那里已经比较完善，完全可以被儒学复兴所用。

理学是一种强调担当意识的儒学，这是其在价值立场上呈现出来的特征。不管以何种形式进行理论重构，不管从佛老那里吸收了怎样的思想资源，理学的基本价值立场还是儒家的。其实我们现在谈论宋代理学的时候，往往会忽视理学家那种宽阔的胸襟、济世的情怀以及走在时代前沿的担当，因其可能是一种侧重思辨化的理论形式，而认为他们在玄谈、空谈，实际上理学对现实也表现出了极为强烈而且热情的关注。理学家的精神世界远比我们想象的丰富。众所周知，张载有“横渠四句教”：“为天地立心，为生民立命，为往圣继绝学，为万世开太平。”这是何等崇高的境界！再比如，范仲淹所言：“先天下之忧而忧，后天下之乐而乐。”陆九渊所言：“若某则不识一个字，亦须还我堂堂地做个人！”而朱熹面对当时的现实，痛心疾首称：“天下之事，至于今日，无一不弊！”这样的言说在理学家的语录中比比皆是，他们并非只是满足于一种抽象的理论，对现实也有更为热切的关注，这也是儒家的基本价值立场。

四、鹅湖之会与朱陆之辩

程朱理学，尤其是经过朱子的完善之后，自南宋以来发展蔚为壮观，及至元代被立为官学，对于整个中国传统影响深远。

朱子用理和气的关系来解释世界的构成，我们后来称其为“理本论”。这是对二程思想的继承，二程对自己的理论非常有自信，认为

“‘天理’二字是自家体贴出来的”。朱子认可二程的理论，并且在二程理论的基础上完善了理气关系的讨论，从而确立起他的理本论。显然，在朱熹看来理是外在的，是天理，所以“理也者，形而上者道也”。在这个理气结构中，理是根本的，理落实于人为性，是人的根据，人之形体禀之于气。由此，当然朱子也必须讲心性问题。对于心的理解不是从本体意义上出发的，他强调的是心的知觉和主宰的作用，正是在心的作用下，才有人心和道心的区分。人心是从形气而言的，道心则是从天理而言的，二者都是可以在一心之上呈现出来的。也就是说，天理和人欲，事实上就是因为人心的不同事实呈现的结果，因此，“存天理、灭人欲”的工夫实际上就是针对心展开的，在这里，“心”是朱子理学工夫所指向的对象。作为工夫而言，其所要达到的结果很自然要合乎天理。所以，朱子强调以心合于天理，人心听命于道心，这样心与理就成了两个不同的东西，而且心是第二义的。

总之，理和气、心和性在理论上表现出来的二元结构范式，在某种程度上是不能令人满意的，也和儒家传统的圆融结构不太一致。因此，与朱子同时的陆九渊非常直接地批评了这种解释框式。

> 盖心，一心也；理，一理也。至当归一，精义无二。此心此理实不容有二。故夫子曰：“吾道一以贯之。”孟子曰：“夫道一而已矣。”（陆九渊《与曾宅之》）

虽然朱子一直强调一个心，但是在朱子这里，心是属于气和理的，实际上存在着将人心和道心二分的倾向，这是陆九渊不满的。按照陆九渊的看法，心与理必然为一，而不是二，而且这种一不是像朱子所理解的用“心”去“合乎理”而达到的一，而是从在后天工夫论意义上来说，本来就是一。

> 四端者，即此心也；天之所以与我者，即此心也。人皆有是心，心皆具是理，心即理也。（陆九渊《与李宰》）

所以，在陆九渊看来，心应该是孟子所讲的四端之心，也就是道德本心，这一点后来也是为王阳明所继承的。所以，心同理同，心即是理。这是陆九渊的作品唯一一次提到“心即理”，但他对于这个问题是极其有自觉的。

> 宇宙便是吾心，吾心即是宇宙。东海有圣人出焉，此心同也，此理同也。西海有圣人出焉，此心同也，此理同也。南海北海有圣人出焉，此心同也，此理同也，千百世之上至千百世之下，有圣人出焉，此心此理，亦莫不同也。（《陆九渊年谱》）

据说这是陆九渊十三岁时讲的话。心同理同，心和理是什么关系，朱子以为是通过努力心理合一，但是那个心已经不是本体意义上的心了。按照心性论中心必须是本体的心，朱子之学和陆九渊之学有很大的差别，是本体设定的差别，一为理，一为心，所以陆九渊强调简约，朱子强调格物穷理，需要不断的工夫，要讲学。

由此，心即理，心同理同，在陆九渊这里，心是作为本体的存在，它和理的关系是先天一致的。因此，心成为本心，成为孟子意义上的道德本心。在这个意义上，陆九渊之学与朱熹之学呈现出了截然不同的气象，二者之间的争辩也是在所难免的。朱陆思想之间的差异主要表现在本体论、工夫论两个层面。就本体的层面来说，如前所言，朱熹以理为本体，心不是本体，具有知觉义和主宰义；陆九渊则以心与理为一，心为宇宙本体。由此，延伸到工夫论的层面，朱熹认为理是产生万物的根源，心具众理而应万物，故主张即事穷理，通过“今天格一物，明天格一物”的积累，最终豁然贯通，掌握天理，以心合于理，作为其工夫论的最终归宿；而陆九渊则认为既然心含万物，故主张先立乎大，内求于心。所以，朱熹非常注重讲学读书，泛观博览；而陆九渊则认为理在吾心，故主张发明本心，反对一味讲学读书，认为讲学是向外驰骛。

当然，陆九渊并不认为讲学本身是不好的，而是觉得如果没有确立本心，没有一个根本的主宰的话，讲学无非是向外的过程，实际上是为物欲所牵，并不是合乎理的方式。陆九渊一直讲先立乎其大，其小不可夺。“大”就是心，就要先确立本心。他认为朱子的思想是支离破碎的，无法返回内心。因此针对朱熹理学的讲学读书、泛观博览，陆九渊提出了自己心学的简易工夫。而在朱熹看来，陆九渊的这种做法，则是流入了禅宗一系，不属于儒学应该有的方式。

朱陆之间的争论，在当时是一个非常明显的事实。为了调停两者之间的争议，当时与朱熹、张栻并称为“东南三贤”的吕祖谦[1]出面召集朱陆双方，会于江西的鹅湖寺，这就是历史上著名的“鹅湖之会”。1175年6月，朱子和吕祖谦一起刚编完《近思录》（这是理学的教科书），来到鹅湖，当时主要参加者为朱熹、吕祖谦以及陆九

1　吕祖谦和朱熹是好友，也是陆九渊当年考进士时的主考，所以和双方都比较熟悉。

渊、陆九龄兄弟。在会面之前，陆九渊和陆九龄兄弟之间先达成了一致，认同陆九渊的看法，然后一致针对朱熹。朱熹在这次辩论中明显居于下风。当然，鹅湖之会也并没有如吕祖谦预期的那样起到调和二人矛盾的作用。

第十八讲

王阳明及其心学思想

从中晚唐开始的儒学复兴运动，至北宋五子（尤其是二程）的出现，新儒学的视野和境界逐渐形成；而至南宋朱熹，以其百科全书式的博大与精深，奠定了理学的标准形态。程朱理学由此成为诸种儒学复兴思潮中的主导，并且在元代开始，获得了官学的地位。

然而体系的庞大与精深，并不代表思想的完美无瑕。如前所言，与朱子同时代的陆九渊显然发现并指出了朱子思想体系中存在的问题。然而，在朱子学成为官学之后，“此亦一述朱，彼亦一述朱”的情形成了一种普遍的现象，这使得思想的僵化成为必然。整个中国哲学界自此以后，仿佛被笼罩在朱子学的迷雾之中。

直至王阳明出现，这种迷雾才逐渐消散，思想的曙光由此而来！我们通常会将王阳明心学跟陆九渊心学合称为“陆王心学”，以此应对程朱理学。事实上，这个称谓是有问题的。因为程朱之间存在明显的继承关系，这是公认的事实。然而王阳明和陆九渊之间，却并不存在这种继承的关系。事实上他们都是从自己的角度出发，发现了朱子学理论系统中存在的问题，而心学的路径都是他们所找到的医治朱子学弊病的药。这一点在王阳明那里尤其明显，他明确宣称自己的思想就是针对朱熹思想存在的问题而形成的。

王阳明心学思想所具有的影响力，是极为深远的。它仿佛是一束光，不仅彻底照亮了明朝中后期中国人的精神世界，而且也照进了今天。我们甚至可以说，王阳明的心学，是中国哲学最为经典的形态，它不仅仅是一种理论，更是一种能够唤醒人的精神世界的催化剂。

一、为什么要讲王阳明

最近这十几年来，传统文化的复兴在中国成了一个非常重要的现象。我们去实体书店，经常可以在醒目的位置看到各种跟传统文化相关的书籍，王阳明大概是其中备受关注的一个重点，甚至在最近十来年一直占据着中心位置。

在近百年来的中国历史中，王阳明极受推崇。近代历史上那些著名的人物，跟王阳明或多或少都有关联，陶行知应该是其中较为著名的人物。陶行知并非其原名，他的原名是陶文濬，在读大学期间，因受到王阳明“知行合一”观念之影响，遂改名陶行知。他四十三岁时，在《生活教育》上发表《行知行》一文，认为“行是知之始，知是行之成”，并改本名为陶行知。无论是行知还是知行，这两个名字都有王阳明心学思想的深刻印记。

王阳明的心学思想为什么会在近代以来备受推崇呢？这跟中国社会近代以来落后挨打的事实有着密切的联系，这种状况使得当时的有识之士开始积极探索救亡图存的道路。而日本自明治维新以来的迅速崛起，为当时的中国热血青年提供了极为重要的参考，早期中国很多有志青年都曾留日学习。在向日本学习的过程中，王阳明及其思想的影响，作为一个重要的因素很自然地被提了出来。孙中山先生就曾经概括称：“五十年前，维新诸豪杰沉醉于中国哲学大家王阳明知行合一的学说，故皆具有独立尚武的精神，以成此拯救四千五百万人于水火中之大功。”（《中国绝不会沦亡》）这很明显是将阳明学和日本近代的崛起联系在了一起。当然，还应该注意的是，这里强调了王阳明知行合一的观念，以及这种观念带给日本民族的独立尚武的精神。所谓独立尚武的精神，从本质上来说就是一种内在的精神力量。这一点给当时中国的知识分子带来了非常大的触动，因此“改造国民性”成了近代一个非常重要的话题，这也是基于精神世界的一种强调，按照鲁迅先生的说法，那就是要寻找民族的精神脊梁。

1938年11月1日，广西宜山，竺可桢在抗战中西迁至广西的浙江大学开学典礼上曾经做过题为《王阳明先生与大学生的典范》的演讲，认为“而在今日艰苦流离之中，将欲增进自觉自奋，尤觉应回溯古来前贤志士之嘉言懿行、劳苦功高，以资吾人之矜式。因地思人，我感到王阳明先生正是今日国难中大学生最好的典范”。这里竺可桢强调的“自觉自奋”无疑也是一种精神的力量。

从上面两个例子当中，我们可以非常直接地感受到近代以来对王阳明的推崇实际上是出于对精神力量的现实需求，说明王阳明及其哲学在这个层面确实有着非常重要的价值，而这也恰恰是近代以来中国社会所急需的。事实上，对于这种精神价值的追求，或者说精神世界的建构，在今天依旧是一个非常重要的话题。由此，我们也可以非常直接地感受到，王阳明及其哲学思想在近十几年来的升温。

二、王阳明是谁

关于王阳明的生平经历，在阳明心学火热的背景之下，大家多少都有些了解。这里我们不详细介绍王阳明的一生，只是就其中几个重要的环节做一些简要的说明，以呈现出其在阳明哲学思想发展过程中的特殊意义。这几个环节就是少年立志、格竹子、龙场悟道以及江西定乱。

少年立志，是王阳明人生历程中一个具有重要影响力的事件。王阳明十二岁入学，曾问老师：何为人生第一等事？老师告诉王阳明的是，像他父亲一般读书登科中状元，就是第一等事。彼时王阳明虽是懵懂的少年，但是他断然否定了老师的回答，他认为读书做圣贤才是第一等事。王阳明从十二岁立志成为一个圣人，到五十七岁临终前说："此心光明，夫复何言？" 这都是在立志的意义上成就出来的一个极为完满的人格形象、圣人的形象。立志在王阳明这里，就是要将至善确立为自己的目标，以良知为自己行为的志向。在王阳明看来，这个志向的问题虽然是"自己痛痒自家知"，但它决定着人生的基本脉络。就像树苗下后，要长成参天大树，就必须时时不忘培植，人也一样，立志为善，然后时时坚持，这样必当成就至善，达致圣人境界。所以王阳明说，这是一个"无中生有"的工夫。从无到有，或者说，把不可能变成可能，最为关键一点就在于立志，这是具有关键性意义的。

王阳明立志要成为圣人，那么该如何成为圣人呢？在当时朱子学的理论脉络中，必须要通过格物，因为天理是散落在事事物物之中的，所以需要通过"今日格一物，明日格一物"的方式来穷究事事物物之理，从而达到对于天理的把握。关于这一点，后来著名理学家娄谅告诉王阳明的道理也是如此。因此，格竹子就成了王阳明对于朱子学理解的一个非常特殊的方式。十五六岁时，王阳明就进行了著名的格竹子的实践。所谓格竹子，就是坐在竹子前看竹子，并试图以这种方式获得对于竹子之理的把握。王阳明的朋友尝试格竹子，连续看了三天，结果一无所获，反而病了。王阳明对此并未气馁，他认为应该是他朋友的能力有问题，然后他自己格竹子，一连看了七天，也是啥都没有看出来，反而病倒了。此事给王阳明以极为沉重的打击，他最终感慨道："圣人恐怕是做不成了，因为没有那么大力气去格物！"由此，王阳明进入了其思想历程中的出入佛、老阶段，他可能也是试图从佛道那里寻求通往圣人之路吧！

我们回过头来再看王阳明格竹子这个事情，格竹子是否是对朱子学的恰当认知方式呢？朱熹的格物要求在物上去理会。因为理散落在事事物物中，而人是有认识能力的，所以以人的认识能力，格物穷理无论在理论上还是在实际上，应该都是可以达到的。而阳明的格竹子是对格物固执的使用，仅在竹子的意义上呈现出道，这是值得怀疑的。朱子的方法包含两个方面的含义。第一是我们必须实实在在去用力。这一点针对的是佛教的静坐，儒家行为应避免陷入空，要在具体的过程去悟。第二，这样的累积，不是没有意义的，而是可以贯通的，生活要在不断的实践中去明理。所以，王阳明格竹子是对朱熹理论的一种不恰当的理解方式。也就是说，事实上，王阳明格竹子的失败不能证明朱子格物的错误，但是，这样一种行为对于王阳明的影响却极其深远，王阳明就此认为圣人是做不成了。这可以说是朱子学给王阳明的第一次打击。

龙场悟道，对于王阳明哲学思想的发展来说具有关键意义，可以说，没有龙场悟道就没有王阳明。我们不讨论王阳明来到龙场的具体过程，只关注一个点：为什么王阳明会在龙场悟道？正德三年（1508），阳明先生三十七岁，因为得罪宦官被贬到贵州龙场。对于王阳明来说，这是一个极其困苦的生活场所。周边的人和他语言不通，而且环境很差，还要担心被人追杀。面对种种困境，阳明先生觉得此刻一切都能抛下，唯有生死之际，难以突破。王阳明最终悟出来的结论是，所有的一切都只能依靠自己。圣人处此，更有何道？在龙场那样的极端困境之中，唯有依靠自我才能最终获得解脱，所以，圣人之道，吾性自足。这意味着让王阳明实现自我突破的，并非阳明先生在此地读了什么样的书，环境的巨大变化才是根本因素。在斩断了和过往的一切联系的情况下，阳明先生获得了思想上的突破，由此，心中的所有郁结终得豁然开朗。有所外求的方式都是不恰当的，唯一正确的、有效的方式，就是诉诸自己。圣人之道，我的本性具足，所以，重要的是要得之于心，而不是诉诸向外追求道，即物穷理、泛观博览的方式。在这里，心和理的隔阂被打通了，理即在心中。这是王阳明龙场悟道得出的第一个结论。龙场悟道的第二个重要结论就是知行合一，从心即是理。如何得到知行合一？王阳明就是在当时龙场这种非常痛苦的状态下领悟到的，如果王阳明当时不是用那种方式去做，就无法理解圣人之道，只有在知行合一的意义上才能突破生死。因此，龙场悟道事实上是王阳明对过去的告别。圣人之道，吾性自足，所有一切都取决于内心的状态，而内心的状态，必然与个体的行为密切相关，所以阳明心学的规模在一定意义上已然确立。

在龙场悟道之后，王阳明很快被任命为江西庐陵县令，江西和王阳明由此开启了极为密切的关系，王阳明的功业几乎都在江西，即便对于其哲学思想的流传，江西也是最为重要的区域之一。王阳明在江西最具重大意义的标志性事件，就是江西定乱。江西宁王叛乱，是明朝历史上的一件大事。由于当时有王阳明在，整个宁王叛乱的过程其实是极为短暂的，从叛乱开始到被镇压，也就四十天左右，宁王跟王阳明真正交战的时间，也就十天左右。复杂的不是宁王叛乱本身，而是在王阳明平叛之后所发生的一系列莫名其妙的问题。“亲征”以及“献俘”的闹剧，让整个事情变了味，由此，王阳明提出了他的良知的观念。如果说龙场悟道标志着王阳明成了心学家的话，那么良知的提出则代表了王阳明标志性思想的诞生。阳明曾经称“某于‘良知’之说，从百死千难中得来，非是容易见得至此”（钱德洪《刻文录叙说》），由此可见，其对良知之说的重视。当然，良知本身并不是一种完成状态，需要在不断扩充的过程中达致一种完满的状态，也就是致良知。

通过以上对于王阳明生平中几个关键点的说明，我们可以看到阳明哲学思想发展的基本脉络，更可以感受到其思想逐渐完善的过程，这也是王阳明不断实现自我超越的过程。

三、王阳明讲了什么

王阳明心学通常可以概括为三个方面：心即是理、致良知以及知行合一。前面我们已经提过致良知的观念，这里仅针对广受关注的心外无物和知行合一两个观念略作说明。

心外无物这个观念，是对心即是理的直接说明。之所以说它备受关注，是因为我们经常以此为依据批评王阳明是主观唯心主义者，然而事实是否真的如此呢？这个问题最为经典的部分，就是以下关于岩中花树的讨论。

先生游南镇，一友指岩中花树问曰：“天下无心外之物，如此花树，在深山中自开自落，于我心亦何相关？”先生曰：“你未看此花时，此花与汝心同归于寂。你来看此花时，则此花颜色一时明白起来。便知此花不在你的心外。”（《传习录》下）

很多人因此认为王阳明否认外部客观世界的存在，而以“心”决定事物的存在与否。王阳明友人的提问，事实上也是这样的立场。但如果我们仔细看一下王阳明的回应，就会发现，他并没有否定事物的客观存在。王阳明说，“你未看此花时，此花与汝心同归于寂”，这里的关键在于“寂”字。根据《辞源》的解释，“寂”有两个义项，即“静无声音”和“安静”。考虑到王阳明曾经出入佛、老这一事实，“寂”也可能是佛教中的“寂灭”，指本体寂静，离一切诸相，有返本归真之义。这乃是一种精神的提升，并没有虚无或不存在的含义。不管是将其理解为“静无声音”“安静”还是“寂灭”，都不是在否认客观物质世界的存在。“你未看此花时”“你来看此花时”，王阳明在说这两句话的时候，有一个共同的特点：“此花”是在彼时彼刻所强调的。也就是说，此花是存在的，否则又何言“此”，何言“看”与“未看”呢？“你来看此花时，则此花颜色一时明白起来”，这句话的关键是后面半句。在你看花的时候，花和你之间建立了一种意义的关联，即对于你来说，花的存在具有了特殊的意义，花成了一种具有审美意义的存在，这就是和单纯自然存在的花是不一样的，所以，王阳明称之为“一时明白起来”。花具有了意义，而这种意义来自作为看花的主体的“你”，更准确地说，是心赋予了花的存在的特殊意义，由此，王阳明才说心外无物。可见，中国古人关心的不是事物是否是客观存在（当然，他们也不会否定客观存在），他们关心的是事物是怎样存在的。怎样存在就是存在的意义，而这种意义则是靠人心来赋予的，从这个意义上来说，人心是具有赋意功能的。

知行合一的观念之所以受到广泛关注，是因为它具有非常重要的现实意义。知行合一应该是阳明心学确立之后的早期就有的观念，也可以说是王阳明一以贯之的观念。在王阳明龙场悟道第二年，贵州提学官席书聘阳明主讲贵阳书院，阳明即倡言知行合一之旨。从这个历史的脉络来看，知行合一作为龙场悟道的结果之一，在王阳明的思想系统中占据重要地位。然而，按照王阳明的高弟王龙溪对阳明思想历程的总结，应该把知行合一放在良知说之后。王龙溪的解释显然不是对历史事实的还原，而是在他对王阳明思想理解基础上的一种重构，是出于理论上的圆融角度的考虑。因为唯有在良知的基础上，才可以更好地、更圆融地理解知行合一这种提法。这里需要指出的是王阳明讲知行合一是为了对朱子进行批判，他甚至把朱子对于知行关系的说法称为“邪说”。朱子之论知行，最具概括性的、经典的说法如下。

> 知、行常相须，如目无足不行，足无目不见。论先后，知为先；论轻重，行为重。（《朱子语类》卷九）

这段短短的陈述中，朱子提出了关于知行的关系问题的三个重要观念。首先，朱子认为知行是不能分离的。知行的关系就像眼睛和脚的关系，虽然眼睛能够看见，但是没有脚的话就算看清了路，也是没有办法走的。反过来也是一样，虽然脚能够走路，但是如果没有眼睛看路，也是不行的。朱子的这个比喻，非常形象地描述了知行不能分开的看法。在这个意义上，任何割裂知行的做法非但不应该，而且是不可能实现的。其次，如果知行要区分先后的话，应该是知在先，行在后，也就是说必须先有一定的知识累积，然后才有可能在现实中实践。可见朱子观念里的知是从经验的知识角度来说的。最后，从知行的重要性来说，行比知更为重要。

朱子的论述，事实上比较圆融地解决了知行的问题。但为什么还会被王阳明视为“邪说”呢？最为关键的一点在于，朱子讲知先行后。在朱子看来，虽然知先行后有着严密的论证逻辑，但始终在知行之间分了一个先后。再加上朱子对于格物致知的解释，是以即物穷理的方式来实现的。这就存在着一种把知识隔离出来的危险，知在朱子这里，极有可能成为一个纯粹知识问题，阳明非常清醒地意识到了这一点。

> 今偏举格物而遂谓之穷理。此所以专以穷理属知。而谓格物未常有行。非惟不得格物之旨，并穷理之义而失之矣。此后世之学所以析知行为先后两截，日以支离决裂，而圣学益以残晦者，其端实始于此。（《传习录》中）

所以，知先行后，格物穷理，这二者结合产生的严重后果，就是知行的整体性、统一性在事实上被截断了。所以，朱子虽然强调知行相须，知轻行重，但是在朱子的系统中，亦可以得出以知为重的倾向。而在王阳明的时代，知而不能行、知而不行的状况极其普遍。朱子是把知当作知识性的知，王阳明知行合一的提出是针对知而不能行，所以能够正人心，息邪说。由此，我们也可以理解，为什么知行合一在王龙溪看来应该被放在良知学说之后。

如前所言，当我们仅仅把知理解成一般意义上的知识（也就是闻见知识、经验知识）时，就需要先有这样的知识作为我们日常行为的基础，朱子也正是基于此提出了知先行后的观念，他关注的是一般意义上的知识性的学习。然而，王阳明对社会现实的弊病有着极为深刻的、直接的认知，所以并不是主张在经验知识的意义上来讨论知行问题，而是要求在良知（道德知识）意义上来论知行的问题。所以，《传习录》中所涉及的关于知的论说，大体上都是在良知（道德）的意义上立说的，而不是从经验知识的角度来讨论的。从社会批判的意义来说，王阳明针对的是当时的知行不合一、知而不能行的基本事实，而这个事实在王阳明看来，明显与圣人之学、圣人之道相背离。这就意味着，在圣人之道、圣人之学的背景之下，知行本来就是合一的。因此王阳明说："知之真切笃实处，即是行，行之明觉精察处，即是知。"（《传习录》中）如果我们要从现实的效果来考察知行工夫是否为一的话，按照王阳明的观点，当我们的知达到"真切笃实"的时候就是行，所谓真切笃实就是切实有效的意思；而从行的角度来看，当行达到"明觉精察"的时候就是知，所谓明觉精察就是细微精妙的意思。真切笃实事实上是对行为的描述，这表明，知是作为行为的观念指导而存在的，即"知是行之始"（《传习录》上）。明觉精察是对知的描述，这表明行是把道德观念在现实中表现出来，所谓"行是知之成"（同上）。

王阳明说知行合一，主要的侧重点还是在于说行，而不是说知，这和王阳明所要面对的知而不能行的基本事实有着密切关系。所以，王阳明是借由知行的合一来讲行的问题，所谓"真知即所以为行，不行不足谓之知"（《传习录》中）。在王阳明看来，真正的知必须在行当中体现出来，离开了行，根本就谈不上真知。正是因为对于知行分离的弊病有深刻的领会，"正要人晓得一念发动处，便即是行了"

（《传习录》下），所以必须强调行。可见王阳明讲知行合一的工夫，事实上讲的是行的工夫，甚至有以行代知的倾向。

四、王阳明的特殊意义

很多人会将孔子、王阳明以及曾国藩并列，称他们为中国历史上的两个半圣人，这充分表达了一般人对这三人的尊崇。或许将孔子视为圣人是没有太大争议的，而王阳明和曾国藩，事实上也是能和孔子相提并论的人物。在余姚王阳明故居瑞云楼前，有一副评价王阳明的对联。

立德立功立言真三不朽
明理明知明教乃万人师

以对联的形式来评价一个人，大概也是中国传统中一种非常独特的方式，也是中国文化的集中体现。而曾国藩在死后同样有一副评价他的对联。

立德立功立言三不朽
为师为将为相一完人

两副对联中都出现了三不朽，即立德、立功、立言，这一提法最早出现在《左传》之中。所谓不朽，是相对于肉体必然经历的死亡来说的，古人认为立德、立功、立言是三样可以超越时间限制而永恒存在的东西，而这些都是很难达成的，由此，我们也可以视三不朽为圣人的标准。若以此作为评价的标准，在孔子、王阳明和 曾国藩之间，大概只有王阳明最符合标准，这就非常难得了。

如果再仔细思考一下三者所处的时代，我们就更能明白王阳明所具有的特殊意义。孔子生活在春秋时期，曾国藩生活在封建王朝行将结束的晚清，而王阳明则生活在明朝中叶。春秋时代可以说是中国历史的开端，作为一个圣人，在历史开创的时期为万世建立法度，这件事情理论上是相对容易实现的。晚清为乱世，乱世出英雄，也是情理之中的事情。所以，从这个角度来说，无论是孔子还是曾国藩，他们作为圣人对中国传统社会产生的重要影响，多少有一些时势造英雄的味道。

王阳明生活的明朝中叶，是中国传统社会制度发展最为完善的时代，制度的完善意味着提供给每个个体的空间事实上很小，每个人的生活都是按部就班的。所以，前文曾说王阳明十二岁去上学，老师回答他人生第一等事就是读书登科中状元，从现实上来说并没有错误，因为这就是明朝中叶基本制度设定之下的士大夫的人生追求。在这样的时代，要突破时代对自我的限制，成为一个圣人，是几乎不可能的！王阳明之所以可以打破习惯性、制度性的限制，乃是源于他对心所具有的重要能力的认识。前面我们在谈论孟子的时候提到过，心是有极其强大的能力的，而王阳明毫无疑问是深刻体会到了心的这种能力。

有一句俗语，叫作“心有多大，世界就有多大”。我一直觉得，对理解心学所具有重要意义来说，这句话是极为直观和贴切的。我们每一个人都有突破自我限制的需求，不过很多时候，因为面对“习惯”毫无办法，我们并未如此选择，而这个时候，王阳明的经历无疑可以给我们更多的启示。

由此也可以看到，王阳明及其心学所具有的特殊的意义。虽然其产生乃是五百年之前的事情，但他在这近五百年中所产生的影响，无论是在中国还是在东亚，都是不可小觑的。而就现实来说，他的思想依旧是我们今天可以汲取的一种精神价值。而这恰恰是心学所具有的独特魅力，因为它重视的是人内在精神世界和外在精神气象。王阳明曾说，“尝以为君子素其位而行，不愿乎其外。素富贵行乎富贵，素贫贱行乎贫贱，素患难行乎患难，故无入而不自得”（《与王纯甫书》）。也就是说，作为一个人，我们应当力求在任何境况下都能够坦然面对生活，这样才能“无入而不自得”，始终保持一种乐观通达的精神状态。这样的状态，何时都不会过时。

结　语

明代覆亡，阳明心学面临着极大的压力，在清初的反思潮流中，朱子学重新占据了主流的地位。在哲学思想的创造力上，清代初期和末期是两个亮点，中间大体上是乏善可陈的，人们基本上就是在努力维系朱子学的地位。清初有一种非常务实的学风，这可能跟明亡带来的教训有关系。无论是我们所熟知的顾炎武、黄宗羲、王夫之三大家，还是颜元、李塨等人代表的实学派，都希望以一种踏实的精神为中国社会带来改变。虽然结果未必是乐观的，但这样的思想亦是难能可贵的，它也是中国哲学自我精神的一种彰显。清代中期以后，中国哲学精神进入了一种“半梦半醒”的状态。因为现实政治原因的触动而导致的以训诂考据为重心的朴学的兴起，对于历史文献的梳理来说毫无疑问是有突出贡献的，但是对于哲学思想的阐释和构建来说，朴学的兴起则是一种思想停滞不前的表现。而随着时局的巨变，晚清思想界呈现出开创和包容的特点，无论是龚自珍、魏源还是后来的康有为、梁启超，实际上都引领了新的思潮。

但是，中国哲学的精神，正在被逐渐掩盖。清朝覆亡、民国的形成，在这一阶段中，诸种思想资源进入中国，中国思想界进入了一个丰富多彩的时代。但是，传统中国哲学却面临极大的冲击，如何重新建构中国传统哲学的精神，成了一个极其迫切的问题。是走坚持传统的保守主义路线，还是选择拥抱西方的路径，抑或在中西之间做一个调和与折中？这无疑是那个时代所带来的问题，而无论哪种路径，都有人做出了积极的探索。直到今天，这种探索的脚步，也还在前进着。

中国哲学的传统自先秦以来，一路波澜壮阔，这是自我精神在这个古老的文明传统中所呈现出来的浓重的一笔。虽然黑格尔在《哲学史讲演录》中，并未将中国妥善地纳入哲学的领地，但是中国哲学以自身的精神价值彰显着它的独特的意义。如前文所言，其实并无所谓中国哲学和西方哲学之别，只有“好”的哲学或者“坏”的哲学之分。在这个意义上，我们的哲学传统毫无疑问是好的哲学，因为它和人的精神生命是密切相关的。对于中国哲学的未来，我认为其生命力依旧在于关注现实，只有立足于现实，整合诸种思想资源，才能够真正地实现中国哲学精神的有效回归。

激发个人成长

多年以来，千千万万有经验的读者，都会定期查看熊猫君家的最新书目，挑选满足自己成长需求的新书。

读客图书以“激发个人成长”为使命，在以下三个方面为您精选优质图书：

1. 精神成长

熊猫君家精彩绝伦的小说文库和人文类图书，帮助你成为永远充满梦想、勇气和爱的人！

2. 知识结构成长

熊猫君家的历史类、社科类图书，帮助你了解从宇宙诞生、文明演变直至今日世界之形成的方方面面。

3. 工作技能成长

熊猫君家的经管类、家教类图书，指引你更好地工作、更有效率地生活，减少人生中的烦恼。

每一本读客图书都轻松好读，精彩绝伦，充满无穷阅读乐趣！

认准读客熊猫

读客所有图书，在书脊、腰封、封底和前后勒口都有“**读客熊猫**”标志。

两步帮你快速找到读客图书

1. 找读客熊猫

读客®

2. 找黑白格子

马上扫二维码，关注“**熊猫君**”

和千万读者一起成长吧！